中3数学

EXERCISE BOOK | MATHEMATICS

文英堂

この本の特長

実力アップが実感できる問題集です。

1 初めの「重要ポイント/ポイント一問一答」で，定期テストの要点が一目でわかる！

2 「3つのステップにわかれた練習問題」を順に解くだけの段階学習で，確実にレベルアップ！

3 苦手を克服できる別冊「解答と解説」。問題を解くためのポイントを掲載した，わかりやすい解説！

入試問題で，実戦力を鍛える！

模擬テスト

実際の高校入試過去問にチャレンジしましょう。

カンペキに仕上げる！

実力アップ問題

定期テストに出題される可能性が高い問題を，実際のテスト形式で載せています。

標準問題

定期テストで「80点」を目指すために解いておきたい問題です。

差がつく 解くことで，高得点をねらう力がつく問題。

基礎問題

定期テストで「60点」をとるために解いておきたい，基本的な問題です。

重要 みんながほとんど正解する，落とすことのできない問題。

ミス注意 よく出題される，みんなが間違えやすい問題。

基本事項を確実におさえる！

重要ポイント/ポイント一問一答

重要ポイント 各単元の重要事項を1ページに整理しています。定期テスト直前のチェックにも最適です。

ポイント 一問一答 重要ポイントの内容を覚えられたか，チェックしましょう。

もくじ

1章 多項式

① 多項式の計算

重要ポイント

① 単項式と多項式の乗法，除法

□ **単項式×多項式**，**多項式×単項式**では，分配法則を使って，単項式を多項式のすべての項にかける。

分配法則
$c(a+b)=ca+cb$
$(a+b)c=ac+bc$

例 $3x(2a-3b+c)=3x\times2a-3x\times3b+3x\times c$
$=6ax-9bx+3cx$

□ **多項式÷単項式**では，乗法の式になおしてから，分配法則を使って計算する。

$A\div\dfrac{b}{a}=A\times\dfrac{a}{b}$

例 $(8xy-6x^2)\div\dfrac{2}{3}x=(8xy-6x^2)\times\dfrac{3}{2x}=8xy\times\dfrac{3}{2x}-6x^2\times\dfrac{3}{2x}=12y-9x$

② 多項式の乗法

□ **多項式×多項式**　$(a+b)(c+d)=\overset{①}{ac}+\overset{②}{ad}+\overset{③}{bc}+\overset{④}{bd}$

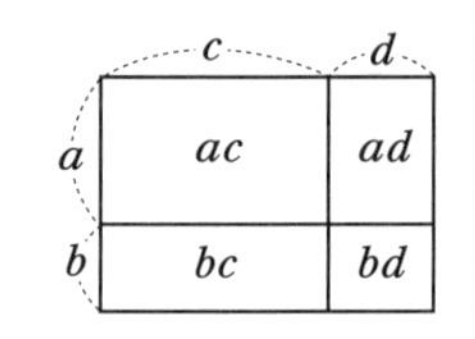

例 $(a+5)(2a-1)=2a^2-a+10a-5=2a^2+9a-5$

□ **展開**(てんかい)…単項式や多項式の積の形の式を，かっこをはずして単項式の和の形にすること。

③ 乗法公式

□ **乗法公式**…多項式の展開のうち，よく使われるものを公式としてまとめたもの。

□ **$(x+a)(x+b)$ の公式**　$(x+a)(x+b)=x^2+(a+b)x+ab$

例 $(x+2)(x+6)=x^2+8x+12$

□ **和の平方の公式**　$(a+b)^2=a^2+2ab+b^2$

例 $(x+4)^2=x^2+2\times x\times4+4^2=x^2+8x+16$

□ **差の平方の公式**　$(a-b)^2=a^2-2ab+b^2$

例 $(x-3)^2=x^2-2\times x\times3+3^2=x^2-6x+9$

□ **和と差の積の公式**　$(a+b)(a-b)=a^2-b^2$

例 $(x+5)(x-5)=x^2-25$

テストでは ココが ねらわれる

- 単項式×多項式，多項式÷単項式，多項式×多項式の計算のしかたを理解する。
- 乗法公式を使って式を展開(てんかい)すること。
- 乗法公式を使うときは，式の形をはっきりとらえる。

ポイント 一問一答

① 単項式と多項式の乗法，除法

次の計算をしなさい。

□ (1) $a(x+y)$　　□ (2) $2a(3a-4b)$

□ (3) $(15a-10b)\div(-5)$　　□ (4) $(36x^2+24xy)\div(-6x)$

② 多項式の乗法

次の式を展開しなさい。

□ (1) $(a+1)(a+3)$　　□ (2) $(x-5)(x+2)$

□ (3) $(3a+b)(a+b)$　　□ (4) $(-2x+y)(2x-2y)$

③ 乗法公式

(1) 公式を使って，次の式を展開しなさい。

□ ① $(x+2)(x+3)$　　□ ② $(a+4)(a-1)$

□ ③ $(a+1)^2$　　□ ④ $(x+3)^2$

□ ⑤ $(a-1)^2$　　□ ⑥ $(x-5)^2$

□ ⑦ $(x+y)(x-y)$　　□ ⑧ $(a+4)(a-4)$

(2) 次の式を，$x-y=A$ とおきかえることによって展開しなさい。

□ ① $(x-y+1)^2$　　□ ② $(x-y+6)(x-y-6)$

答

① (1) $ax+ay$　(2) $6a^2-8ab$　(3) $-3a+2b$　(4) $-6x-4y$

② (1) a^2+4a+3　(2) $x^2-3x-10$　(3) $3a^2+4ab+b^2$　(4) $-4x^2+6xy-2y^2$

③ (1) ① x^2+5x+6　② a^2+3a-4　③ a^2+2a+1　④ x^2+6x+9　⑤ a^2-2a+1　⑥ $x^2-10x+25$　⑦ x^2-y^2　⑧ a^2-16

(2) ① $x^2-2xy+y^2+2x-2y+1$　② $x^2-2xy+y^2-36$

基礎問題

▶答え　別冊p.2

1

〈単項式×多項式〉 重要

次の計算をしなさい。

(1) $5x(3x+y)$

(2) $(7a-6b)\times(-2b)$

(3) $\frac{2}{3}a(15a-9b)$

(4) $6ab\left(\frac{a}{2}-\frac{b}{12}\right)$

(5) $\frac{5}{12}a^2b(4a+3b-6)$

(6) $-2xy(x^3y-x^2y^2-4xy^3+5y^4)$

2

〈多項式÷単項式〉

次の計算をしなさい。

(1) $(10a^2-4a)\div 2a$

(2) $(12ax-48ay)\div(-3a)$

(3) $(-8x^2+x)\div\frac{1}{3}x$

(4) $(4x^2y+2xy)\div\frac{2}{3}xy$

(5) $(6m^3-3m^2+9m)\div\frac{3}{4}m$

(6) $(6x^3y+2x^2y^2-3xy^3)\div(-6xy)$

3

〈多項式×多項式〉 ミス注意

次の式を展開(てんかい)しなさい。

(1) $(x+1)(x-3)$

(2) $(y-2)(y+6)$

(3) $(5-x)(x-6)$

(4) $(2a+3)(a-5)$

(5) $(a-b)(a+2b)$

(6) $(2x-y)(2x+3y)$

(7) $(-3a-1)(4a-3)$

(8) $(4y-z)(4y-5z)$

4 〈$(x+a)(x+b)$ の公式〉 重要

公式を使って，次の式を展開しなさい。

(1) $(x+4)(x+6)$　　(2) $(x-7)(x+3)$

(3) $(a+8)(a-3)$　　(4) $(y-8)(y-10)$

(5) $\left(z+\frac{3}{2}\right)\left(z-\frac{1}{2}\right)$　　(6) $\left(b-\frac{1}{2}\right)\left(b+\frac{1}{3}\right)$

5 〈平方の公式〉 重要

公式を使って，次の式を展開しなさい。

(1) $(2x+3)^2$　　(2) $(6x-1)^2$

(3) $(-2t-1)^2$　　(4) $(3x+2y)^2$

(5) $\left(\frac{2}{3}x+6\right)^2$　　(6) $\left(\frac{x}{3}-\frac{y}{2}\right)^2$

6 〈和と差の積の公式〉 重要

公式を使って，次の式を展開しなさい。

(1) $(a+6)(a-6)$　　(2) $(x+7)(7-x)$

(3) $(-x+3)(x+3)$　　(4) $(4x+1)(4x-1)$

(5) $(6x+7y)(6x-7y)$　　(6) $\left(\frac{1}{9}x-4\right)\left(\frac{1}{9}x+4\right)$

7 〈乗法公式の利用〉 ミス注意

次の式をくふうして展開しなさい。

(1) $(a+b-c)^2$　　(2) $(x+y+3)(x+y-3)$

ヒント

4 $(x+a)(x+b)=x^2+(a+b)x+ab$ を使って展開する。

5 $(a+b)^2=a^2+2ab+b^2$，$(a-b)^2=a^2-2ab+b^2$ を使って展開する。

6 $(a+b)(a-b)=a^2-b^2$ を使って展開する。

7 (1) $a+b=A$ とおく。 ⟶ $(a+b-c)^2=(A-c)^2=A^2-2Ac+c^2$

標準問題

▶答え　別冊p.3

1

〈式の展開〉 重要

次の計算をしなさい。

(1) $(3x-1)(4+2x)$

(2) $(2a+1)(3a+2)$

(3) $(-x+6)(x-7)$

(4) $(-2a+3)(4a^2-5a+6)$

(5) $(x^2+xy+y^2)(x-y)$

(6) $5x(x+6)(-x-3)$

2

〈乗法公式〉 ミス注意

公式を使って，次の式を展開しなさい。

(1) $\left(a+\dfrac{1}{2}\right)(a-2)$

(2) $\left(x-\dfrac{1}{3}\right)\left(x+\dfrac{1}{4}\right)$

(3) $(ab+3)(ab-7)$

(4) $(y^2-4)(y^2+25)$

(5) $(y+6z)^2$

(6) $(3a-4b)^2$

(7) $(2x+3y)(2x-3y)$

(8) $\left(\dfrac{1}{4}a-\dfrac{1}{3}b\right)\left(\dfrac{1}{4}a+\dfrac{1}{3}b\right)$

3

〈乗法公式の利用〉 ミス注意

次の式を展開しなさい。

(1) $(x+y+2)^2$

(2) $(a-b+2)(a-b-1)$

(3) $(3a-b+2)(3a-b-2)$

(4) $(x^2+x+3)(x^2+x-1)$

4 〈式の計算〉
次の式を簡単にしなさい。

(1) $(x-3)^2-(x+2)(x-2)$

(2) $(2a-b)^2-(a+2b)(a-2b)$

(3) $(3x-4y)(3x+y)-(3x-2y)^2$

5 〈式の展開と係数〉
次の問いに答えなさい。

(1) $(2a^2-a+3)(3a^2+a+4)$ を展開したときの，a^3 の係数を求めなさい。

(2) $(x-3)^2(4x^2-5x+7)$ を展開したときの，x^2 の係数を求めなさい。

6 〈式の展開の応用〉 差がつく
次の問いに答えなさい。

(1) 次の等式が成立するように，□をうめなさい。

$(x+y)^2-\square=(x-y)^2$

(2) x^2+x+1 を $(x+1)^2+A(x+1)+B$ の形に変形したい。
このとき，A，B の値(あたい)をそれぞれ求めなさい。

7 〈式の値〉 差がつく
次の問いに答えなさい。

(1) $A=a+b-1$，$B=a-b-1$ のとき，A^2-B^2 を a，b で表しなさい。

(2) $x^2+y^2=9$，$xy=3$ のとき，$(x-y)^2$ の値を求めなさい。

② 因数分解

重要ポイント

① 因数分解（いんすう）

□ **因数分解**…展開（てんかい）公式を用いると

$x^2-4=(x+2)(x-2)$

因数分解
$x^2-4 \rightleftarrows (x+2)(x-2)$
展開

このとき，$x+2$ や $x-2$ を x^2-4 の因数といい，

1つの多項式をいくつかの因数の積の形で表すことを因数分解するという。また，単項式 $2xy$ についても同様に，2，x，y を $2xy$ の因数という。

□ 多項式の各項に共通な因数(共通因数)があるとき，因数分解することができる。

$ma+mb-mc=m(a+b-c)$ ← 共通因数 m

例 $5x^2-10x=5x\times x-5x\times 2=5x(x-2)$ ← 共通因数 $5x$

② 因数分解の公式

□ $a^2-b^2=(a+b)(a-b)$ 例 $x^2-1=x^2-1^2=(x+1)(x-1)$

□ $a^2+2ab+b^2=(a+b)^2$ 例 $x^2+2x+1=x^2+2\times x\times 1+1^2=(x+1)^2$

□ $a^2-2ab+b^2=(a-b)^2$ 例 $x^2-2x+1=x^2-2\times x\times 1+1^2=(x-1)^2$

□ $x^2+(a+b)x+ab=(x+a)(x+b)$

例 $x^2+5x+6=(x+2)(x+3)$ （積が6，和が5となる2数を見つける。）

③ いろいろな因数分解

□ 例 $xy^2-x=x(y^2-1)=x(y+1)(y-1)$ ← y^2-1 はまだ因数分解できる。

□ 例 $(x+1)^2-4=x^2+2x+1-4=x^2+2x-3=(x+3)(x-1)$ ← $(x+1)^2$ を展開する。

□ 例 $(x+1)^2-4=A^2-4=(A+2)(A-2)=(x+3)(x-1)$ ← $(x+1)$ を A におきかえる。

④ 式による証明

□ 例 連続する2つの奇数（きすう）の積に1を加えた数は，この2つの奇数の間にある偶数（ぐうすう）の2乗に等しいことを証明しなさい。

(証明) n を整数として，連続する奇数は $2n-1$，$2n+1$ と表され，この間の偶数は $2n$ である。$(2n-1)(2n+1)+1=(2n)^2$ よって，連続する2つの奇数の積に1を加えた数は，この2つの奇数の間にある偶数の2乗に等しい。

テストでは ココが ねらわれる
- 共通因数をくくり出したり，公式を使ったりして因数分解ができること。
- 因数分解の公式は，乗法公式をきちんと覚えておくこと。
- 式の形をみて，適切な処理のしかたを見つけられるようにする。

ポイント 一問一答

① 因数分解

次の式を因数分解しなさい。

□ (1) $ax-ay$　　□ (2) $2xy-4x$

□ (3) xy^2+xy　　□ (4) px^2+px+p

② 因数分解の公式

(1) 公式を使って，次の式を因数分解しなさい。

□ ① a^2-25　　□ ② $81a^2-1$

□ ③ $64-9y^2$　　□ ④ x^2+6x+9

□ ⑤ $a^2-8a+16$　　□ ⑥ $9x^2-6x+1$

(2) 2次式 x^2+px+q は，$q=ab$，$p=a+b$ となる2数 a，b を見つけて $(x+a)(x+b)$ と因数分解できる。次の式を因数分解しなさい。

□ ① x^2+3x+2　　□ ② x^2+4x-5

□ ③ y^2-5y+4　　□ ④ $z^2-3z-10$

③ いろいろな因数分解

次の式を因数分解しなさい。

□ (1) $-2x^2+10x-8$　　□ (2) $(x-3)^2-2x+6$

④ 式による証明

□ 連続する3つの整数の積に，まん中の数を加えると，まん中の数の3乗に等しくなることを証明しなさい。

答

① (1) $a(x-y)$　(2) $2x(y-2)$　(3) $xy(y+1)$　(4) $p(x^2+x+1)$

② (1) ① $(a+5)(a-5)$　② $(9a+1)(9a-1)$　③ $(8+3y)(8-3y)$　④ $(x+3)^2$　⑤ $(a-4)^2$　⑥ $(3x-1)^2$

(2) ① $(x+1)(x+2)$　② $(x+5)(x-1)$　③ $(y-4)(y-1)$　④ $(z-5)(z+2)$

③ (1) $-2(x-1)(x-4)$　(2) $(x-3)(x-5)$

④ 3つの整数を $n-1$，n，$n+1$ とする。$(n-1)n(n+1)+n=n^3$

基礎問題

▶答え　別冊p.4

1 〈共通因数をくくり出す〉

次の式を因数分解しなさい。

(1) $2ab-abc$

(2) $8xy-4y$

(3) $-3x^2y+6x$

(4) $-12a^3-12a^2$

2 〈平方の差の公式〉 重要

公式を使って，次の式を因数分解しなさい。

(1) x^2-9y^2

(2) $4x^2-25$

(3) $a^2b^2-64c^2$

(4) $16x^2y^2-49$

3 〈和の平方の公式〉 重要

公式を使って，次の式を因数分解しなさい。

(1) $x^2+14x+49$

(2) $4x^2+12x+9$

(3) $x^2+0.6x+0.09$

(4) $25x^2+6x+0.36$

4 〈差の平方の公式〉 重要

公式を使って，次の式を因数分解しなさい。

(1) $x^2-18x+81$

(2) $9x^2-60x+100$

(3) $x^2-1.4x+0.49$

(4) $25x^2-12x+1.44$

5 〈$(x+a)$ と $(x+b)$ の積の公式〉 ミス注意

公式を使って，次の式を因数分解しなさい。

(1) $x^2+10x+21$

(2) $a^2-4a-12$

(3) $y^2+5y-36$

(4) z^2-z-12

(5) $p^2-14p+24$

(6) $r^2-35r-36$

6 〈いろいろな因数分解〉 重要

次の式を因数分解しなさい。

(1) $5x^2-45$

(2) a^3-14a^2+49a

(3) $(x-2)^2-(x-2)-20$

(4) $x(2x+5)-(x+1)(x+4)$

7 〈等式の完成〉

次の□の中にあてはまる正の数を入れて，等式を完成しなさい。

(1) x^2- [ア] $x+121=(x-$ [イ] $)^2$

(2) [ア] $r^2-12r+9=($ [イ] $r-$ [ウ] $)^2$

(3) x^2+ [ア] $x-12=(x+$ [イ] $)(x-2)$

8 〈式による証明〉 重要

次の問いに答えなさい。

(1) 連続する2つの奇数(きすう)を $2m+1$，$2m+3$ とするとき，これらの奇数の2乗の差は，8の倍数になることを示しなさい。ただし，m は整数とする。

(2) 連続する2つの整数の2乗の差は，その2つの数の和に等しいことを示しなさい。

5 (2) 積が -12，和が -4 となる2数を見つける。

6 (1) $5x^2-45=5(x^2-9)=5(x^2-3^2)$

7 (1) 左辺の定数項より，$(x-11)^2$ を考える。
(3)は（左辺の定数項）＝（右辺の定数項）から右辺を決め，次に左辺を決める。

標準問題

▶答え　別冊p.5

1

〈共通因数(いんすう)をくくり出す〉

次の式を因数分解しなさい。

(1) $axy+bxy$

(2) $8abc-12abd$

(3) $ax+bx+cx$

(4) $x-2x^2-x^3$

(5) $6axy+9ax^2$

(6) a^2b+a^2c+abc

2

〈平方の差の公式〉

次の式を因数分解しなさい。

(1) $\frac{9}{16}x^2-\frac{1}{4}y^2$

(2) $25a^2-49b^2c^2$

(3) $0.01x^2-0.16y^2$

(4) x^4-y^4

(5) a^8-1

(6) $2a^3-\frac{1}{2}a$

3

〈平方の公式〉 重要

次の式を因数分解しなさい。

(1) $-4x^2+20x-25$

(2) $2x^2-8x+8$

(3) $8-24a+18a^2$

(4) $a^2+4ab+4b^2$

(5) $mx^2+14mnx+49mn^2$

(6) $2ab^2+16ab+32a$

(7) $a^2-2+\frac{1}{a^2}$

(8) $a(x^2+y^2)+2axy$

4 〈$(x+a)$ と $(x+b)$ の積の公式〉 重要

次の式を因数分解しなさい。

(1) $2ax^2+6ax-8a$

(2) $2a^3-8a^2-24a$

(3) $x^2y^2-5xy+4$

(4) $2a^2c^2+6abc^2+4b^2c^2$

5 〈いろいろな因数分解〉 ミス注意

次の式を因数分解しなさい。

(1) $(a-1)(a-4)+(a+2)(a-2)$

(2) $(2x+1)(x-3)-(x+2)(x-2)-25$

(3) $(3x+1)(x-4)-2(x-1)^2+16$

6 〈係数と因数分解〉

x についての 2 次式 $x^2+ax+24$ が $(x+m)(x+n)$ のように因数分解されたとする。ただし，a，m，n は正の整数で，$m>n$ とする。

(1) a の値(あたい)が最小のとき，m，n の値を求めなさい。

(2) a の値が最大のとき，m，n の値を求めなさい。

7 〈因数分解の利用〉 差がつく

底面の半径が a，高さが b の円柱がある。ただし，$a>b$ とする。

(1) 2 つの底面の面積の和と側面積とでは，どちらが大きいですか。

(2) 底面の半径が b，高さが a の円柱とはじめの円柱の全表面積の和は，$2\pi(a+b)^2$ となることを示しなさい。

8 〈式による証明〉 差がつく

次のことを証明しなさい。

(1) 奇数(きすう)の 2 乗は奇数である。

(2) 連続する 2 つの整数の 2 乗の差は奇数である。

実力アップ問題

◎制限時間40分
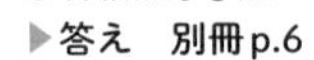
◎合格点70点
▶答え　別冊p.6

	点

1 次の式を展開しなさい。〈2点×8〉

(1) $(2x+3)(5x-3)$　　(2) $(a-6)(a+3)$

(3) $(2x+7)(-2x+7)$　　(4) $(3x+5)(3x-7)$

(5) $(x-4)^2$　　(6) $(2y+5)^2$

(7) $(x^2-xy+y^2)(x+y)$　　(8) $(a+b-c)(a-b-c)$

(1)		(2)		(3)		(4)	
(5)		(6)		(7)		(8)	

2 次の式を簡単にしなさい。〈3点×4〉

(1) $(a+2)^2-4a$　　(2) $(x+2)(x+1)-(x+1)^2$

(3) $(2y+1)^2-(2y-1)^2$　　(4) $(3x-y)^2-(3x+y)(3x-y)$

(1)		(2)		(3)		(4)	

3 次の式を因数分解しなさい。〈3点×8〉

(1) $8am-16bm$　　(2) p^2-16q^2

(3) y^2+5y-6　　(4) $4x^2+4x-24$

(5) $9x^2+30x+25$　　(6) $2x^2-16x+32$

(7) $100a^2-4b^2$　　(8) $a^2+3a+\frac{9}{4}$

(1)		(2)		(3)		(4)	
(5)		(6)		(7)		(8)	

4 次の式を因数分解しなさい。 〈3点×4〉

(1) x^2+x-90　(2) $(x-3)^2-7(x-3)+10$

(3) $120y+4yx^2-44xy$　(4) $(x-2)^2-5x+16$

(1)		(2)		(3)		(4)	

5 次の問いに答えなさい。 〈3点×4〉

(1) 次の計算をしなさい。

① 73^2-27^2　② 96^2+104^2

(2) $x=56$ のとき，$2x^2-24x+72$ の値（あたい）を求めなさい。

(3) $x+y=5$，$xy=-24$ のとき，x^2+y^2 の値を求めなさい。

(1)	①	②	(2)		(3)	

6 $540m=n^2$ をみたす最も小さい自然数 m，n を求めなさい。 〈8点〉

7 右のような正方形の土地を，A，B，C 3人で次のように分けた。
A，Bの土地は正方形とし，残りをCの土地としたところ，Aの土地の面積はCの土地の面積の3分の1となった。
このとき，Bの土地の面積はAの土地の面積の何倍になりますか。 〈8点〉

C
A
B

8 連続する3つの整数がある。最も大きい数の2乗は，他の2数の積より16だけ大きいという。
この3つの数を求めなさい。 〈8点〉

③平方根

重要ポイント

① 平方根

□ **平方根**…2乗(平方)すると a になる数を，a の平方根という。

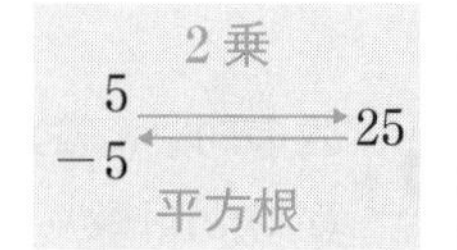

例 25の平方根は，5と−5

a の平方根とは，$x^2=a$ にあてはまる x の値のことである。

□ **正の数の平方根は正，負の2つがあり，その絶対値は等しい。**

□ 0の平方根は，0だけである。

□ **根号**…平方根を表す記号 $\sqrt{\ }$ のこと。正の数 a の2つの平方根を，根号を用いて，**正の方を $\sqrt{a}$，負の方を $-\sqrt{a}$** と表す。$\sqrt{a}$ は「ルート a」と読む。

例 3の平方根は，$\sqrt{3}$ と $-\sqrt{3}$

□ a の平方根 $\sqrt{a}$ と $-\sqrt{a}$ をまとめて，$\pm\sqrt{a}$ と書く。
「プラスマイナスルート a」と読む。

$a>0$ のとき
$(\sqrt{a})^2=a$
$(-\sqrt{a})^2=a$

② 平方根の大小とおよその値

□ 正の数 a，b について，$a<b$ ならば $\sqrt{a}<\sqrt{b}$ である。

例 5と $\sqrt{24}$ の大小　それぞれの数を2乗し，その大小を比べると，

$5^2=25$，$(\sqrt{24})^2=24$　$25>24$ だから，$5=\sqrt{25}>\sqrt{24}$

□ 平方根のおよその値は，電卓を利用して求めることができる。

例 $\sqrt{3}=1.7320508\cdots$　$\sqrt{5}=2.2360679\cdots$

③ 有理数と無理数

□ 終わりのある小数を**有限小数**，終わりがなくどこまでも続く小数を**無限小数**という。
決まった数字がくり返される無限小数を**循環小数**といい，次のように表す。

例 $0.4444\cdots=0.\dot{4}$，$0.6363\cdots=0.\dot{6}\dot{3}$

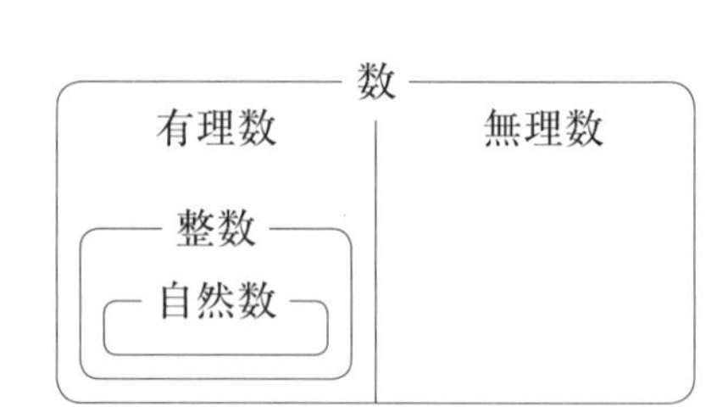

□ **有理数**…分数で表せる数。(循環小数は有理数)

□ **無理数**…有理数でない(分数で表せない)数。循環しない無限小数のこと。

例 $\sqrt{5}=2.2360679\cdots$，$\pi=3.141592\cdots$

テストではココがねらわれる

◉平方根（へいほうこん），根号（こんごう）を知ること。a の平方根と $\sqrt{a}$ のちがいに注意する。

◉$\sqrt{a}$，$-\sqrt{a}$ は 2 乗すると $a \Leftrightarrow (\sqrt{a})^2=a$，$(-\sqrt{a})^2=a$

◉有理数（ゆうりすう），無理数（むりすう）のそれぞれの範囲（はんい）を知ること。

ポイント 一問一答

① 平方根

□ (1) 次の［　　］にあてはまる数を求めなさい。

13^2-169，（　$13)^2=169$ であるから 169 の平方根は，

［ ㋐ ］と［ ㋑ ］である。まとめて書くと［ ㋒ ］である。

□ (2) 次の数を根号（$\sqrt{}$）を使わないで表しなさい。

① $\sqrt{4}$　　② $\sqrt{49}$　　③ $\sqrt{\dfrac{16}{25}}$

□ (3) 次の数の平方根を求めなさい。

① 49　　② 0.01　　③ $\dfrac{25}{36}$

④ 13　　⑤ 0.1　　⑥ $\dfrac{3}{5}$

② 平方根の大小とおよその値

(1) 次の 2 数の大小を不等号を使って表しなさい。

□ ① $\sqrt{13}$，$\sqrt{10}$　　□ ② 8，$\sqrt{65}$

(2) 電卓（でんたく）を使って，次の数のおよその値（あたい）を小数第 3 位まで求めなさい。

□ ① $\sqrt{3.5}$　　□ ② $\sqrt{7.43}$　　□ ③ $\sqrt{63}$

③ 有理数と無理数

□ 次の数は，それぞれ右の図の A ～ D のどこに入るか答えなさい。

$\sqrt{2}$，-3，$\dfrac{1}{3}$，$\dfrac{1}{4}$

数
- 有理数
  - 整数……………………… A
  - 分数
    - 有限小数（ゆうげんしょうすう）……… B
    - 循環小数（じゅんかんしょうすう）……… C
- 無理数（循環しない無限小数（むげんしょうすう））… D

答

① (1) ㋐ 13　㋑ -13　㋒ ± 13　(2) ① 2　② 7　③ $\dfrac{4}{5}$

(3) ① ± 7　② ± 0.1　③ $\pm\dfrac{5}{6}$　④ $\pm\sqrt{13}$　⑤ $\pm\sqrt{0.1}$　⑥ $\pm\sqrt{\dfrac{3}{5}}$

② (1) ① $\sqrt{13}>\sqrt{10}$　② $8<\sqrt{65}$　(2) ① 1.871　② 2.726　③ 7.937

③ $\sqrt{2}$ … D，-3 … A，$\dfrac{1}{3}$ … C，$\dfrac{1}{4}$ … B

基礎問題

▶答え　別冊p.7

1

〈平方根・根号の意味〉 重要

次の文の～～～の誤りを直して，正しい文にしなさい。

(1) 121 の平方根は 11 である。

(2) $\sqrt{36}=\pm 6$ である。

(3) $\sqrt{(-3)^2}=-3$ である。

(4) $(-\sqrt{5})^2=-5$ である。

2

〈根号〉 ミス注意

次の数を $\sqrt{}$ を使わないで表しなさい。

(1) $\sqrt{64}$

(2) $-\sqrt{0.16}$

(3) $\sqrt{(-5)^2}$

(4) $\pm\sqrt{36^2}$

3

〈平方根〉 重要

次の数の平方根を求めなさい。

(1) 144

(2) 256

(3) 0.81

(4) 1.21

(5) 0.3

(6) 2.5

(7) 400

(8) 6400

(9) $\dfrac{16}{9}$

(10) $\dfrac{49}{9}$

4 〈平方根の大小〉 重要

次の各組の数の大小を比べなさい。

(1) $5,\ \sqrt{20}$

(2) $\sqrt{0.1},\ 0.1$

(3) $-\sqrt{18},\ -4$

(4) $\sqrt{\frac{5}{8}},\ \frac{\sqrt{10}}{4}$

(5) $6,\ \sqrt{7},\ \sqrt{8}$

(6) $-5,\ -\sqrt{6},\ -\sqrt{7}$

5 〈平方根と平方根のおよその値(あたい)〉

面積が $30\,\mathrm{m}^2$ の正方形の土地がある。次の問いに答えなさい。

(1) この正方形の1辺の長さを，根号を使って表しなさい。

(2) この正方形の1辺の長さを，電卓(でんたく)を使って，cmの位まで求めなさい。

6 〈循環小数(じゅんかんしょうすう)〉

次の分数を循環小数で表しなさい。

(1) $\frac{2}{3}$

(2) $\frac{1}{99}$

(3) $\frac{5}{7}$

7 〈有理数(ゆうりすう)と無理数(むりすう)〉 ミス注意

次の数を，有理数と無理数に分けなさい。

$\frac{2}{5},\ \sqrt{7},\ 4,\ 0.\dot{1}\dot{8},\ -\sqrt{5},\ \frac{1}{6}$

3 (5)，(6)は，根号を使って表す。それ以外は，整数，小数，分数で表すことができる。

4 正の数どうしは2乗して比べるとよい。$a>0$ のとき，$a=\sqrt{a^2}$ として，根号の中の数の大小を比べてもよい。負の数どうしは，まず絶対値の大小を調べる。

7 整数，有限小数(ゆうげんしょうすう)，循環小数は有理数，循環しない無限小数(むげんしょうすう)は無理数である。

標準問題

▶答え　別冊p.8

1

〈平方根（へいほうこん）〉 重要

次の計算をしなさい。

(1) 次の数の平方根を求めなさい。

① 6.25　　② 0.0144

③ $\dfrac{81}{169}$　　④ $\dfrac{49}{16}$

(2) 次の式の値（あたい）を求めなさい。

① $(\sqrt{7})^2$　　② $(\sqrt{11})^2$

(3) $\sqrt{16}$ の平方根を求めなさい。

2

〈平方根の扱（あつか）い方〉

次の等式のうち，正しいものはどれですか。その記号をすべて答えなさい。

ア　$\sqrt{5^2}+\sqrt{(-5)^2}=0$　　**イ**　$(-\sqrt{8})^2+8=0$

ウ　$\sqrt{100}-10=0$　　**エ**　$\sqrt{7^2}-(\sqrt{7})^2=0$

3

〈平方根を使う文章題〉 重要

次の問いに答えなさい。

(1) 半径が3cmと4cmの2つの円がある。面積がこの2つの円の面積の和と等しい円を作るには，半径を何cmにすればよいですか。

(2) 右の方眼の1目もりは1cmである。色をつけた正方形の1辺の長さを求めなさい。

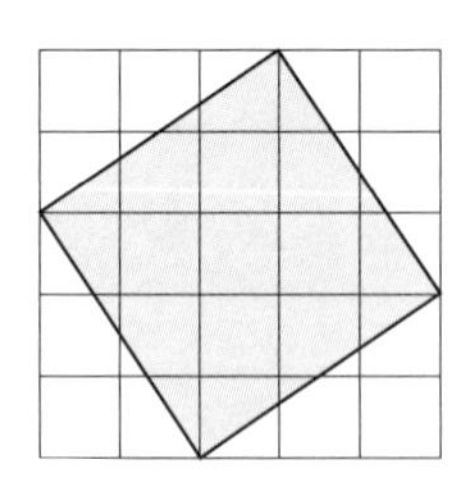

(3) 正方形の面積を2倍にするには，1辺の長さを何倍にすればよいですか。また，面積を3倍にする場合はどうですか。

4

〈平方根の大小〉 ミス注意

次の数を小さいほうから順に並べなさい。

(1) 0.03, 0, $\sqrt{2}$, $\frac{3}{2}$, 0.4, $\frac{\sqrt{5}}{2}$

(2) $-\frac{\sqrt{4}}{4}$, $-\frac{1}{3}$, $\sqrt{0.64}$, $\sqrt{1.44}$, $-\sqrt{5}$

5

〈条件に適する値〉 重要

次の問いに答えなさい。

(1) $\sqrt{x}<2$ にあてはまる自然数 x をすべて求めなさい。

(2) $2.5<\sqrt{x}<3$ にあてはまる x の値のうち，整数であるものを求めなさい。

(3) $\sqrt{20}$ の小数部分を a とするとき，a を表す式を求めなさい。

6

〈平方根を整数にする値〉 差がつく

次の問いに答えなさい。

(1) $\sqrt{96n}$ が整数になるような最小の自然数 n の値を求めなさい。

(2) $\sqrt{\frac{24}{m}}$ を自然数にする最小の整数 m の値を求めなさい。

7

〈根号(こんごう)を使わないで表せる数〉

次の問いに答えなさい。

(1) 次の数のうち，根号を使わないで表せる数はどれですか。

$-\sqrt{100}$, $\sqrt{0.01}$, $\sqrt{10}$, $-\sqrt{0.5}$, $-\sqrt{25}$, $\sqrt{\frac{1}{36}}$

(2) $\sqrt{\frac{m}{8}}$ が根号を使わないで表せる 3 より小さい数になるような自然数 m の値をすべて求めなさい。

8

〈有理数(ゆうりすう)と無理数(むりすう)〉

次の数直線上の点 A，B，C，D，E は，下の数のどれかを表している。これらの点の表す数をいいなさい。

A B C D E

−6 −5 −4 −3 −2 −1 0 1 2 3 4 5 6

$\sqrt{20}$, $-\sqrt{8}$, $\frac{8}{3}$, $-\sqrt{16}$, 1.5

④根号をふくむ式の計算

重要ポイント

①根号をふくむ式の乗法，除法

□平方根どうしの積や商は，1つの平方根で表せる。

a，bを正の数とするとき，$\sqrt{a}\times\sqrt{b}=\sqrt{ab}$　$\dfrac{\sqrt{a}}{\sqrt{b}}=\sqrt{\dfrac{a}{b}}$

例 $\sqrt{3}\times\sqrt{7}=\sqrt{3\times7}=\sqrt{21}$

例 $\sqrt{20}\div\sqrt{5}=\dfrac{\sqrt{20}}{\sqrt{5}}=\sqrt{\dfrac{20}{5}}=2$

□$\sqrt{\ }$の外の数を$\sqrt{\ }$の中に入れることができる。

$k\sqrt{a}=\sqrt{k^2a}\ (k>0)$　例 $-3\sqrt{2}=-\sqrt{3^2\times2}=-\sqrt{18}$

□$\sqrt{\ }$の中の数がある数の2乗との積になっていれば，ある数を$\sqrt{\ }$の外に出せる。

$\sqrt{k^2a}=k\sqrt{a}\ (k>0)$　例 $\sqrt{72}=\sqrt{6^2\times2}=6\sqrt{2}$

□分母に根号がある式を，分母に根号のない形に表すことを，分母を有理化するという。

例 $\dfrac{2}{\sqrt{3}}=\dfrac{2\times\sqrt{3}}{\sqrt{3}\times\sqrt{3}}=\dfrac{2\sqrt{3}}{3}$　$\dfrac{\sqrt{3}}{\sqrt{8}}=\dfrac{\sqrt{3}}{2\sqrt{2}}=\dfrac{\sqrt{3}\times\sqrt{2}}{2\sqrt{2}\times\sqrt{2}}=\dfrac{\sqrt{6}}{4}$

②根号をふくむ式の加法，減法

□同じ数の平方根をふくんだ式は，同類項をまとめるのと同じようにして簡単にできる。

$m\sqrt{a}+n\sqrt{a}=(m+n)\sqrt{a}$　例 $2\sqrt{3}+5\sqrt{3}=7\sqrt{3}$

$m\sqrt{a}-n\sqrt{a}=(m-n)\sqrt{a}$　例 $7\sqrt{2}-4\sqrt{2}=3\sqrt{2}$

□根号の中の整数ができるだけ小さくなるように変形してから計算する。

$\sqrt{18}-\sqrt{2}=3\sqrt{2}-\sqrt{2}=2\sqrt{2}$

□分母を有理化してから計算する。　例 $\sqrt{3}+\dfrac{6}{\sqrt{3}}=\sqrt{3}+2\sqrt{3}=3\sqrt{3}$

③根号をふくむ式の計算

□根号をふくんだ式は，分配法則や乗法公式を使って計算できる。

例 $\sqrt{2}(2-3\sqrt{2})=2\sqrt{2}-3(\sqrt{2})^2=2\sqrt{2}-6$

例 $(\sqrt{6}-\sqrt{3})^2=(\sqrt{6})^2-2\sqrt{6}\sqrt{3}+(\sqrt{3})^2=6-6\sqrt{2}+3=9-6\sqrt{2}$

例 $(\sqrt{2}+1)(\sqrt{2}-2)=(\sqrt{2})^2+(1-2)\sqrt{2}-2=-\sqrt{2}$

テストでは ココが ねらわれる

- 根号(こんごう)をふくむ式の乗法，除法や加法，減法のしかたを知ること。
- $\sqrt{k^2a}=k\sqrt{a}$ を使って，根号内の数を根号外に出すこと，分母の有理化(ゆうりか)も大切。
- 根号をふくむ式の計算では分配法則や乗法公式を用いる。

ポイント 一問一答

① 根号をふくむ式の乗法，除法

(1) 次の計算をしなさい。

□ ① $\sqrt{3}\times\sqrt{5}$　　□ ② $\sqrt{7}\times\sqrt{10}$

□ ③ $\sqrt{2}\times\sqrt{18}$　　□ ④ $\sqrt{21}\div\sqrt{3}$

□ ⑤ $\dfrac{\sqrt{35}}{\sqrt{7}}$　　□ ⑥ $\dfrac{\sqrt{72}}{\sqrt{8}}$

(2) $\sqrt{\ }$ の外にある数を $\sqrt{\ }$ の中に入れて，$\sqrt{a}$ の数で表しなさい。

□ ① $2\sqrt{2}$　　□ ② $3\sqrt{6}$　　□ ③ $\dfrac{\sqrt{6}}{3}$

(3) 次の数を $a\sqrt{b}$ の形に直しなさい。

□ ① $\sqrt{12}$　　□ ② $\sqrt{20}$　　□ ③ $\sqrt{\dfrac{2}{9}}$

(4) 次の数の分母を有理化しなさい。

□ ① $\dfrac{1}{\sqrt{2}}$　　□ ② $\dfrac{2}{\sqrt{3}}$　　□ ③ $\dfrac{3}{\sqrt{6}}$

② 根号をふくむ式の加法，減法

次の式を簡単にしなさい。

□ (1) $\sqrt{48}+3\sqrt{3}-\sqrt{12}$　　□ (2) $\sqrt{8}+\dfrac{3}{\sqrt{2}}-\dfrac{2}{\sqrt{8}}$

③ 根号をふくむ式の計算

次の式を簡単にしなさい。

□ (1) $\sqrt{6}(\sqrt{6}-2)$　　□ (2) $(\sqrt{2}+\sqrt{5})^2$

答

① (1) ① $\sqrt{15}$　② $\sqrt{70}$　③ 6　④ $\sqrt{7}$　⑤ $\sqrt{5}$　⑥ 3　(2) ① $\sqrt{8}$　② $\sqrt{54}$　③ $\sqrt{\dfrac{2}{3}}$

(3) ① $2\sqrt{3}$　② $2\sqrt{5}$　③ $\dfrac{1}{3}\sqrt{2}$　(4) ① $\dfrac{\sqrt{2}}{2}$　② $\dfrac{2\sqrt{3}}{3}$　③ $\dfrac{\sqrt{6}}{2}$

② (1) $5\sqrt{3}$　(2) $3\sqrt{2}$

③ (1) $6-2\sqrt{6}$　(2) $7+2\sqrt{10}$

基礎問題

▶答え　別冊p.9

1 〈根号をふくむ数の変形〉

次の数を変形して，$\sqrt{\ }$ の中をできるだけ簡単な数にしなさい。

(1) $\sqrt{72}$　　(2) $\sqrt{96}$

(3) $\sqrt{\dfrac{3}{16}}$　　(4) $\sqrt{\dfrac{27}{64}}$

2 〈平方根の値〉

次の問いに答えなさい。

(1) $\sqrt{2}=1.414$，$\sqrt{20}=4.472$ として，次の値を求めなさい。

① $\sqrt{200}$　　② $\sqrt{2000}$

③ $\sqrt{0.2}$　　④ $\sqrt{0.02}$

(2) $\sqrt{2}=1.414$，$\sqrt{5}=2.236$ として，次の値を求めなさい。

① $\sqrt{50}$　　② $\sqrt{0.001}$

③ $\dfrac{1}{\sqrt{5}}$　　④ $\sqrt{\dfrac{5}{8}}$

3 〈根号をふくむ式の乗除〉 重要

次の計算をして，$a\sqrt{b}$ の形で表しなさい。

(1) $\sqrt{6}\sqrt{18}$　　(2) $\sqrt{27}\sqrt{54}$

(3) $4\sqrt{3}\times\sqrt{6}$　　(4) $8\sqrt{14}\div2\sqrt{7}$

(5) $\dfrac{\sqrt{27}}{\sqrt{72}}$　　(6) $\dfrac{\sqrt{60}}{\sqrt{3}\times\sqrt{5}}$

4 〈根号をふくむ式の積と商〉 重要

次の計算をしなさい。

(1) $\sqrt{8}\times\sqrt{6}\times\sqrt{12}$

(2) $\sqrt{2}\times\sqrt{24}\div\sqrt{6}$

(3) $7\sqrt{8}\div\sqrt{2}\div\sqrt{7}$

(4) $\dfrac{2}{\sqrt{3}}\div\dfrac{1}{\sqrt{2}}\div\sqrt{\dfrac{5}{6}}$

5 〈根号をふくむ式の和と差〉 ミス注意

次の計算をしなさい。

(1) $\sqrt{54}+2\sqrt{6}$

(2) $\sqrt{80}-3\sqrt{5}$

(3) $\sqrt{48}+\sqrt{27}$

(4) $5\sqrt{6}-\sqrt{24}-\sqrt{54}$

(5) $\sqrt{3}+\dfrac{1}{\sqrt{3}}-\dfrac{4}{\sqrt{12}}$

(6) $\dfrac{4}{\sqrt{2}}+\sqrt{32}-\dfrac{1}{\sqrt{50}}$

6 〈根号をふくむ式の計算〉

次の計算をしなさい。

(1) $\sqrt{3}(\sqrt{3}-7)$

(2) $(\sqrt{5}-3)(3\sqrt{5}+2)$

(3) $(\sqrt{10}+\sqrt{3})(\sqrt{10}-\sqrt{3})$

(4) $(\sqrt{5}+\sqrt{2})(\sqrt{5}-\sqrt{8})$

(5) $(\sqrt{7}+4)^2$

(6) $(2\sqrt{2}-\sqrt{8})^2$

7 〈式の値〉 重要

$x=2-\sqrt{3}$，$y=2+\sqrt{3}$ のとき，次の式の値を求めなさい。

(1) $x+y$

(2) xy

(3) x^2-y^2

(4) x^2+y^2

ヒント

3 $\sqrt{ab}=\sqrt{a}\sqrt{b}$，$\sqrt{a}\sqrt{a}=(\sqrt{a})^2=a$ であることを利用する。

5 分数の形のものは，分母を有理化(ゆうりか)して加減を行う。

6 式の展開(てんかい)と同じように考えて計算し，簡単になるものは簡単にする。

7 (3)，(4)は式を変形してから代入したほうがよい。

標準問題

▶答え　別冊p.10

1

〈平方根の大小〉

次の数の大小を不等号を用いて表しなさい。

(1) $\dfrac{\sqrt{3}}{3}$, $\sqrt{\dfrac{3}{5}}$, $\dfrac{1}{\sqrt{2}}$

(2) 0.17, $\sqrt{3}$, $\dfrac{\sqrt{6}}{2}$, $-\sqrt{2}$, $-1\dfrac{1}{2}$, $\dfrac{\sqrt{10}}{3}$

2

〈根号をふくむ式の四則〉 ミス注意

次の計算をしなさい。

(1) $\sqrt{54}+\sqrt{8}\times\sqrt{12}$

(2) $5\sqrt{2}-5\times(-\sqrt{32})$

(3) $\sqrt{80}-\sqrt{25}\div\sqrt{5}$

(4) $\sqrt{5}(5\sqrt{5}-4\sqrt{20}-\sqrt{3}\sqrt{15})$

(5) $\dfrac{2}{\sqrt{2}}+\dfrac{3}{\sqrt{3}}\times\sqrt{6}$

(6) $\dfrac{\sqrt{18}-\sqrt{2}}{\sqrt{2}}$

3

〈根号をふくむ式の計算①〉 重要

次の計算をしなさい。

(1) $(2\sqrt{3}-5)(2\sqrt{3}+5)$

(2) $(\sqrt{3}-2)^2-(\sqrt{3}+2)^2$

(3) $(2\sqrt{2}+1)^2+(3\sqrt{2}-1)^2$

(4) $(4\sqrt{2}-1)(4\sqrt{2}+1)-5\sqrt{2}$

(5) $(\sqrt{3}+2)^2-4(\sqrt{3}+2)+4$

(6) $(1+\sqrt{2}+\sqrt{3})^2$

4

〈根号をふくむ式の計算②〉

次の□にあてはまる数を求めなさい。ただし，(3)には整数，(4)には同じ正の数が入るものとする。

(1) $10+\sqrt{2}\times\square=14$

(2) $\sqrt{18}-\sqrt{72}\div\square=\sqrt{2}$

(3) $(\sqrt{5}+\square)^2=14+6\sqrt{5}$

(4) $(\sqrt{7}+\square)(\sqrt{7}-\square)=2$

5

〈根号をふくむ式の計算③〉

$\dfrac{\sqrt{5}+\sqrt{3}}{\sqrt{5}-\sqrt{3}}+\dfrac{\sqrt{5}-\sqrt{3}}{\sqrt{5}+\sqrt{3}}$ の値を求めなさい。

6

〈式の値①〉 重要

$x=3+\sqrt{5}$，$y=3-\sqrt{5}$ のとき，次の式の値を求めなさい。

(1) xy

(2) $2x+3y$

(3) x^2+y^2

(4) x^3y-xy^3

7

〈式の値②〉 ミス注意

次の問いに答えなさい。

(1) $a+b=2+\sqrt{2}$，$ab=-7+4\sqrt{2}$ のとき，a^2+ab+b^2 の値を求めなさい。

(2) $x=2-\sqrt{7}$ のとき，x^2-4x+4 の値を求めなさい。

(3) $a=1+\sqrt{2}$ のとき，a^2-2a+4 の値を求めなさい。

(4) $a=\dfrac{\sqrt{5}+2}{2}$ のとき，$4a^2-8a$ の値を求めなさい。

8

〈式の値③〉 重要

次のそれぞれの問いに答えなさい。

(1) $\sqrt{5}$ の小数部分を x とするとき，$(x+5)(x-1)$ の値を求めなさい。

(2) $\sqrt{15}$ の小数部分を a とするとき，$(a-2)(a+8)$ の値を求めなさい。

(3) $3(\sqrt{3}-1)$ の整数部分を a，小数部分を b とするとき，次の式の値を求めなさい。

① a　② b　③ $a^2+2ab+3b^2$

9

〈平方根をふくむ等式〉 差がつく

$x=\sqrt{3}$ のとき，x^3+px^2+qx の値が $4\sqrt{3}+6$ になる。このとき，p，q の値を求めなさい。ただし，p，q は整数とする。

⑤誤差と近似値

重要ポイント

①誤差と近似値

□ **近似値**…長さや時間などを実際にはかって得られた測定値や，四捨五入して得られた値。真の値ではないが，それに近い値である。

例 最小の目もりが1mmであるものさしではかった長さは，実際の長さの近似値である。10÷7の答えを四捨五入して小数第2位まで求めた値は，真の値の近似値である。

□ **誤差**…近似値から真の値をひいた差。

(誤差)＝(近似値)－(真の値)

例 ある数aを小数第1位で四捨五入して21が得られたとき，aは次の範囲にある。

$20.5 \leqq a < 21.5$

このとき，誤差の絶対値は大きくても0.5であることがわかる。

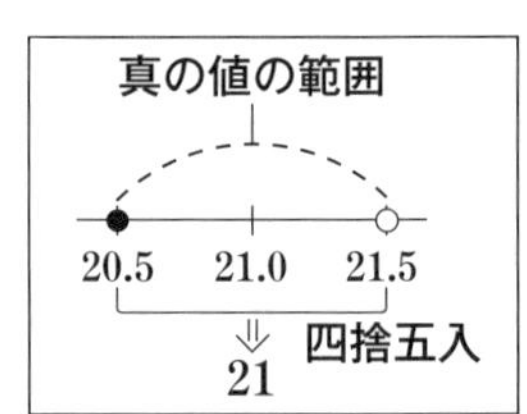

②有効数字

□ **有効数字**…近似値を表す数字のうち，信頼できる数字を有効数字という。最小の目もりが10gであるはかりではかって1250gであったとき，十の位未満は四捨五入したものであるから，千，百，十の位の1，2，5は信頼できる数字だが，一の位の0は信頼できない。

例 上の例で，1，2，5…有効数字　　0…有効数字ではない

□ **有効数字を使った近似値の表し方**

上の例で，測定値の1250gを，どこまでが有効数字であるかをはっきりさせるには，次のように表す。

1.25×10^3 g

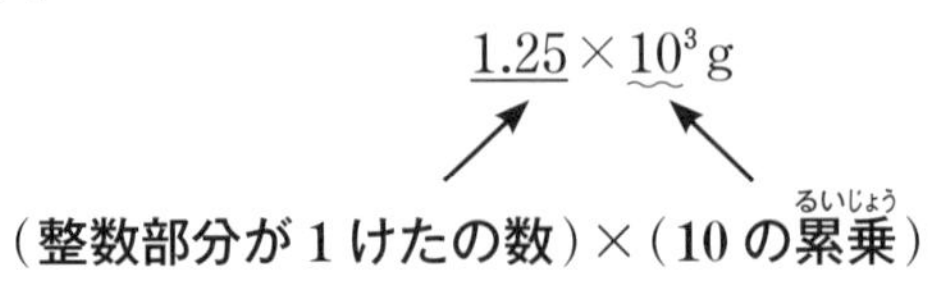

例 ある距離の測定値2500mの有効数字が2，5，0のとき，測定値を表すと，

2.50×10^3 m

◉測定値の多くや，四捨五入して得られた値が近似値であることがわかる。
◉四捨五入と誤差の関係から，誤差の絶対値の大きさの上限が求められる。
◉有効数字を利用して，測定値を表すことができる。

ポイント 一問一答

① 誤差と近似値

□ (1) 次のア～エの値のうち，近似値である可能性があるものをすべてあげなさい。

ア　月と地球の距離… 38 万 4400 km

イ　2 を 10 乗した数… 1024

ウ　円周率… 3.14

エ　1 ヘクタールの広さ… 10000 m^2

□ (2) ある数 a を小数第 2 位で四捨五入して 1.7 が得られたとき，次の問いに答えなさい。

① a の範囲を不等号を使って表しなさい。

② 誤差の絶対値は大きくてもどのくらいと考えられますか。

□ (3) π の近似値を 3.14 としたとき，誤差はどのように表されますか。

② 有効数字

(1) ある距離の測定値は 1900 m である。有効数字が次の数字であるとき，測定値を (整数部分が 1 けたの数) × (10 の累乗) で表しなさい。

□ ① 有効数字… 1，9

□ ② 有効数字… 1，9，0

(2) 次のように表される測定値は，それぞれ何 m の位まで測定したものといえますか。

□ ① 2.3×10^2 m

□ ② 5.4×10^3 m

□ ③ 1.04×10^2 m

① (1) ア，ウ　(2) ① $1.65 \leqq a < 1.75$　② 0.05　(3) $3.14 - \pi$

② (1) ① 1.9×10^3 m　② 1.90×10^3 m　(2) ① 10 m　② 100 m　③ 1 m

基礎問題

▶答え　別冊 p.12

1 〈四捨五入〉 ミス注意

ある数 a を 40 でわり，商の小数第 1 位を四捨五入したら 3 になった。このような a のうちで，最も小さい数を求めなさい。

2 〈誤差と近似値〉

あるマラソンコースの距離を測定し，10 m 未満を四捨五入して測定値 4600 m を得たとき，次の問いに答えなさい。

(1) 真の値を a として，a の範囲を不等号を使って表しなさい。

(2) 誤差の絶対値は大きくてもどのくらいと考えられますか。

3 〈有効数字①〉 重要

10 g の位まで測定できるはかりを使って，すいかの重さをはかったところ，測定値は 7200 g だった。次の問いに答えなさい。

(1) 有効数字をすべて書きなさい。

(2) 10 g 未満を四捨五入して得たのがこの測定値であるとするとき，真の値を a として，a の範囲を不等号を使って表しなさい。

(3) 誤差の絶対値は大きくてもどのくらいと考えられますか。

(4) 有効数字を使って，測定値を (整数部分が 1 けたの数) × (10 の累乗) の形に表しなさい。

4
〈測定値〉

次のように表される測定値は，それぞれ何 m の位まで測定したものといえますか。

(1) 4.07×10^3 m

(2) 2.40×10 m

(3) 7.6×10^2 m

(4) 5.23×10^2 m

5
〈有効数字②〉 ミス注意

次の測定値を，（　）内のけた数を有効数字として，（整数部分が 1 けたの数）×（10 の累乗）で表しなさい。

(1) 地球と月の距離… 384000 km（有効数字 3 けた）

(2) 地球と太陽の距離… 149600000 km（有効数字 4 けた）

(3) 地球の表面積… 510000000 km^2（有効数字 4 けた）

(4) 水星の表面積… 74797000 km^2（有効数字 5 けた）

ヒント

1 a の値として考えられる最小の数に 40 をかける。

3 (1) 10 g 未満は信頼（しんらい）できる数値ではないので，上から 3 けたまでが信頼できる数値。

標準問題

▶答え　別冊p.12

1

〈近似値・測定値〉 重要

次の問いに答えなさい。

(1) 光の速さは，およそ秒速 3.00×10^5 km である。これは何 km の位まで正確に測定したものと考えられますか。

(2) $\frac{1}{3}$ の近似値を 0.3 とした。このときの誤差を分数で答えなさい。

(3) ある数 a を四捨五入して 3.50 を得た。このとき，a の範囲を不等号を使って表しなさい。

2

〈有効数字①〉

次の問いに答えなさい。

(1) 100 g の位まで測定できる体重計で，ある人の体重をはかったところ，48000 g であった。この体重を（整数部分が 1 けたの数）×（10 の累乗）の形に表しなさい。

(2) 2.40×10^6 cm と表される測定値がある。有効数字がはっきりするように，次の単位になおしなさい。

① m　　　② km

(3) 巻き尺である 2 点間の距離をはかったところ，測定値 1.520×10 m が得られた。このとき，次の問いに答えなさい。

① この巻き尺は，何 cm の位まで測定できますか。

② 誤差の絶対値は大きくてもどのくらいと考えられますか。

3 〈有効数字②〉 ミス注意

次の値を，(　)内のけた数を有効数字として，(整数部分が1けたの数)×(10の累乗)で表しなさい。

(1) 2^{20} の値… 1048576 (有効数字2けた)

(2) 地球の直径… 12756.2 km (有効数字2けた)

(3) 光が真空中で1時間で進む距離… 1079252849 km (有効数字2けた)

4 〈誤差と近似値の応用〉 差がつく

地球の体積を50でわり，上から2けた未満を四捨五入すると，2.2×10^{10} km^3 という体積が得られる。これは月の体積とほぼ等しい。このとき，次の問いに答えなさい。

(1) 地球の体積として考えられる最も小さい値を，有効数字4けたとして，(整数部分が1けた)×(10の累乗)の形で表しなさい。

(2) (1)で求めた値を，上から3けた未満を四捨五入し，有効数字3けたとして，(整数部分が1けた)×(10の累乗)の形で表しなさい。

5 〈割合と近似値〉

ある中学校で，男子生徒は517人，女子生徒は498人いる。全校生徒に対するそれぞれの割合を計算し，その値を有効数字2けたと有効数字3けたの場合に分けて百分率で表し，下の表にまとめなさい。

男子生徒と女子生徒の割合

	男子(%)	女子(%)	合計(%)
有効数字 2 けた			100
有効数字 3 けた			100

実力アップ問題

◎制限時間40分
◎合格点70点
▶答え　別冊p.13

点

1

次の数を求めなさい。〈3点×4〉

(1) 225の平方根（へいほうこん）　(2) $\frac{36}{25}$ の平方根

(3) $(-\sqrt{26})^2$　(4) $\sqrt{(-12)^2}$

(1)	(2)	(3)	(4)

2

次の問いに答えなさい。〈3点×5〉

(1) $3<\sqrt{a}<4$ をみたす整数 a の値（あたい）をすべて求めなさい。

(2) $\sqrt{3}<x<\sqrt{5}$ をみたす整数 x の値を求めなさい。

(3) $\frac{1}{25}$, 0.25, $\sqrt{0.04}$ を小さい順に並べなさい。

(4) $\sqrt{150n}$ が自然数となるような最小の自然数 n の値を求めなさい。

(5) $17^2=289$ を用いて，$\sqrt{2.89}$ の値を求めなさい。

(1)	(2)	(3)
(4)	(5)	

3

$\sqrt{6.97}=2.640$, $\sqrt{69.7}=8.349$ とする。次の数のおよその値を求めなさい。〈4点×4〉

(1) $\sqrt{697}$　(2) $\sqrt{6970}$

(3) $\sqrt{0.697}$　(4) $\sqrt{0.0697}$

(1)	(2)	(3)	(4)

4

底辺の長さが5cm，高さが9cmの三角形がある。この三角形の面積と等しい面積の正方形を作るには，1辺の長さを何cmにするとよいか。必要なら $\sqrt{10}=3.162$ として，四捨五入によりmmの位まで求めなさい。〈5点〉

5 次の計算をしなさい。 〈4点×4〉

(1) $\sqrt{27}-4\sqrt{2}\times\sqrt{6}$

(2) $\sqrt{96}\div\sqrt{27}\times\sqrt{3}$

(3) $\dfrac{2}{\sqrt{3}}-\dfrac{\sqrt{3}}{2}$

(4) $\dfrac{\sqrt{72}}{2\sqrt{3}}-\sqrt{54}$

(1)		(2)		(3)		(4)	

6 次の計算をしなさい。 〈4点×4〉

(1) $(\sqrt{5}-2)(\sqrt{5}+3)$

(2) $(\sqrt{2}-1)^2+\sqrt{8}$

(3) $\dfrac{\sqrt{3}}{\sqrt{2}}(\sqrt{24}-\sqrt{6})$

(4) $\dfrac{\sqrt{2}-1}{\sqrt{3}}\times\dfrac{\sqrt{2}+1}{\sqrt{6}}$

(1)		(2)		(3)		(4)	

7 次の問いに答えなさい。 〈4点×3〉

(1) $x=2-\sqrt{5}$ のとき，x^2-4x+6 の値を求めなさい。

(2) $x+y=\sqrt{5}$，$xy=\sqrt{6}$ のとき，x^2+xy+y^2 の値を求めなさい。

(3) $\sqrt{8}$ の小数部分を m とするとき，$(m+2)(m+4)$ の値を求めなさい。

(1)		(2)		(3)	

8 ある荷物の重さの測定値は24500gである。有効数字(ゆうこうすうじ)が次の数字であるとき，測定値を（整数部分が1けたの数）×（10の累乗(るいじょう)）で表しなさい。 〈4点×2〉

(1) 有効数字… 2，4，5　(2) 有効数字… 2，4，5，0

(1)		(2)	

⑥ 2次方程式

重要ポイント

① 2次方程式

□ **2次方程式**… $x^2=4$ や $x^2-5x=4$ のように移項(いこう)して整理すると，（x の2次式）$=0$ の形になる方程式。

□ **解**(かい)… 2次方程式を成り立たせるような文字の値(あたい)。解をすべて求めることを，その2次方程式を**解く**(と)という。

② 2次方程式の解き方

□ **$ax^2=b$ の解き方** 例 $9x^2-5=0$ は，移項すると $9x^2=5$

両辺を9でわると $x^2=\frac{5}{9}$ 解は $x=\pm\sqrt{\frac{5}{9}}=\pm\frac{\sqrt{5}}{3}$ ← 分母を有理化(ゆうりか)しておく

□ **$(x+a)^2=b$ の解き方** 例 $(x-3)^2=4$ では，$x-3$ は4の平方根(へいほうこん)であるから

$x-3=\pm2$ すなわち $x-3=2$，$x-3=-2$ したがって，解は $x=5$，1

□ **$x^2+px+q=0$ の解き方** 例 $x^2+6x-12=0$ は，

$x^2+6x=12$ 両辺に 3^2 を加えると2乗の形になるから

$x^2+6x+3^2=12+3^2$ $(x+3)^2=21$ $x+3=\pm\sqrt{21}$

解は $x=-3\pm\sqrt{21}$

$x^2+px+\left(\frac{p}{2}\right)^2$（半分の2乗）

$=\left(x+\frac{p}{2}\right)^2$

③ 2次方程式の解の公式

□ 2次方程式 $ax^2+bx+c=0$ の解は $x=\frac{-b\pm\sqrt{b^2-4ac}}{2a}$

例 $2x^2-5x+1=0$ 解の公式に $a=2$，$b=-5$，$c=1$ を代入すると

$$x=\frac{-(-5)\pm\sqrt{(-5)^2-4\times2\times1}}{2\times2}=\frac{5\pm\sqrt{25-8}}{4}=\frac{5\pm\sqrt{17}}{4}$$

④ 因数(いんすう)分解による解き方

□ 2数 a，b について，$ab=0$ ならば $a=0$ または $b=0$ である。これを利用する。

例 $x^2-2x-8=0$

左辺を因数分解すると $(x-4)(x+2)=0$ すなわち，$x-4=0$ または $x+2=0$

解は $x=4$，-2

テストではココがねらわれる

◉ 2 次方程式を解(と)く方法は，次の 3 つがある。
　① 2 乗の形に変形して解く方法　②解(かい)の公式を使って解く方法　③因数(いんすう)分解を使って解く方法
◉答えを約分するときは，分子のすべての項を約分する。

ポイント 一問一答

① 2 次方程式

□ 次の 2 次方程式の中から，$x=5$ を 1 つの解とするものを選びなさい。

ア　$x^2-5=0$　　イ　$(x-5)^2=0$
ウ　$x(x+1)=30$　　エ　$x^2-5x=-2$

② 2 次方程式の解き方

(1) 次の 2 次方程式を解きなさい。

□ ① $5x^2=20$　　□ ② $3x^2=15$
□ ③ $4x^2-7=0$　　□ ④ $(x+1)^2=25$
□ ⑤ $(x-3)^2=9$　　□ ⑥ $6(x-2)^2-12=0$

(2) 次の 2 次方程式を，$(x+a)^2=b$ の形に直して解きなさい。

□ ① $x^2+4x=1$　　□ ② $x^2+6x=27$
□ ③ $x^2+6x+2=0$　　□ ④ $x^2-4x-3=0$

③ 2 次方程式の解の公式

次の方程式を，解の公式を使って解きなさい。

□ (1) $x^2+5x+3=0$　　□ (2) $2x^2+3x-4=0$

④ 因数分解による解き方

次の方程式を解きなさい。

□ (1) $x^2+5x+4=0$　　□ (2) $x^2-8x+15=0$
□ (3) $2x^2-8x=0$　　□ (4) $x^2+10x+25=0$

答

① イ，ウ

② (1) ① $x=\pm2$　② $x=\pm\sqrt{5}$　③ $x=\pm\dfrac{\sqrt{7}}{2}$　④ $x=4,\ -6$　⑤ $x=6,\ 0$　⑥ $x=2\pm\sqrt{2}$

(2) ① $x=-2\pm\sqrt{5}$　② $x=3,\ -9$　③ $x=-3\pm\sqrt{7}$　④ $x=2\pm\sqrt{7}$

③ (1) $x=\dfrac{-5\pm\sqrt{13}}{2}$　(2) $x=\dfrac{-3\pm\sqrt{41}}{4}$

④ (1) $x=-1,\ -4$　(2) $x=3,\ 5$　(3) $x=0,\ 4$　(4) $x=-5$

基礎問題

▶答え　別冊p.14

1

〈簡単な２次方程式〉

次の２次方程式を解きなさい。

(1) $6x^2-2=0$

(2) $-5x^2+40=0$

(3) $(2x-1)^2=0$

(4) $(3x-2)^2=27$

2

〈平方完成〉 ミス注意

次の□にあてはまる数を求めなさい。

(1) x^2+4x+ ㋐ $=(x+$ ㋑ $)^2$

(2) x^2-6x+ ㋐ $=(x-$ ㋑ $)^2$

(3) x^2+3x+ ㋐ $=(x+$ ㋑ $)^2$

3

〈$(x+a)^2=b$ の形に変形して解く〉 重要

次の２次方程式を，$(x+a)^2=b$ の形に直して解きなさい。

(1) $x^2+4x-12=0$

(2) $x^2-6x-16=0$

(3) $x^2-8x=4$

(4) $x^2-10x=20$

(5) $x^2-12x=4$

(6) $x^2+6x=27$

4

〈解の公式の利用〉 重要

次の２次方程式を，解の公式を使って解きなさい。

(1) $5x^2-3x-1=0$

(2) $2x^2-4x+1=0$

(3) $3x^2+6x-2=0$

(4) $3x^2+x-4=0$

(5) $6x^2-7x+1=0$

(6) $4x^2-20x+25=0$

5 〈因数分解の利用〉 重要

次の 2 次方程式を解きなさい。

(1) $(1-2x)(4+3x)=0$

(2) $x^2+2x=0$

(3) $x^2-9=0$

(4) $9x^2+30x-25=30x$

(5) $x^2+3x-40=0$

(6) $4x^2-12x+9=0$

6 〈2 次方程式の解き方〉

次の 2 次方程式を解きなさい。

(1) $m^2-3m-4=0$

(2) $2x^2+8x+3=0$

(3) $x^2-4x-1=0$

(4) $x^2+10x-5=0$

(5) $x^2+\frac{1}{4}x+\frac{1}{64}=0$

(6) $5x^2-9x-2=0$

7 〈2 次方程式の解〉 重要

次の問いに答えなさい。

(1) x の 2 次方程式 $x^2+ax+6=0$ の 1 つの解が -2 のとき，a の値を求めなさい。

(2) x の 2 次方程式 $x(x+b)=6$ の 1 つの解が 3 のとき，b の値を求めなさい。また，他の解も求めなさい。

ヒント

4 2 次方程式 $ax^2+bx+c=0$ の解は，$x=\frac{-b\pm\sqrt{b^2-4ac}}{2a}$ の公式で求められる。

6 (5) $\frac{1}{64}=\left(\frac{1}{8}\right)^2$ に着目する。

7 方程式に，与えられた解を代入すると，a や b についての方程式になる。

標準問題

▶答え　別冊p.15

1

〈平方根(へいほうこん)の考えを使って解(と)く〉

次の2次方程式を，平方根の考えを使って解きなさい。

(1) $x^2-2x-2=0$

(2) $3x^2-39=0$

(3) $4(x-6)^2=25$

(4) $x^2-64=0$

(5) $x^2-10x-2=0$

(6) $(2x+7)^2=20$

(7) $25x^2-8=0$

(8) $(x-8)^2=12$

(9) $x^2+8x+2=0$

(10) $x^2-12x+9=0$

2

〈解(かい)の公式の利用〉 重要

次の2次方程式を，解の公式を使って解きなさい。

(1) $3x^2-5x-2=0$

(2) $2x^2+4x-9=0$

(3) $7x^2-8x-3=0$

(4) $6x^2-7x+2=0$

(5) $5x^2+6x+1=0$

(6) $3x^2+11x+6=0$

(7) $2x^2+7x+5=0$

(8) $4x^2+3x-9=0$

(9) $6x^2+2x-5=0$

(10) $5x^2-9x+3=0$

3 〈因数分解の利用〉 重要

次の２次方程式を，因数分解を使って解きなさい。

(1) $x^2+13x+40=0$

(2) $2x^2-8x+8=0$

(3) $x^2-81=0$

(4) $x^2+5x+\frac{25}{4}=0$

(5) $9x^2-12x+4=0$

(6) $x^2+24x+144=0$

(7) $x^2+3x=54$

(8) $3x^2+9x-30=0$

(9) $x^2=2(x+12)$

(10) $x^2-\frac{2}{3}x+\frac{1}{9}=0$

(11) $(x+1)(x-5)=16$

(12) $16x^2-24x=-9$

4 〈２次方程式の解き方〉 ミス注意

次の２次方程式を解きなさい。

(1) $x^2+8x-6=0$

(2) $x^2-9x+8=0$

(3) $2x^2+8x+3=0$

(4) $x^2-3x=2x-4$

(5) $x^2=8x-12$

(6) $3x^2+4x-7=0$

(7) $x^2+3x-4=0$

(8) $x^2+2x=5$

(9) $2x^2-5x+2=0$

(10) $x^2-7x=18$

(11) $-x^2+4x+2=0$

(12) $5x^2+8x=4$

5 〈かっこのある 2 次方程式〉 ミス注意

次の 2 次方程式を解きなさい。

(1) $(x+1)(x-2)=0$

(2) $x(x-2)=3$

(3) $x(x-9)+18=0$

(4) $x^2+2=3(x+4)$

(5) $3(x-1)^2=x+5$

(6) $3x^2-(2x-1)(x-2)=12$

(7) $2(x-3)^2=8x^2$

(8) $-(2x-3)(x-4)=2(x-2)$

(9) $-(x-6)(x+1)=(2x+1)(x-1)+10$

(10) $(2x-1)(3x+2)-3(x-2)^2=7x+1$

6 〈係数が小数や分数の 2 次方程式〉 重要

次の 2 次方程式を解きなさい。

(1) $\frac{1}{12}x^2-\frac{1}{4}x=\frac{1}{3}$

(2) $0.25x^2=0.5x+1$

(3) $-\frac{1}{6}x^2+\frac{2}{3}x-\frac{1}{3}=0$

(4) $0.3x^2-\frac{9}{5}x-12=0$

(5) $\frac{x^2}{15}-\frac{x}{3}=\frac{1}{5}(x+1)$

(6) $\left(x-\frac{1}{2}\right)^2=x+\frac{1}{4}$

(7) $\frac{1}{8}x^2-\frac{1}{3}x-\frac{1}{4}=0$

(8) $0.7x^2-1.1x+\frac{2}{5}=0$

7

〈2次方程式の解と式の値〉 重要

2次方程式 $x^2-2x-1=0$ の解のうち，負の解を a とするとき，$4a^2-8a+5$ の値を求めなさい。

8

〈2次方程式の解〉 ミス注意

次の問いに答えなさい。

(1) 2次方程式 $x^2-8x+m=0$ の2つの解のうち，1つの解が $4+\sqrt{7}$ のときの m の値を求めなさい。また，他の解も求めなさい。

(2) 2次方程式 $x^2-3x-4=0$ の2つの解のうち，その大きい方の解が，2次方程式 $x^2+ax-14=0$ の解の1つであるとき，a の値を求めなさい。

9

〈2次方程式の解の存在〉 差がつく

次の問いに答えなさい。

(1) 2次方程式 $x^2+3x+2=m$ が解をもつように，m の値の範囲を定めなさい。

(2) 2次方程式 $x^2+mx+64=0$ の解は1つだけであるという。このとき，m の値を求めなさい。

10

〈2次方程式の解と係数〉 重要

次の問いに答えなさい。

(1) x の2次方程式 $x^2+px+q=0$ の解が3と -5 であるとき，p および q の値を求めなさい。

(2) 2つの解が -4，6である2次方程式を $x^2+px+q=0$ の形で表しなさい。

(3) 2次方程式 $x^2+x+a=0$ の一方の解が他の解の2倍であるとき，a の値を求めなさい。

(4) AさんとBさんの2人は，2次方程式 $x^2+px+q=0$ をそれぞれ次のように解いた。
Aさんは係数 p をまちがえて解いたために，解が $x=1$ と $x=8$ となり，Bさんは定数項 q をまちがえて解いたために解が $x=-1$ と $x=7$ になった。p と q の値を求め，2次方程式 $x^2+px+q=0$ の正しい解を求めなさい。

⑦ 2次方程式の利用

重要ポイント

①2次方程式を利用して問題を解(と)く手順

□ 2次方程式を利用して文章題を解く手順は，次のようにまとめられる。

① 問題文をよく読み，何を x で表すかを決める。
② 問題の数量関係を，x の2次方程式に表す。
③ その方程式を解く。
④ 解(かい)が問題に適するかどうかを検討し，適しているものから答えを求める。

検討のポイント
●負の数でも適するか
●分数でも適するか
●解をそのまま答えとしてよいか

②2次方程式を利用する問題の解法例

□ **(例題)** 連続した3つの正の整数がある。最小の数の2乗の7倍は，まん中の数の2乗の6倍から最大の数の3倍をひいたものに等しい。3つの数を求めなさい。

(解答) まん中の数を x とすると，　←― 手順①
連続する3つの整数は，$x-1$，x，$x+1$ と表せる。
題意より，$7(x-1)^2=6x^2-3(x+1)$　←― 手順②
整理して，$x^2-11x+10=0$
これを解くと，$x=1$，10　←― 手順③
$x=1$ のとき，最小の数は0となるから，問題に適さない。　←― 手順④
よって，$x=10$ のとき，連続した3つの正の整数は，9，10，11

□ **(例題)** 横の長さが縦の長さより3 cm長い長方形があり，その面積は $40\,\text{cm}^2$ である。この長方形の周囲の長さを求めなさい。

(解答) 縦の長さを x cmとすると，　←― 周囲を x cmとすると，方程式が複雑になる。
横の長さは，$(x+3)$ cmである。
題意より，$x(x+3)=40$
整理して，$x^2+3x-40=0$
これを解くと，$(x+8)(x-5)=0$　$x=-8$，5
長さは正の数であるから，$x=-8$ は問題に適さない。
縦の長さは5 cm，横の長さは8 cmであるから，
求める周囲の長さは，26 cm

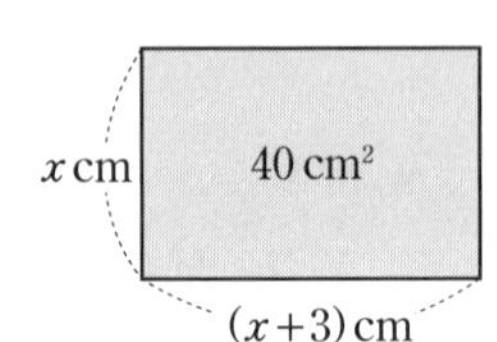

- 何を x で表すかを決めるときは，2 次方程式のつくりやすいものを選ぶ。
- 求めるもの以外を x としたとき，答えに注意する。
- 求めるものを x としても，解(かい)の検討は必要である。

ポイント 一問一答

①2 次方程式を利用して問題を解(と)く手順

1 つの正方形がある。この正方形の 1 辺の長さを 2 倍にし，他の 1 辺の長さを 1 cm 短くした長方形を作ったら，その面積は 15 cm² 大きくなった。もとの正方形の 1 辺の長さを求めるとき，次の問いに答えなさい。

□ (1) x の 2 次方程式を利用して解きます。何を x で表せばよいですか。

□ (2) 問題の数量関係を，x の 2 次方程式に表しなさい。

□ (3) (2)の方程式を解きなさい。

□ (4) (3)の解が問題に適するかどうかを確かめて，答えを求めなさい。

②2 次方程式を利用する問題の解法例

次の問いに答えなさい。

□ (1) 連続した 2 つの自然数があり，その積は 72 である。
この 2 つの自然数を求めなさい。

□ (2) ある数を 2 乗すると，この数の 7 倍よりも 12 小さくなる。ある数を求めなさい。

□ (3) 和が 20，積が 96 となる 2 数を求めなさい。

□ (4) 面積が 36 cm² で，横の長さが縦の長さより 5 cm 長い長方形を作るには，縦，横の長さをそれぞれ何 cm にすればよいですか。

① (1) 正方形の 1 辺の長さ　(2) $2x(x-1)=x^2+15$　(3) $x=-3,\ 5$　(4) 5 cm
② (1) 8 と 9　(2) 3，4　(3) 8 と 12　(4) 縦… 4 cm，横… 9 cm

基礎問題

▶答え　別冊p.18

1 〈自然数の和〉 重要

1 から n までの自然数の和は，次の式で求められる。

$$1+2+3+\cdots\cdots+n=\frac{n(n+1)}{2}$$

(1) 1 から 50 までの自然数の和を求めなさい。

(2) 1 から n までの自然数の和が 5050 のとき，n の値（あたい）を求めなさい。

2 〈自由落下する物の到達（とうたつ）時間〉

空中で鉄の球を静かに落とすとき，落としてから t 秒間に s m 落ちるとすると，s と t の間には，およそ $s=5t^2$ という関係がある。
いま，地上 80 m にあるビルの屋上から，鉄の球を静かに落とすと，地上に達するまでにおよそ何秒かかるか求めなさい。

3 〈真上に投げた物の到達時間〉 重要

地上から物を真上に投げるとき，秒速 30 m で投げると，投げてから t 秒後の高さ h m は，およそ $h=30t-5t^2$ で表されるという。地上から秒速 30 m で真上に投げるとき，次の問いに答えなさい。

(1) 投げたものが地上に落下するのはおよそ何秒後か求めなさい。

(2) 高さが 40 m になるのは，投げ上げてからおよそ何秒後か求めなさい。

4 〈三角形の底辺と高さ〉 重要

面積が 150 cm^2 の，次のような三角形の底辺の長さと高さを求めなさい。

(1) 高さが底辺の長さの 3 倍の三角形

(2) 高さが底辺の長さより 5 cm 長い三角形

〈面積についての問題〉 ミス注意

次の問いに答えなさい。

(1) 正方形と長方形がある。長方形の縦の長さは正方形の1辺の長さより4cm短く，横の長さは3cm長い。長方形の面積が44cm^2のときの正方形の1辺の長さを求めなさい。

(2) 1辺の長さが9cmの正方形ABCDの各辺上に頂点をおく正方形EFGHを右の図のように作ると，面積が45cm^2になった。AE＜AHとして，AE，AHの長さを求めなさい。

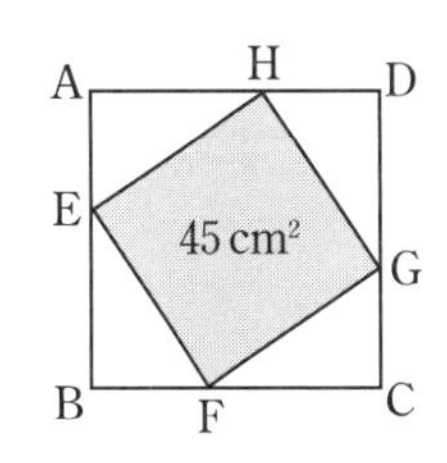

(3) 半径aの円から，中心が同じで半径が$\frac{a}{2}$の円をくりぬくとき，残った部分の面積と等しい面積の円の半径は，aの何倍か求めなさい。

〈座標平面上の図形の面積〉 重要

右の図の直線ℓは，1次関数$y=\frac{1}{2}x+3$のグラフである。
ℓ上を動く点Pからx軸(じく)に垂線をおろし，x軸との交点をQとし，OP，PQを2辺とする平行四辺形OPQRを作る。
点Pのx座標を$x(x>0)$として，次の問いに答えなさい。

(1) 頂点Rの座標をxを用いて表しなさい。

(2) 平行四辺形OPQRの面積が20cm^2であるとき，点Pの座標を求めなさい。ただし，座標の1目もりを1cmとする。

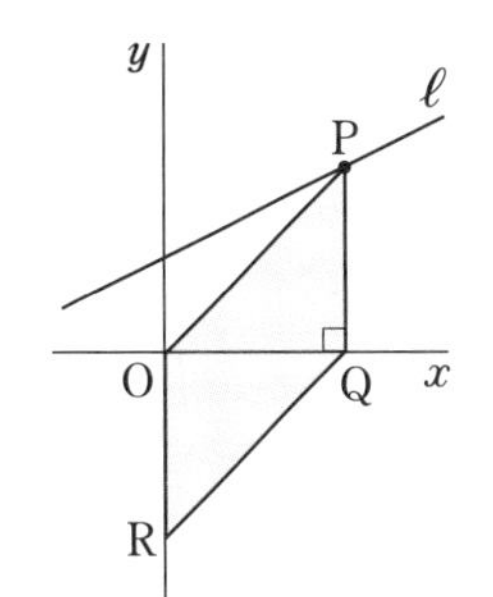

ヒント

3 (1) 地上に落下するとき，$h=0$である。 $30t-5t^2=0$

5 (1) 正方形の1辺の長さを$x$cmとすると，長方形の縦の長さは$(x-4)$cm，横の長さは$(x+3)$cm

6 (2) 平行四辺形の底辺をPQとすると，高さはOQだから$\left(\frac{1}{2}x+3\right)x=20$

標準問題

▶答え　別冊p.19

1

〈整数についての問題〉 重要

次の問いに答えなさい。

(1) 連続した3つの正の整数がある。それぞれの数の2乗の和が110であるとき，これらの数を求めなさい。

(2) 連続した2つの正の整数がある。この2つの数の積は，その和より19大きい。この連続した2つの整数を求めなさい。

2

〈面積についての問題〉 重要

次の問いに答えなさい。

(1) ある正方形の1辺の長さを3cm長くし，隣(となり)の辺の長さを2cm短くして長方形を作ったところ，面積が84cm²になった。もとの正方形の1辺の長さを求めなさい。

(2) 右の図のようなAD∥BCの台形ABCDがある。この台形の面積が6cm²になるとき，xの値(あたい)を求めなさい。

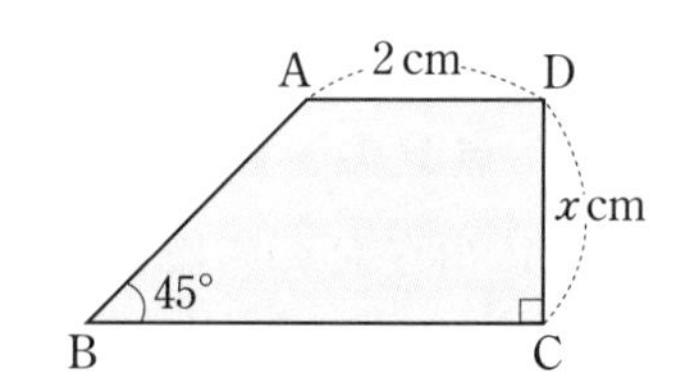

(3) ある正方形の各辺の長さを5cmのばして，大きい正方形を作ったところ，面積はもとの正方形の面積より21％増えた。もとの正方形の1辺の長さを求めなさい。

3

〈多角形の対角線の数〉 ミス注意

n角形の対角線の総数は$\dfrac{n(n-3)}{2}$本である。

いま，対角線の総数が35本である多角形があるとすれば，それは何角形ですか。

〈動点と立体の体積〉 重要

右の図のような1辺の長さが12cmの立方体がある。
点Pは頂点Fを出発し，毎分1cmの速さで辺FE上をEまで動く。
点Qは頂点Eを同時に出発し，毎分2cmの速さで辺EH，HG上をGまで動く。

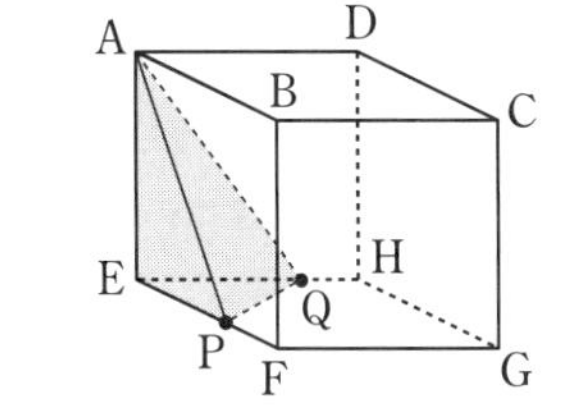

(1) 点Qは出発してから6分後に頂点Hを通過し，12分後にGに到着する。出発してからt分後の三角錐(すい)AEPQの体積をVcm³として，次の場合のVをtの式で表しなさい。

① $0 \leqq t \leqq 6$のとき　　② $6 < t \leqq 12$のとき

(2) 三角錐AEPQの体積が80cm³となるのは出発して何分後ですか。

5

〈動点と座標〉 差がつく

右の図のように，点Pは原点Oを出発し，毎秒3cmの速さでx軸(じく)上を正の方向に動く。また，点Qは点Pが出発すると同時に原点Oを出発し，毎秒1cmの速さでy軸上を正の方向に動く。ただし，座標軸の1目もりを1cmとする。

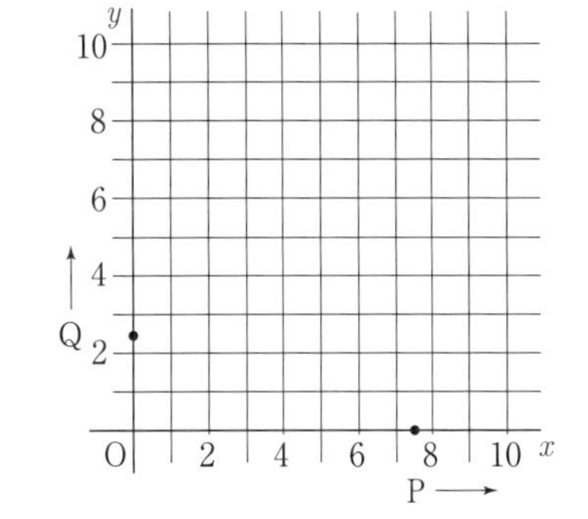

(1) 点Pが原点Oを出発してから3秒後の，2点P，Qの座標をそれぞれ求めなさい。

(2) 点Pが原点Oを出発してからa（aは正の数）秒後の△OPQの面積を，aを用いて表しなさい。

(3) 点(8，6)をAとするとき，次の問いに答えなさい。

① 四角形OPAQが台形になるのは，点Pが原点Oを出発してから何秒後ですか。すべて求めなさい。

② 四角形OPAQの面積が，△OPQの面積の2倍になるのは，点Pが原点Oを出発してから何秒後ですか。ただし，2点P，Qが原点にあるときは除くものとする。

実力アップ問題

◎制限時間 40 分
◎合格点 70 点
▶答え　別冊 p.20

点

1 次の 2 次方程式を解(と)きなさい。〈4 点×10〉

(1) $2x^2=50$　　(2) $6x^2-48=0$

(3) $(x-7)^2=5$　　(4) $x^2-9x=0$

(5) $2x^2-10x+9=0$　　(6) $x^2-3x-54=0$

(7) $x^2-18x+81=0$　　(8) $3x^2+6x-45=0$

(9) $3x^2+13x+4=0$　　(10) $x^2-3x+\dfrac{7}{4}=0$

(1)		(2)		(3)		(4)		(5)	
(6)		(7)		(8)		(9)		(10)	

2 次の 2 次方程式を解きなさい。〈5 点×4〉

(1) $(x-2)^2-12=3x$　　(2) $3x^2=x(2x-1)+2$

(3) $(2x+1)^2=-x(x+3)+7$　　(4) $(x-2)^2-2(x-1)(x+3)=1$

(1)		(2)		(3)		(4)	

3 x の 2 次方程式 $x(x-a)=15$ の 1 つの解(かい)が -3 である。〈5 点×2〉

(1) a の値(あたい)を求めなさい。

(2) 他の解を求めなさい。

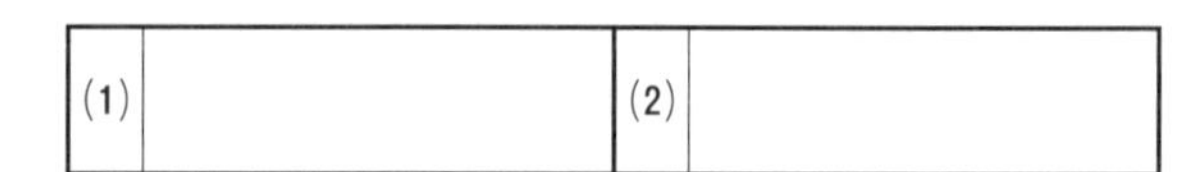

(1)		(2)	

4 連続する３つの自然数がある。
最大の数の２乗と最小の数の２乗の和が，まん中の数の24倍と２の和に等しいとき，次の問いに答えなさい。〈5点×2〉

(1) まん中の数を n として，n についての２次方程式をつくりなさい。

(2) (1)でつくった方程式を解き，連続した３つの数を求めなさい。

(1)		(2)	

5 直線 $2x+3y=24$ と x 軸（じく），y 軸との交点をそれぞれ A，B とする。
線分 AB 上の点を P とし，P より x 軸，y 軸にひいた垂線と x 軸，y 軸との交点をそれぞれ Q，R とする。次の問いに答えなさい。〈5点×3〉

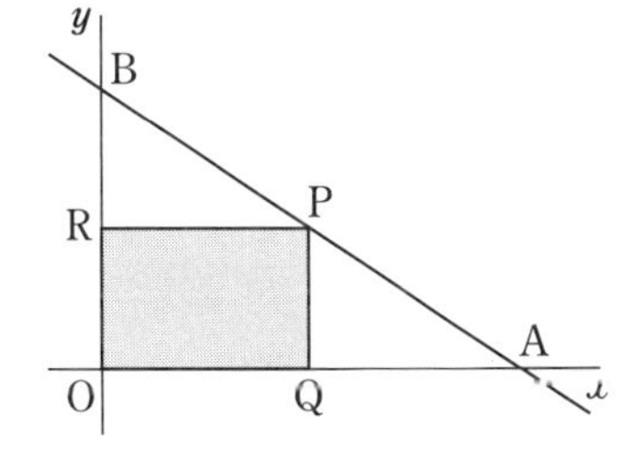

(1) 点 A，B の座標を求めなさい。

(2) 長方形 OQPR の面積が 24 となるときの，点 P の座標を求めなさい。

(3) 長方形 OQPR の面積と △OAB の面積の比が３：８となるときの，点 P の座標を求めなさい。

6 右の図のように，縦の長さが 20 m，横の長さが 30 m の長方形の土地がある。周にそって，３方に同じ幅（はば）の花壇（かだん）を作り，残りを芝生（しばふ）にした。芝生の面積を測ったところ，全体の面積の 68 % であったという。花壇の幅を何 m にしたのですか。〈5点〉

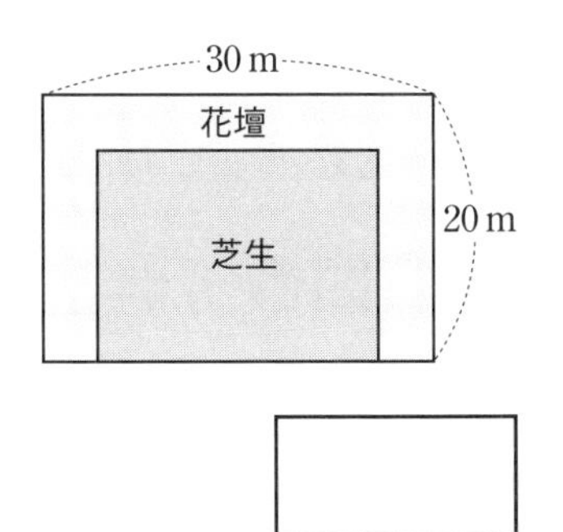

⑧ 関数 $y=ax^2$

重要ポイント

① 2 乗に比例する関数

□ y が x の関数で，$y=ax^2$（a は定数）と表されるとき，y は x の 2 乗に比例するといい，a を比例定数という。

② 関数 $y=ax^2$ のグラフ

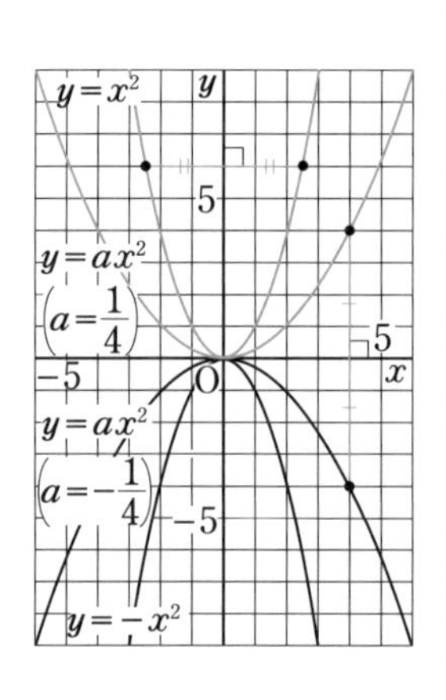

□ 関数 $y=ax^2$ のグラフは，

① 原点を通り，y 軸（じく）について対称（たいしょう）な放物線（ほうぶつせん）と呼ばれる曲線。

② $a>0$ のとき，グラフは上に開いている。

　$a<0$ のとき，グラフは下に開いている。

□ 関数 $y=ax^2$ のグラフと関数 $y=-ax^2$ のグラフは，x 軸について対称。

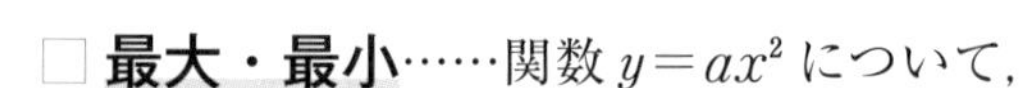

□ **最大・最小**……関数 $y=ax^2$ について，

① $a>0$ のとき，$x=0$ のとき，y は最小となり，最小値は 0

② $a<0$ のとき，$x=0$ のとき，y は最大となり，最大値は 0

③ 変化の割合

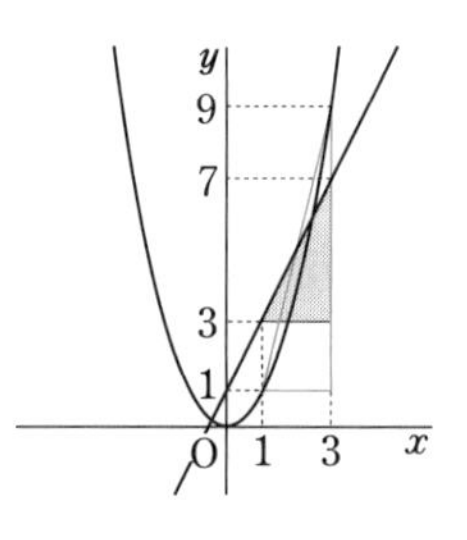

□ **変化の割合**…変化の割合 $=\dfrac{y\text{ の増加量}}{x\text{ の増加量}}$ で求める。

□ 1 次関数 $y=ax+b$ の変化の割合はいつも一定で，x の係数 a に等しい。

□ 関数 $y=ax^2$ は，1 次関数とちがって変化の割合が一定ではない。

④ 関数 $y=ax^2$ の利用

□ 身のまわりに見られる関数 $y=ax^2$ の例

例 ・斜面（しゃめん）を転がる球の運動　・車の制動距離（きょり）

　・面積や体積を利用した場面　など

x（秒）	0	2	4	6	…
y（m）	0	3	12	27	…

右の表は，斜面に球を転がしたときの，転がった時間と距離との関係を表している。

転がり始めてから x 秒間に転がる距離を y m とすると，$y=\dfrac{3}{4}x^2$ である。

テストではココがねらわれる

- y は x の 2 乗に比例 ⇔ $y=ax^2$ であること。
- **$y=ax^2$ のグラフの特徴(とくちょう)をしっかりおさえること。変化の割合の意味も大切。**
- **関数 $y=ax^2$ の a の値(あたい)は，1 組の $(x,\ y)$，$x \neq 0$ で決まる。**

ポイント 一問一答

① 2 乗に比例する関数

y は x の 2 乗に比例し，$x=2$ のとき $y=12$ である。

□ (1) y を x の式で表しなさい。

□ (2) $x=-3$ のときの y の値を求めなさい。

② 関数 $y=ax^2$ のグラフ

次の関数のグラフを右の図にかきなさい。

□ (1) $y=x^2$

□ (2) $y=\frac{1}{2}x^2$

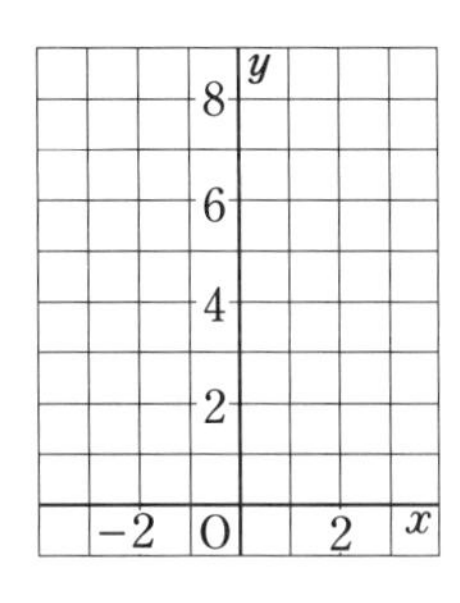

③ 変化の割合

関数 $y=2x^2$ について，x が次のように増加するときの変化の割合を求めなさい。

□ (1) 1 から 4 まで　　□ (2) -5 から -2 まで

④ 関数 $y=ax^2$ の利用

□ ある電車が駅を出発してから x 秒後の駅から電車までの距離(きょり)を y m とすると，$0 \leqq x \leqq 80$ の範囲(はんい)では，y は x の 2 乗に比例し，x と y の関係は右の表のようになった。
x と y の関係を式で表しなさい。$(0 \leqq x \leqq 80)$

x (秒)	0	20	…	80	…
y (m)	0	50	…	800	…

答

① (1) $y=3x^2$　(2) 27
② 右の図
③ (1) 10　(2) -14
④ $y=\frac{1}{8}x^2$

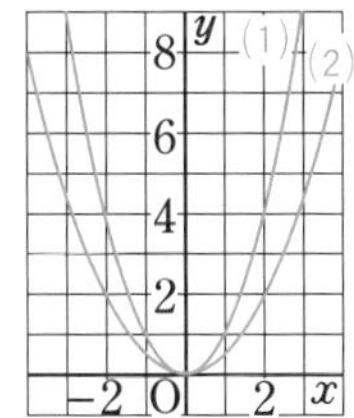

基礎問題

▶答え　別冊p.21

1 〈2乗に比例する関数を選ぶ〉 重要

次のア〜ウのうち，y が x の2乗に比例するものを選びなさい。また，選んだ文の x と y との関係を式に表し，比例定数を答えなさい。

ア　中心角90°，半径 x cmのおうぎ形の面積を y cm^2 とする。

イ　1辺の長さが x cmの正三角形の周の長さを y cmとする。

ウ　底面の半径 x cm，高さ y cmの円柱の体積は 20π cm^3 である。

2 〈2乗に比例する関数〉 ミス注意

次の問いに答えなさい。

(1) y は x の2乗に比例し，$x=4$ のとき $y=48$ である。y を x の式で表しなさい。

(2) 関数 $y=ax^2$（a は定数）において，$x=-2$ のとき $y=8$ である。$x=3$ のときの y の値（あたい）を求めなさい。

3 〈関数 $y=ax^2$ のグラフ〉 重要

右の図のア〜ウはどれも放物線（ほうぶつせん）の一部である。

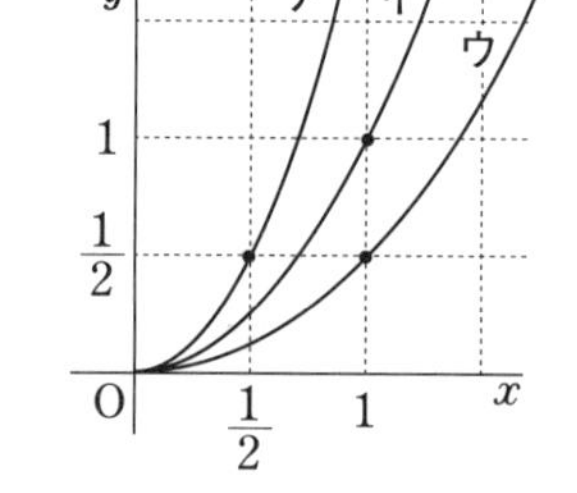

(1) 関数 $y=x^2$，$y=\frac{1}{2}x^2$ のグラフは，それぞれどれですか。

(2) 放物線**ア**はどんな関数のグラフですか。

(3) グラフが**イ**と x 軸（じく）について対称（たいしょう）な放物線になる関数の式を書きなさい。

4 〈変化の割合〉 ミス注意

関数 $y=4x^2$ について，x の値が次のように増加するときの変化の割合を求めなさい。

(1) 2から6まで　　　(2) -3 から -1 まで

5

〈y の変域〉 重要

次の関数について，（　）内に示した x の変域に対応する y の変域を求めなさい。

(1) 関数 $y=-x^2$　$(1 \leqq x \leqq 3)$　　(2) 関数 $y=x^2$　$(-2 \leqq x \leqq 3)$

6

〈放物線上の動点と対称な点〉 重要

関数 $y=\dfrac{1}{4}x^2$ のグラフ上の点を P $(a,\ b)$ とする。

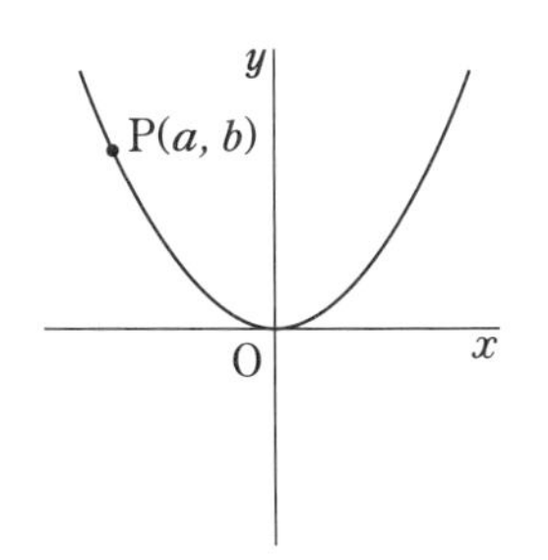

(1) $b=4$ となる点 P の座標を求めなさい。

(2) $a=b$ となる点 P の座標を求めなさい。

(3) 原点 O について点 P と対称な点を Q とする。P がこのグラフ上を動くとき，点 Q がえがく曲線の式を求めなさい。

7

〈身のまわりに見られる関数 $y=ax^2$〉

図のように，傾き(かたむ)が一定の坂がある。この坂でボールを転がしたとき，転がし始めてから，x 秒後までに転がる距離(きょり)を y m とすると，x と y の間には，$y=ax^2$（a は定数）の関係が成り立つことがわかっている。いま，太郎(たろう)君が A 地点からボールを転がしたとき，x と y の関係は次の表のようになった。

図

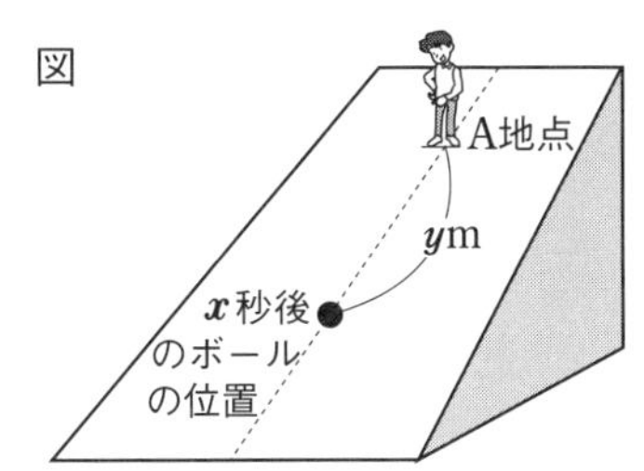

表

x（秒）	0	…	3	…	6	…	9	…
y（m）	0	…	3	…	□	…	27	…

グラフ

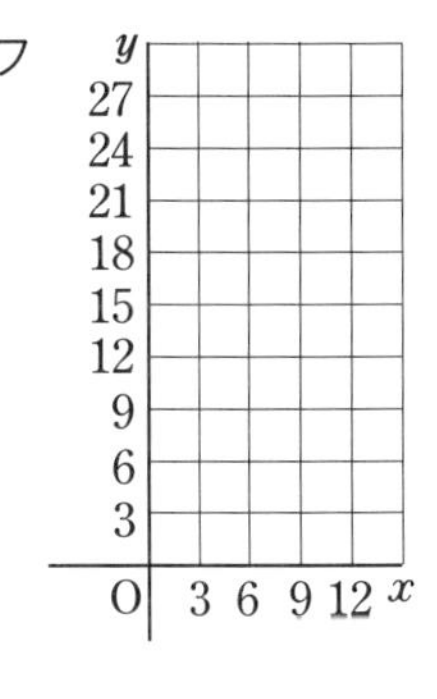

(1) 関数 $y=ax^2$ の定数 a の値を求めなさい。

(2) 表の中の □ にあてはまる数を求めなさい。

(3) x と y の関係をグラフに表しなさい。

3 (3) $y=ax^2$ のグラフと x 軸について対称なグラフの式は $y=-ax^2$

4 変化の割合 $=\dfrac{y\ の増加量}{x\ の増加量}$

6 a と b の関係は，点 $(a,\ b)$ が関数 $y=\dfrac{1}{4}x^2$ のグラフ上の点であるから，$b=\dfrac{1}{4}a^2$

標準問題

▶答え　別冊p.22

1　〈2乗に比例する関数とグラフ〉 重要

y は x の2乗に比例し，$x=-3$ のとき $y=\frac{9}{2}$ である。

(1) y を x の式で表しなさい。

(2) グラフ上の点を $(a,\ b)$ とするとき，$a+b=0$ となる点の座標を求めなさい。

2　〈$y=ax^2$ のグラフ上の点〉 重要

関数 $y=ax^2$ のグラフが，3点 A$(2,\ 36)$，B$(3,\ p)$，C$(q,\ 9)$ を通るとき，a，p，q の値（あたい）を求めなさい。ただし，$q>0$ とする。

3　〈変化の割合〉 ミス注意

次の問いに答えなさい。

(1) 関数 $y=-2x^2$ で，x の値が a から $a+2$ まで増加したときの変化の割合が8であるという。このとき，a の値を求めなさい。

(2) 2つの関数 $y=-x^2$，$y=ax+1$ について，x が -3 から1まで増加したときの変化の割合が等しいという。a の値を求めなさい。

4　〈平均の速さ〉

ある電車が動きだしてから x 秒間に進む距離（きょり）を y m とすると，$0 \leqq x \leqq 10$ の範囲（はんい）では $y=\frac{3}{5}x^2$ という関係があった。この電車が動きだして5秒後から10秒後までの5秒間に進んだ距離と，平均の速さを求めなさい。

5　〈y の変域〉 重要

次の関数について，(　)内に示した x の変域に対応する y の変域を求めなさい。

(1) 関数 $y=\frac{1}{4}x^2$　$(-2 \leqq x \leqq 4)$

(2) 関数 $y=-2x^2$　$(-3 \leqq x \leqq 2)$

6 〈グラフについてのいろいろな問題〉

右の図は，関数 $y=\frac{1}{2}x^2$ のグラフである。

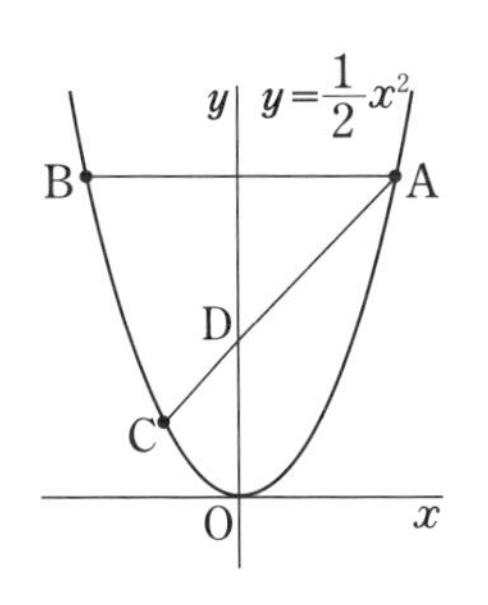

(1) グラフ上の点 A と B は y 軸について対称で，AB の長さが 8 である。点 A の座標を求めなさい。

(2) x 座標が負であるグラフ上の点 C と点 A を通る直線が，y 軸と交わる点を D とすると，D の y 座標は 4 である。直線 AC の式を求めなさい。

(3) 点 C の座標を求めなさい。

7 〈放物線と長方形の面積〉

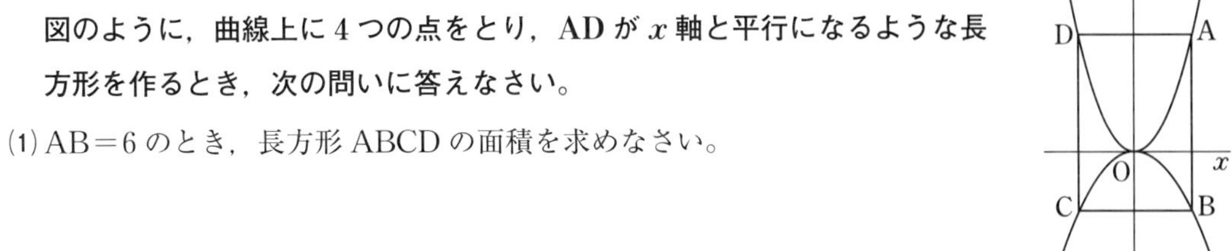

右の曲線は，関数 $y=x^2$ のグラフと関数 $y=-\frac{1}{2}x^2$ のグラフである。

図のように，曲線上に 4 つの点をとり，AD が x 軸と平行になるような長方形を作るとき，次の問いに答えなさい。

(1) AB＝6 のとき，長方形 ABCD の面積を求めなさい。

(2) 長方形 ABCD が正方形になるようにするには，点 A を曲線上のどこにとればよいか。A の座標を求めなさい。

8 〈身のまわりに見られる関数 $y=ax^2$〉

平面に風が垂直にあたるとき，この平面が受ける 1 m² あたりの力は，風の速さの 2 乗に比例する。風の速さが秒速 1 m のとき，1 m² の平面が受ける力は，1.2 N であるという。

(1) 1 m² の平面が秒速 x m の風によって y N の力を受けるとき，y を x の式で表しなさい。

(2) 秒速 30 m の台風の風が広さ 50 m² の壁に垂直にあたっているとき，この壁には何 N の力がかかっていますか。

4章 関数 $y=ax^2$

⑨ いろいろな関数

重要ポイント

① いろいろな関数

□ 下の表は，ある鉄道の乗車距離と運賃の関係を表している。乗車距離を x km，運賃を y 円として，x と y の関係をグラフに表すと，右のようになる。

乗車距離	4 km まで	6 km まで	9 km まで	12 km まで
運賃	120 円	130 円	150 円	170 円

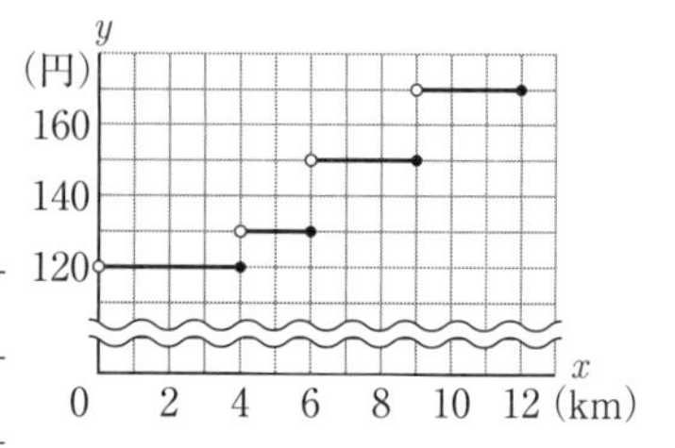

（「●」はふくむ，「○」はふくまないことを表している。）

このとき，x の値を決めると，それに対応して y の値が1つに決まるので，y は x の関数である。

② 放物線と直線

□ **放物線と直線の交点**

(例題) 図のように，関数 $y=2x^2$ のグラフと直線 $y=2x+4$ が，2点A，Bで交わっている。このとき，2点A，Bの座標を求めなさい。

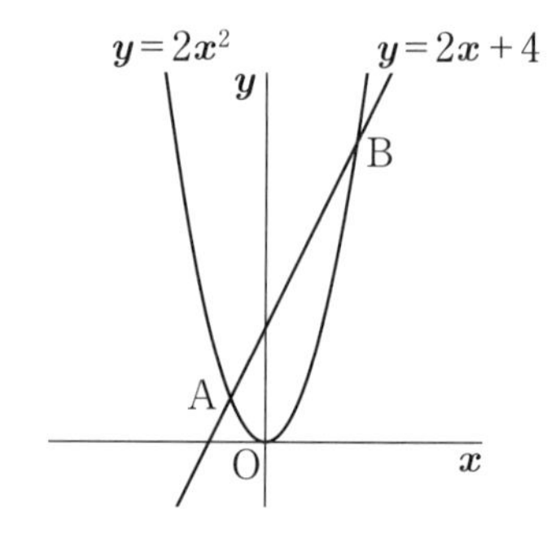

(解答) 2つの式を連立方程式として解く。

$\begin{cases} y=2x^2 \\ y=2x+4 \end{cases}$ より，

$2x^2=2x+4$，$x^2-x-2=0$，

$(x+1)(x-2)=0$ より，$x=-1$，2

$y=2x^2$ に $x=-1$ を代入して，$y=2\times(-1)^2=2$

$y=2x^2$ に $x=2$ を代入して，$y=2\times2^2=8$

よって，A$(-1,\ 2)$，B$(2,\ 8)$

- y がとびとびの値(あたい)をとる関数もある。どのようなものがあるかいえるようにしよう。
- 関数 $y=ax^2$ と身のまわりのいろいろな事象との関係をとらえることが大切。
- 放物線(ほうぶつせん)と直線の交点の座標を求める問題は，よく出題される。必ず解(と)けるようにしよう。

ポイント 一問一答

① いろいろな関数

□ 東京都から大阪府まで荷物を送るとき，ある運送会社では荷物の大きさによって，料金が下の表のように決まっている。

大きさ	60 cm まで	80 cm まで	100 cm まで	120 cm まで
料金	800 円	1000 円	1200 円	1400 円

（大きさ … 縦，横，高さの合計）

荷物の大きさを x cm，料金を y 円としたときの，x と y の関係をグラフに表しなさい。

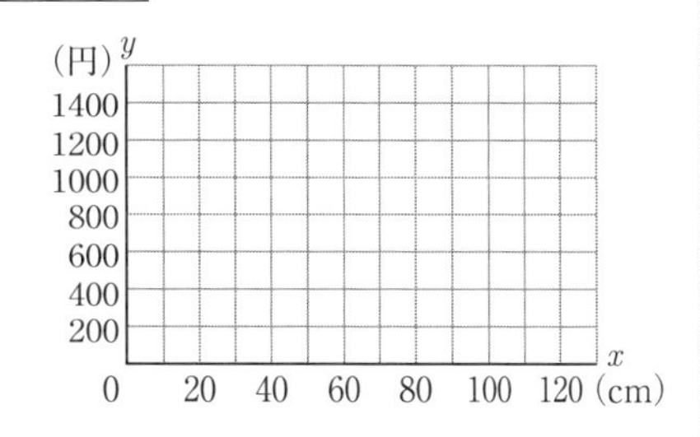

② 放物線と直線

図のように，関数 $y=ax^2$ のグラフと直線 $y=-x+3$ が 2 点 A，B で交わっている。点 A の x 座標が -6 のとき，次の問いに答えなさい。

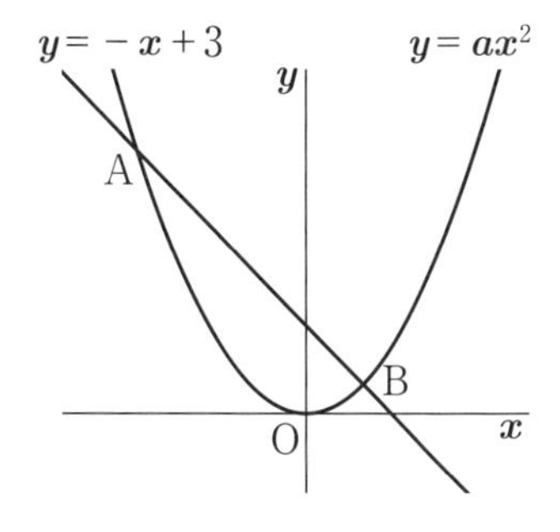

□ (1) 点 A の座標を求めなさい。

□ (2) a の値を求めなさい。

□ (3) 点 B の座標を求めなさい。

①

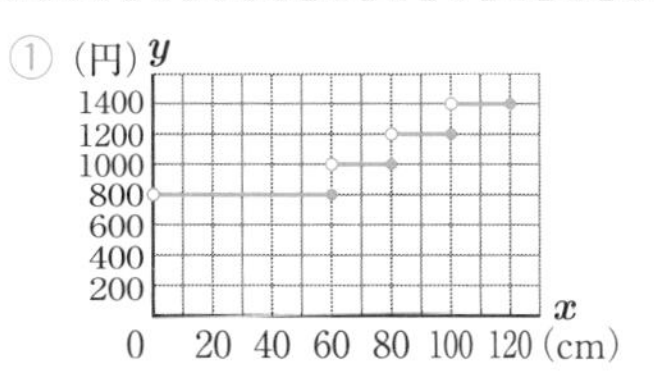

② (1) A $(-6,\ 9)$　(2) $a=\dfrac{1}{4}$　(3) B $(2,\ 1)$

基礎問題

▶答え　別冊p.23

1 〈いろいろな関数のグラフ〉 ミス注意

x の変域を $0 \leqq x \leqq 5$ とし，x の値（あたい）の小数点以下を四捨五入した数値を y とするとき，次の問いに答えなさい。

(1) x と y の関係をグラフに表しなさい。

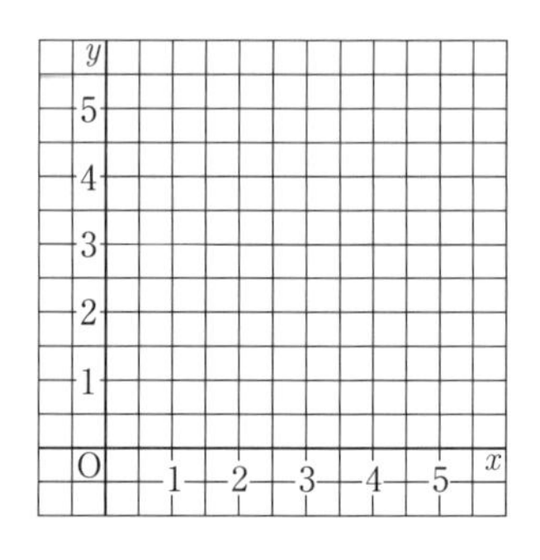

(2) このとき，y は x の関数といえますか。

2 〈いろいろな関数〉

右の表は，ある市の水道の使用量と料金の一部を表している。

このとき，次の問いに答えなさい。

使用量	料金
5 m³ まで	900 円
10 m³ まで	1200 円
20 m³ まで	3300 円
30 m³ まで	5000 円

(1) 使用量が 9 m³ のとき，料金は何円か求めなさい。

(2) 料金が 3300 円のとき，水道の使用量の範囲（はんい）を求めなさい。

3 〈放物線（ほうぶつせん）と直線①〉

図のように，関数 $y=ax^2$ のグラフと関数 $y=-\frac{1}{2}x+3$ のグラフが 2 点 A，B で交わっている。点 A の x 座標は -3 のとき，次の問いに答えなさい。

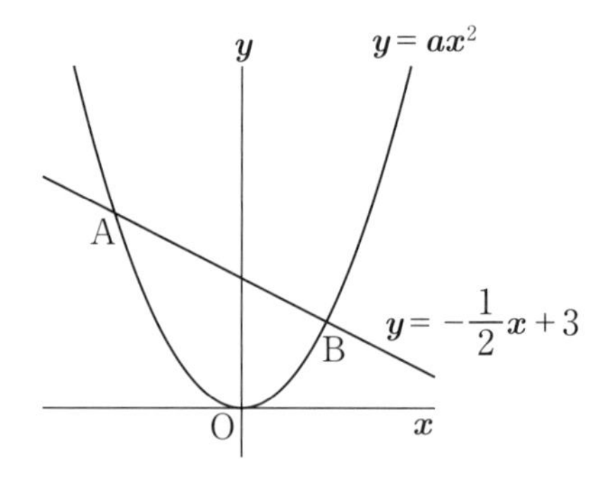

(1) 点 A の y 座標を求めなさい。

(2) a の値を求めなさい。

(3) 点 B の座標を求めなさい。

4 〈放物線と直線②〉 重要

図のように，関数 $y=ax^2$ のグラフ上の 2 点を P，Q とする。点 P の座標が $(-3,\ -18)$ のとき，次の問いに答えなさい。

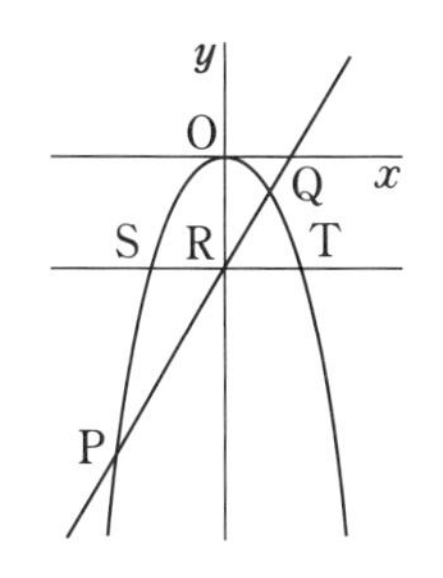

(1) a の値を求めなさい。

(2) 点 Q の x 座標が 1 のとき，直線 PQ の式を求めなさい。

(3) 直線 PQ と y 軸(じく)の交点を R とし，R を通り x 軸に平行な直線が関数 $y=ax^2$ のグラフと交わる点を S，T とする。このとき，線分 ST の長さを求めなさい。

5 〈放物線と直線③〉

関数 $y=ax^2$ のグラフ上に点 A $(10,\ 150)$ がある。点 A を通り，傾(かたむ)き $\dfrac{3}{2}$ の直線を ℓ とするとき，次の問いに答えなさい。

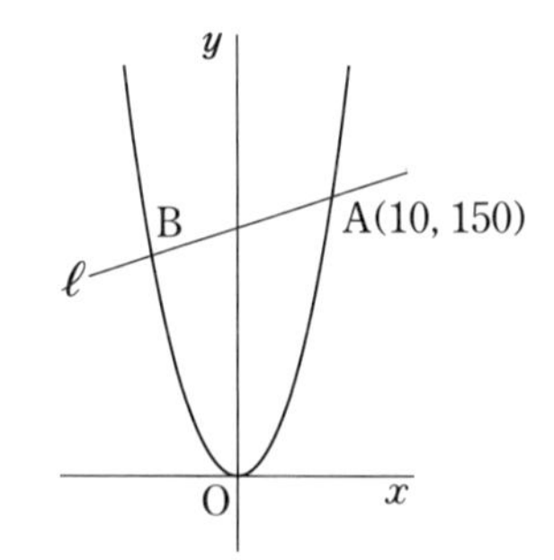

(1) a の値を求めなさい。

(2) 直線 ℓ の方程式を求めなさい。

(3) 直線 ℓ が放物線と再び交わる点 B の座標を求めなさい。

1 (2) x の値を決めたときに y の値がただ 1 つに決まるかを考える。

2 (1) 表から読みとる。

4 (2) 点 Q は放物線上の点だから，(1)で求めた関数に $x=1$ を代入すれば Q の y 座標が求められる。

5 (3) $y=\dfrac{3}{2}x^2$ と(2)で求めた直線 ℓ の方程式を連立させて解(と)く。

標準問題

▶答え　別冊p.24

1 〈いろいろな関数①〉 重要

右の表は，ある駐車場の駐車時間と駐車料金を表したものである。
このとき，次の問いに答えなさい。

駐車時間	駐車料金
1時間まで	500円
2時間まで	800円
3時間まで	1000円
4時間まで	1100円
4時間以降は1時間ごとに100円ずつ加算	

(1) x時間駐車したときの駐車料金をy円とすると，yはxの関数といえますか。

(2) 2時間30分駐車したときの駐車料金は何円ですか。

(3) 1300円で，何時間まで駐車できますか。

2 〈いろいろな関数②〉 差がつく

下の表は，ある携帯電話会社A社とB社のデータ使用量と料金を表している。それぞれ次のような料金の設定になっている。

A社

データの使用量	料金
3GBまで	300円
6GBまで	500円
10GBまで	800円
20GBまで	1300円
30GBまで	2300円

B社

データの使用量	料金
3GBまで	200円
6GBまで	400円
10GBまで	900円
20GBまで	1500円
30GBまで	2200円

このとき，データの使用量がxGBのときの料金をy円とするとき，A社とB社の料金を比べて，どのような場合に，どちらの会社を利用すれば安くなるか，グラフをかいて説明しなさい。

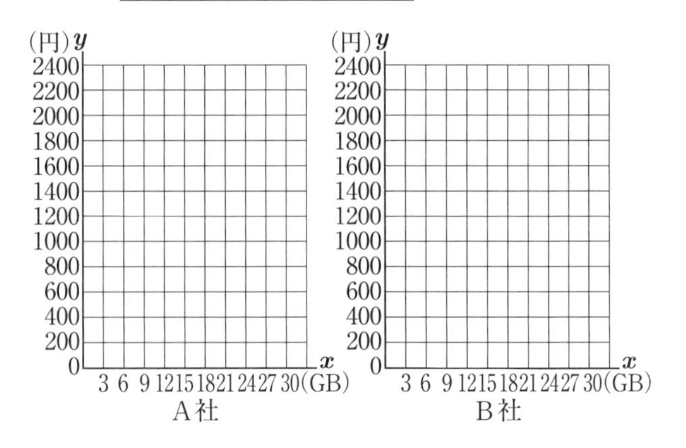

3

図のような，AD∥BC の台形 ABCD があり，AB＝6 cm，BC＝10 cm，AD＝8 cm，∠A＝∠B＝90° である。点 P，Q はそれぞれ点 A を同時に出発して，点 P は辺 AB，BC 上を点 A から点 C まで毎秒 2 cm の速さで動き，点 Q は辺 AD 上を点 A から点 D まで毎秒 1 cm の速さで動く。

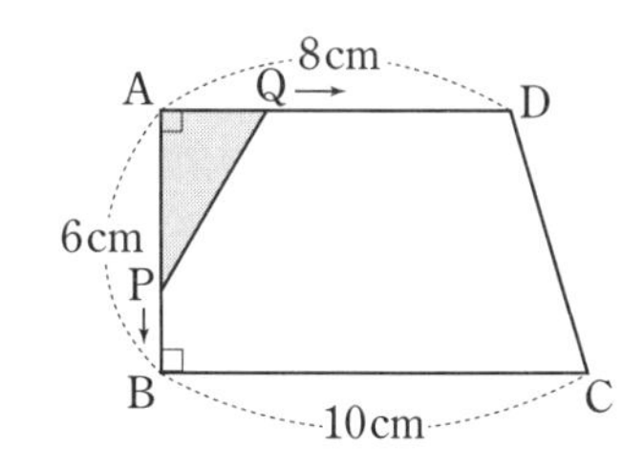

(1) 点 P，Q が出発してから 2 秒後の △APQ の面積を求めなさい。

(2) 点 P，Q がそれぞれ点 A を同時に出発してから x 秒後の，△APQ の面積を y cm² として y を x の式で表しなさい。

(3) AP＝PQ となるときの △APQ の面積を求めなさい。ただし，点 P，Q が点 A の位置にあるときは除く。

4

〈放物線（ほうぶつせん）と直線，面積〉 差がつく

右の図は，関数 $y=\frac{1}{2}x^2\ (x \geqq 0)$ のグラフである。
また，点 A (1，8)，B (4，2) とし，点 B を通り x 軸（じく）に平行な直線がこのグラフと交わる点を C，直線 AB と x 軸との交点を D とする。

(1) 直線 AB の方程式を求めなさい。

(2) 点 C の x 座標を求めなさい。

(3) y 軸上に点 E をとり，△ABC と △ABE の面積が等しくなるようにしたい。点 E の y 座標を求めなさい。ただし点 E は，直線 AB について点 C と同じ側にあるものとする。

(4) 線分 OB と放物線の交点を P，線分 OE 上の点を Q とし，△PBQ と △BOD の面積が等しくなるようにしたい。点 Q の y 座標を求めなさい。

実力アップ問題

◎制限時間 40 分
◎合格点 70 点

▶答え　別冊 p.25

点

1 y は x の 2 乗に比例し，$x=-2$ のとき $y=8$ である。　〈4点×2〉

(1) y を x の式で表しなさい。

(2) $x=4$ のときの y の値（あたい）を求めなさい。

(1)		(2)	

2 関数 $y=3x^2$ について，次の問いに答えなさい。　〈4点×4〉

(1) x の値が次のように増加するときの変化の割合を求めなさい。

①1 から 4 まで　　② -3 から -1 まで

(2) x の変域を次のように決めるとき，y の変域を求めなさい。

① $1 \leqq x \leqq 4$　　② $-3 \leqq x \leqq 1$

(1)	①	②	(2)	①	②

3 次にあてはまる関数を，下のア～オの中から，すべて選びなさい。　〈4点×4〉

(1) x が増加するとき，y はつねに増加するもの

(2) 変化の割合がつねに一定であるもの

(3) x が正のとき y も正，x が負のとき y も負となるもの

(4) x が増加するとき，$x=0$ を境（さかい）として，y が増加から減少に変わるもの

ア　$y=-3x+1$　　イ　$y=2x^2$　　ウ　$y=5x$

エ　$y=\dfrac{4}{x}$　　オ　$y=-\dfrac{1}{3}x^2$

(1)		(2)		(3)		(4)	

4 関数 $y=ax^2$ のグラフが，点 $(2,\ -12)$ を通っている。
次の問いに答えなさい。　〈5点×3〉

(1) a の値を求めなさい。

(2) このグラフが点 $(-4,\ b)$ を通るとき，b の値を求めなさい。

(3) このグラフ上で，y 座標が -75 となる点の x 座標を求めなさい。

(1)		(2)		(3)	

関数 $y=x^2$ のグラフ上を動く点をP $(a,\ b)$ とする。線分OPの中点をM，OPのPをこえる延長（えんちょう）上にOP＝PNとなるようにとった点をNとする。次の問いに答えなさい。〈5点×3〉

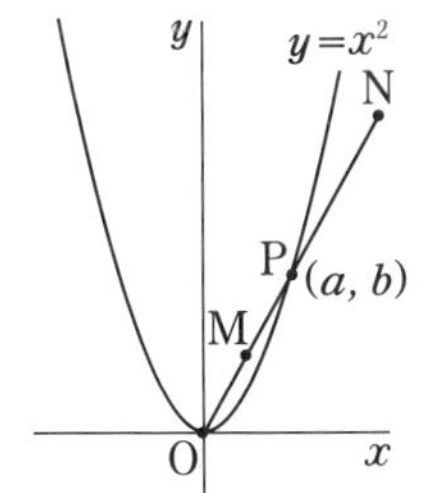

(1) a と b の関係を式に表しなさい。

(2) Pが動くとき，点Mのえがく曲線の式を求めなさい。

(3) Pが動くとき，点Nのえがく曲線の式を求めなさい。

(1)		(2)		(3)	

右の図の曲線は，関数 $y=ax^2$ のグラフである。2点A，Bはこの曲線上にあって，ABは x 軸（じく）に平行である。四角形ABCDは正方形で，頂点Dの座標は $(-2,\ 6)$ である。次の問いに答えなさい。〈5点×2〉

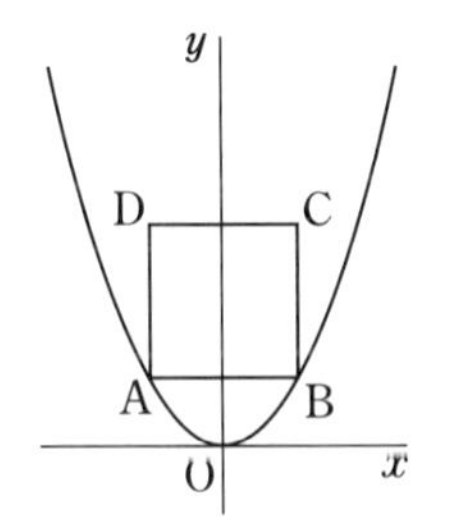

(1) a の値を求めなさい。

(2) 対角線ACの延長がこの曲線と交わる点をEとするとき，点Eの座標を求めなさい。

(1)		(2)	

右の図のように，関数 $y=ax^2\ (a>0)$ のグラフと直線 $y=\dfrac{1}{2}x+b$ $(b>0)$ の交点をA，Bとする。交点A，Bの x 座標の差が10で，関数 $y=ax^2$ のグラフが点 $(2,\ 1)$ を通るとき，次の問いに答えなさい。〈5点×4〉

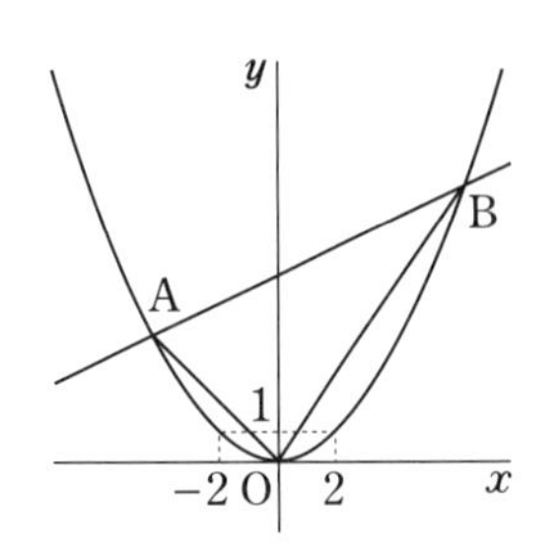

(1) a の値を求めなさい。

(2) 点A，Bの座標をそれぞれ求めなさい。

(3) b の値を求めなさい。

(4) △OABの面積を求めなさい。

(1)		(2)		(3)		(4)	

⑩ 相似な図形

重要ポイント

① 相似な図形

□ **相似**…1つの図形の形を変えないで，各部分の長さを一定の比で拡大または縮小するとき，もとの図形とできた図形とは**相似**であるといい，記号∽を用いて表す。

□ 相似な図形の性質

① 対応する線分の長さの比はすべて等しい。

② 対応する角の大きさはそれぞれ等しい。

□ **相似比**…相似な図形で，対応する線分の長さの比を**相似比**という。

□ **相似の位置・中心**…2つの図形の対応する点を通る直線がすべて1点Oで交わり，Oから対応する点までの距離の比がすべて等しいとき，この2つの図形は相似の位置にあるといい，Oを**相似の中心**という。相似の位置にある2つの図形は相似である。

例 右の図の△ABCと△A′B′C′は相似の位置にあり，
OA：OA′＝OB：OB′＝OC：OC′＝3：5である。△ABC∽△A′B′C′であり，
AB：A′B′＝BC：B′C′＝CA：C′A′＝3：5
である。

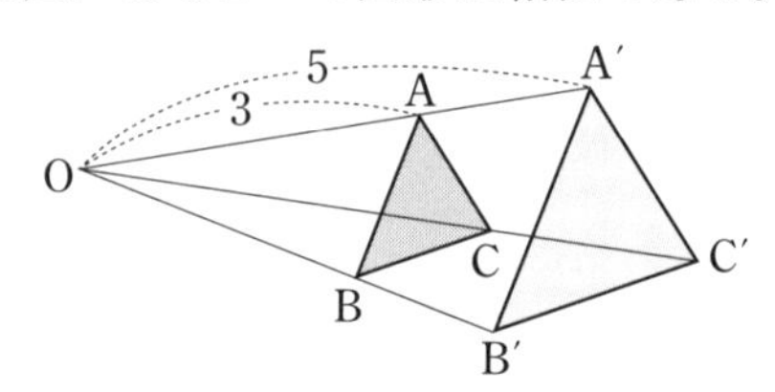

② 三角形の相似条件

□ **三角形の相似条件**…2つの三角形は，次のどれかが成り立つとき相似である。

① 3組の辺の比がすべて等しい。

② 2組の辺の比とその間の角がそれぞれ等しい。

③ 2組の角がそれぞれ等しい。

③ 相似の利用

□ 直接測ることが困難な2地点間の距離や高さを，相似な図形の性質を使って求めることができる。

例 右の図のような校舎の高さを，影の長さを使って求めます。
△ABC∽△DEFだから，校舎の高さをxmとすると，
1：12＝1.5：x
x＝18　　したがって，校舎の高さは約18mである。

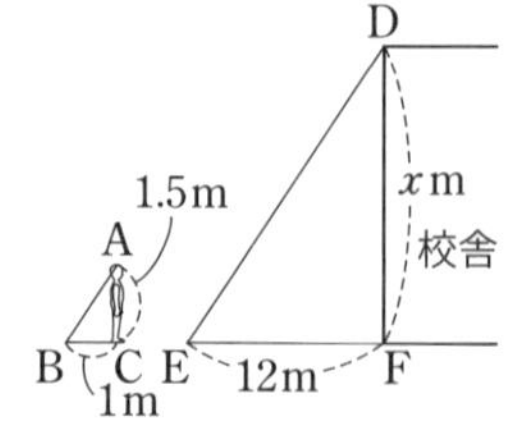

テストでは ココが ねらわれる

◉相似な図形(拡大図や縮図)をかくときは，相似の中心を決めて，相似の位置にある図形をかくとよい。
◉三角形の相似条件を用いた証明は，三角形の合同の証明と同じように考える。

ポイント 一問一答

①相似な図形

右の図の2つの五角形は相似である。

□ (1) ∠Fの大きさを求めなさい。

□ (2) 五角形ABCDEとFGHIJの相似比をいいなさい。

□ (3) 辺HIの長さを求めなさい。

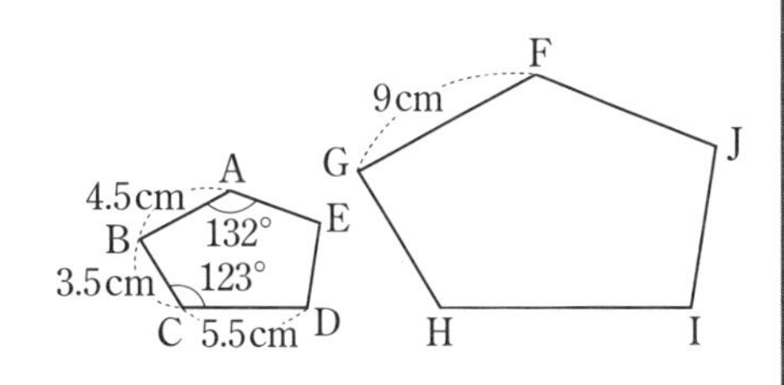

②三角形の相似条件

□ 下の図の中から，相似な三角形の組を選びなさい。

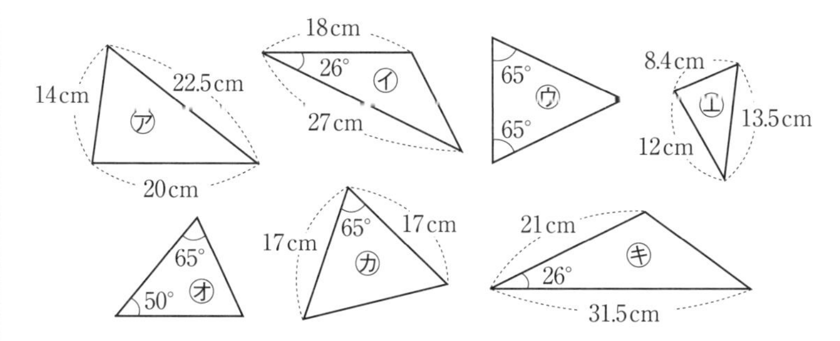

③相似の利用

□ 右の**図ア**のような池の大きさABを求めるのに地点Cを定め，**図イ**のような△ABCの縮図をかいたところ，AB＝2cm，BC＝1.5cmとなった。
この**図イ**を使って，ABの実際の距離(きょり)を求めなさい。

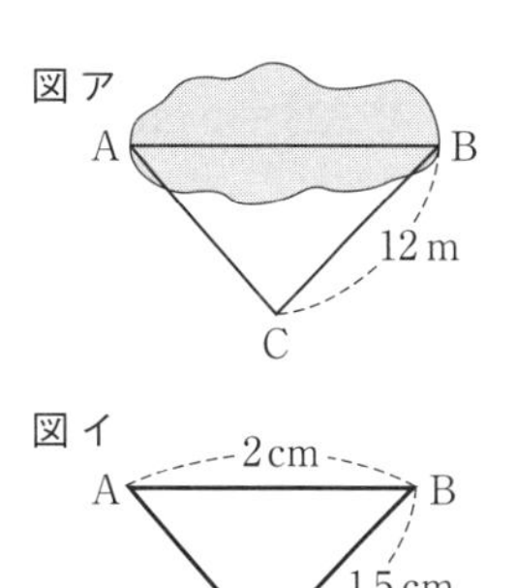

① (1) 132°　(2) 1：2　(3) 11cm
② ㋐と㋓，㋑と㋖，㋒と㋔
③ 約16m

基礎問題

▶答え　別冊 p.26

1　〈図形の拡大〉 重要

平面上で四角形 ABCD の拡大図を，㋐，㋑のようにしてかいた。

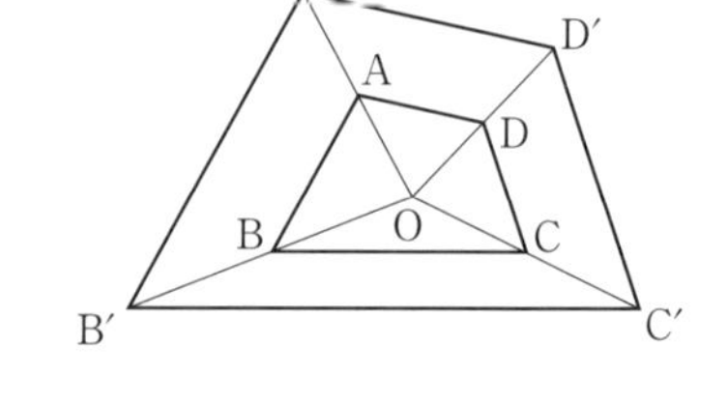

㋐ OA の延長(えんちょう)上に OA′＝2OA となる点 A′ をとる。

㋑ 点 B′，C′，D′ を同じようにとり，四角形 A′B′C′D′ をつくる。

(1) A′B′ の長さは AB の何倍か求めなさい。

(2) ∠B′C′D′ と ∠BCD の大きさを比べなさい。

(3) 四角形 A′B′C′D′ の四角形 ABCD に対する相似比(そうじひ)を求めなさい。

2　〈相似の位置にある図形の作図〉 ミス注意

右の図は，点 O を相似の中心として，四角形 ABCD と相似な四角形 A′B′C′D′ をかきかけたものである。OA：OA′＝2：3 として，次の問いに答えなさい。

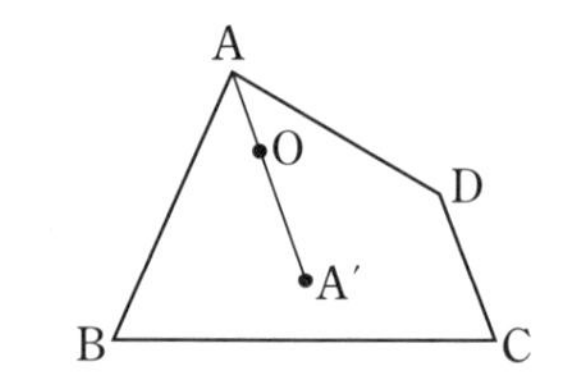

(1) この図を完成しなさい。

(2) 四角形 A′B′C′D′ と四角形 ABCD の相似比を求めなさい。

(3) AB＝5 cm のとき，A′B′ の長さを求めなさい。

3　〈三角形の相似と相似条件〉 重要

次の三角形の中から相似なものを選びなさい。また，三角形の相似条件のうちどれを使ったかいいなさい。

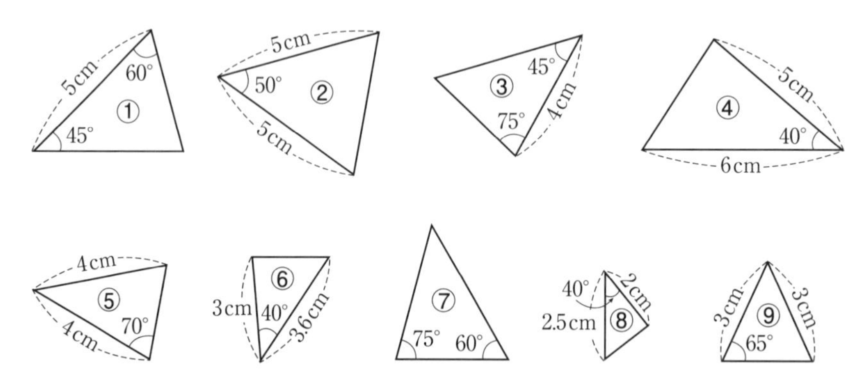

4 〈相似な図形の性質〉 重要

次の 4 つの三角形がすべて相似であるとき，x，y，z を求めなさい。

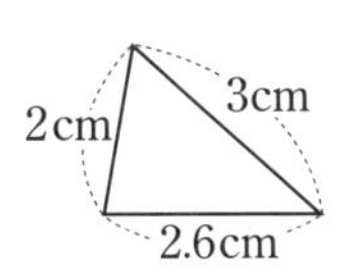

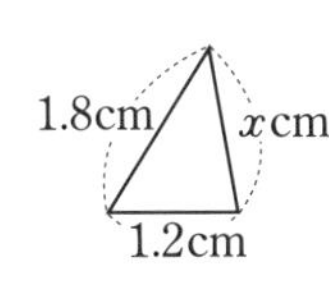

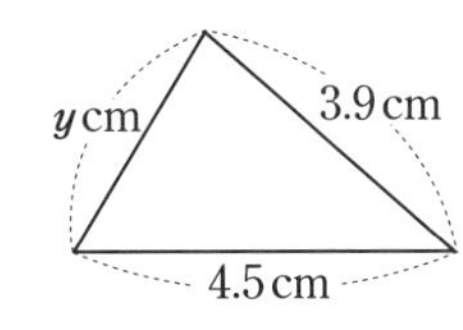

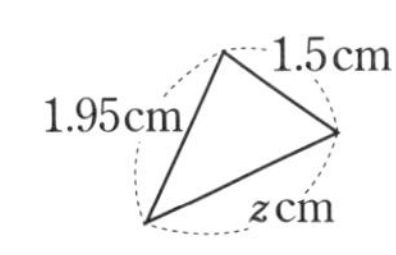

5 〈直角三角形の相似〉 重要

右の図のように，長方形 ABCD を CE を折り目として，頂点 B が AD 上にくるように折り，その点を F とする。このとき，△AEF∽△DFC であることを証明しなさい。

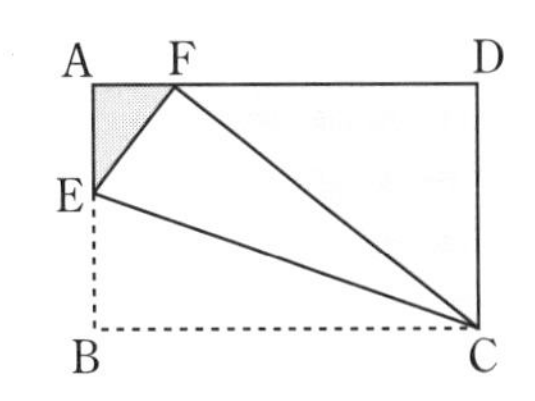

6 〈相似条件の利用〉

右の図で，△ABC∽△DEF である。頂点 A，D から辺 BC，EF にひいた垂線をそれぞれ AH，DI とする。

(1) △ABH∽△DEI であることを示しなさい。

(2) (1)から，AB×DI＝AH×DE が成り立つことを示しなさい。

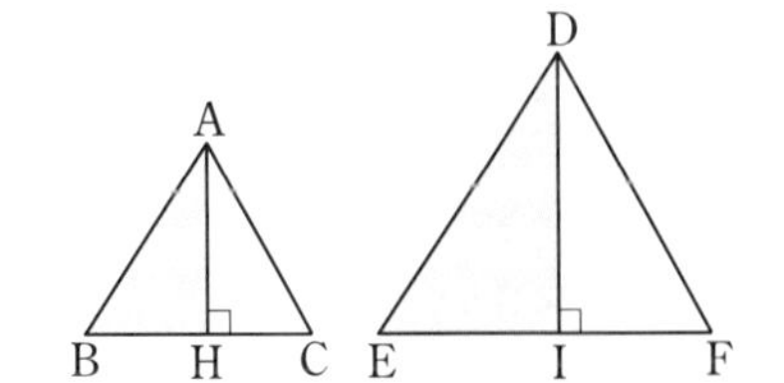

7 〈縮図の利用〉

右の図のような海岸の AB の間の距離（きょり）を知るため，地点 C を ∠ACB＝90° となるように選び，AC，BC の長さを測って 1000 分の 1 の縮図をかいたところ，AC＝15 cm，BC＝8 cm となった。AB の実際の距離は約何 m か，縮図をかいて求めなさい。

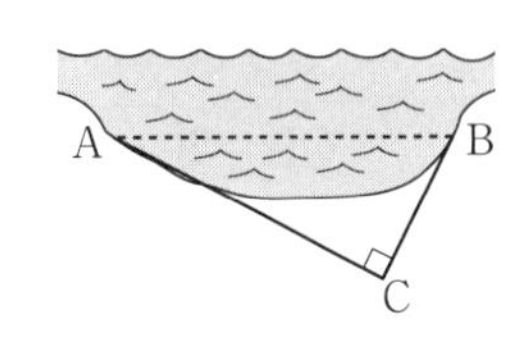

4 相似な図形の対応する辺の比は等しいことを使う。

5 ∠B＝∠EFC＝90° である。△AEF の F での外角に着目する。

6 (1) △ABC∽△DEF より，∠B＝∠E である。

7 AC＝15 cm，BC＝8 cm，∠C＝90° の直角三角形をかいて，AB の長さを測る。

標準問題

▶答え　別冊p.27

1 〈三角形の相似の証明①〉 重要

▱ABCD の辺 BC 上に点 E をとり，BE：EC＝2：3 になるようにする。DE と AB の延長との交点を F とするとき，次の問いに答えなさい。

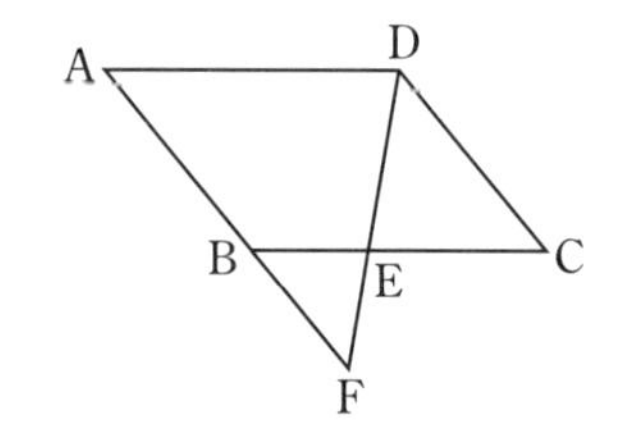

(1) △BFE と相似な三角形をすべていいなさい。

(2) (1)で答えた三角形が △BFE と相似であることを示しなさい。

(3) AB：BF を求めなさい。

2 〈三角形の相似の証明②〉 重要

正三角形 ABC を，DE を折り目として折り，頂点 A が辺 BC 上の点 F にくるようにしたとき，△DBF と △FCE は相似になることを証明しなさい。

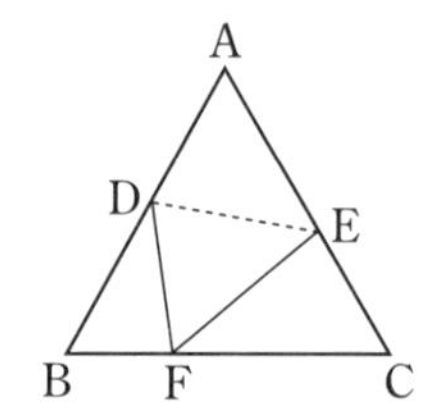

3 〈縮図を利用した距離の測定〉 ミス注意

山をへだてた 2 地点 A，B 間の直線距離を求めるのに山すそにそって，A → P → Q → B と測って，AP＝300 m，PQ＝250 m，QB＝200 m，∠APQ＝∠PQB＝120° を得た。
縮図をかいて，AB，PB，AQ の長さを求めることにした。

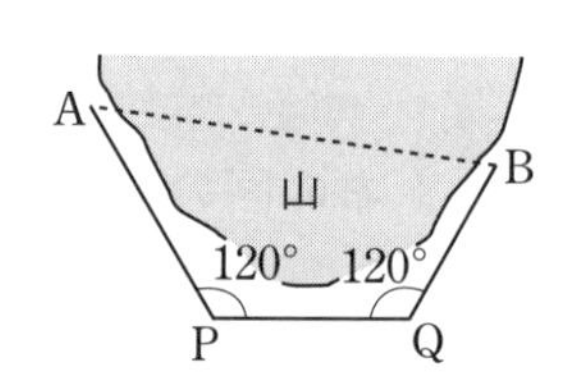

(1) AP の長さを 6 cm で表すとき，PQ，QB の長さはそれぞれいくらにすればよいですか。

(2) (1)の場合の縮尺は何分のいくつですか。

(3) 縮図上では AB の長さは約何 cm になるか求めなさい。

(4) AB の実際の長さは約何 m になるか求めなさい。

(5) 同様にして，PB，AQ の実際の長さを求めなさい。

〈三角形の相似の利用〉 重要

右の図の△ABC は，AB＝AC，∠ABC＝2∠A である二等辺三角形である。∠ABC の二等分線と辺 AC との交点を D とするとき，次の問いに答えなさい。

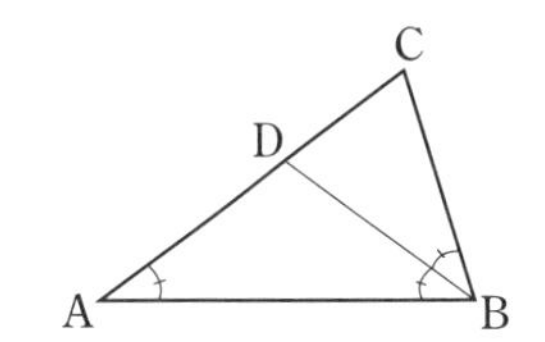

(1) ∠A の大きさを求めなさい。

(2) BC＝2 cm のとき，CD の長さを求めなさい。

〈三角形の相似の証明③〉 差がつく

正方形 ABCD の辺 AB，AD の中点をそれぞれ M，N とし，CM と BN の交点を P とする。このとき，△BPM∽△BAN であることを証明しなさい。

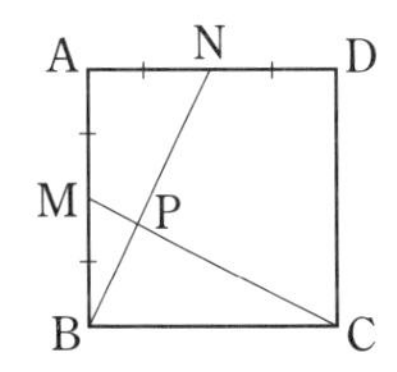

6
〈三角形の相似の証明④〉 重要

右の図の△ABC で∠A＝61°，∠B＝60°，∠C＝59°，DE⊥BC，EF⊥AC である。次の問いに答えなさい。

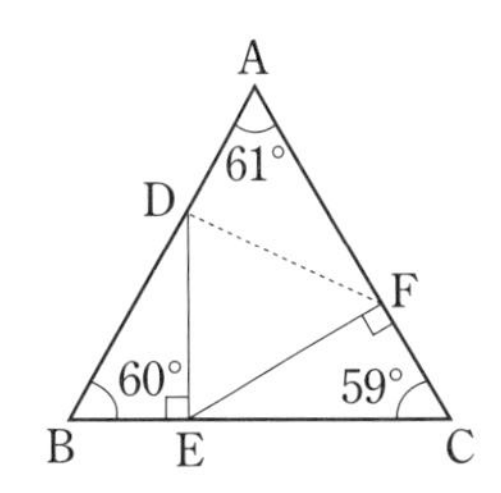

(1) ∠DEF は何度ですか。

(2) 点 D と点 F を結んだとき，FD⊥AB ならば，△FDE は△ABC と相似であることを証明しなさい。

〈三角形の相似の証明⑤〉 重要

∠BAC＝90°の直角三角形 ABC で，直角の頂点 A から斜辺（しゃへん）BC へひいた垂線を AD とする。また∠B の二等分線が AD，AC と交わる点を E，F とする。これについて，次の問いに答えなさい。

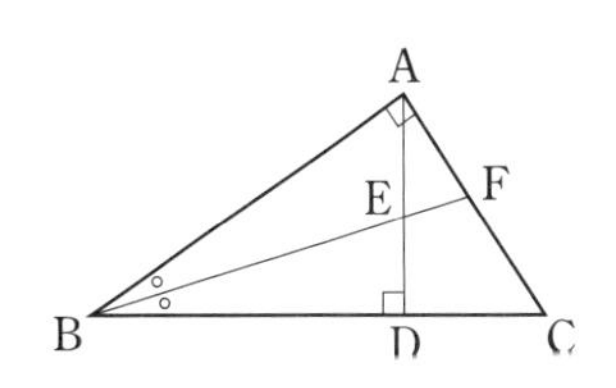

(1) △ABF∽△DBE を証明しなさい。

(2) △ABE∽△CBF を証明しなさい。

⑪平行線と比

重要ポイント

①平行線と線分の比

□ **三角形と比**…△ABC の辺 AB，AC 上の点を P，Q とする。

① **PQ∥BC** ならば，AP：AB＝AQ：AC＝PQ：BC
AP：PB＝AQ：QC

② **AP：AB＝AQ：AC** ならば，**PQ∥BC**

また，

AP：PB＝AQ：QC ならば，**PQ∥BC**

右の図のように，点 P，Q が，AB，AC の延長(えんちょう)上にあるときも，上の①，②は成り立つ。

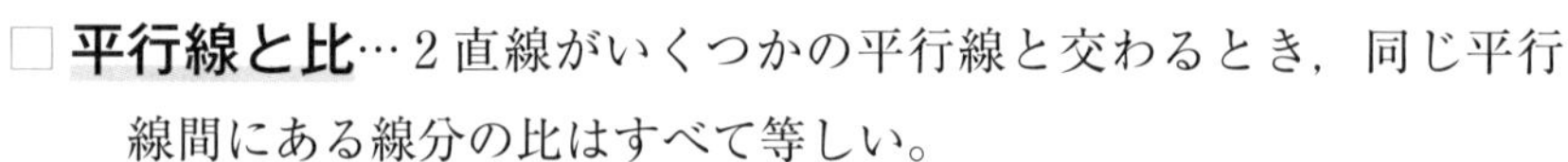
□ **平行線と比**…2 直線がいくつかの平行線と交わるとき，同じ平行

線間にある線分の比はすべて等しい。

例 右の図で，$a /\!/ b /\!/ c /\!/ d$ のとき，

① AB：BC：CD＝A′B′：B′C′：C′D′

また，次の線分の比も等しい。

② AB：A′B′＝BC：B′C′＝CD：C′D′

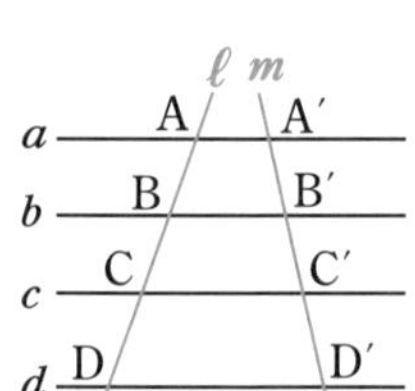

②中点連結定理

□ ① 三角形の 2 辺の中点を結ぶ線分は，残りの辺に平行で，長さはその半分である。

例 右の図で，点 M，N がそれぞれ辺 AB，AC の中点のとき，

MN∥BC，MN＝$\frac{1}{2}$BC

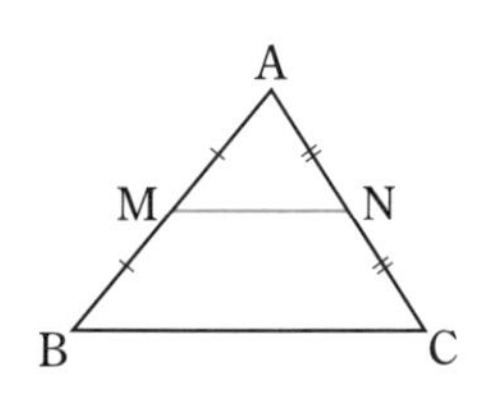

□ ② 三角形の 1 辺の中点を通り，他の 1 辺に平行な直線は，残りの辺の中点を通る。

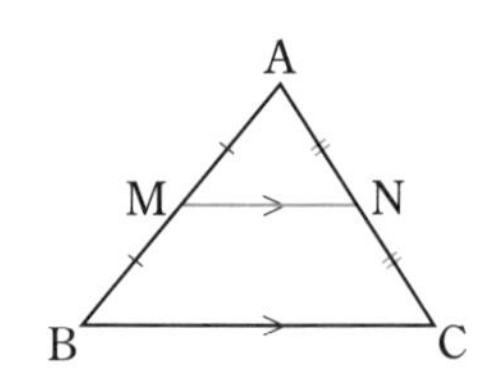

テストではココがねらわれる

- 三角形と比の定理をしっかり覚えよう。中点連結定理は三角形と比の定理の特別な場合である。
- 三角形で中点とくれば，中点連結定理を思いうかべよう。
- 四角形の対角線をひいて，三角形の比の定理を利用するときがある。

ポイント 一問一答

①平行線と線分の比

(1) 次の各図で，DE∥BC である。x，y の長さを求めなさい。

□ ①

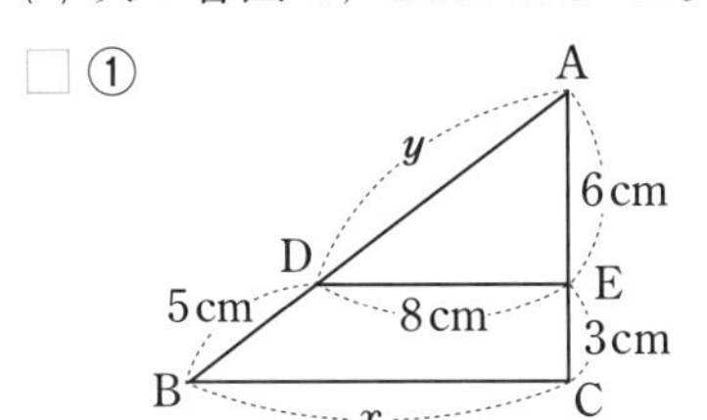

□ ②

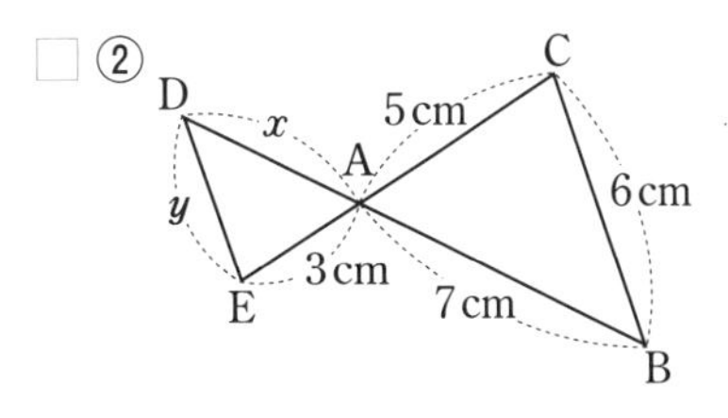

(2) 次の各図で，a∥b∥c である。x の値(あたい)を求めなさい。

□ ①

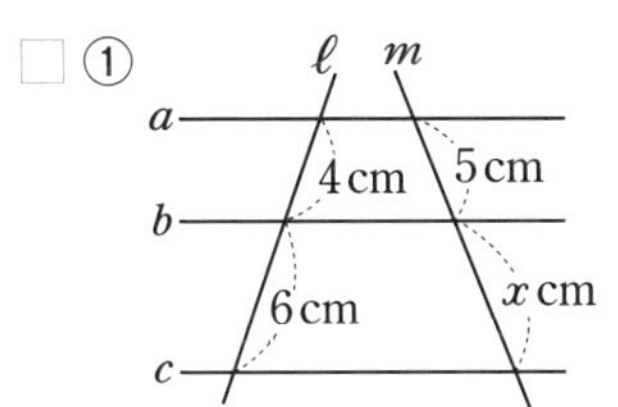

□ ②

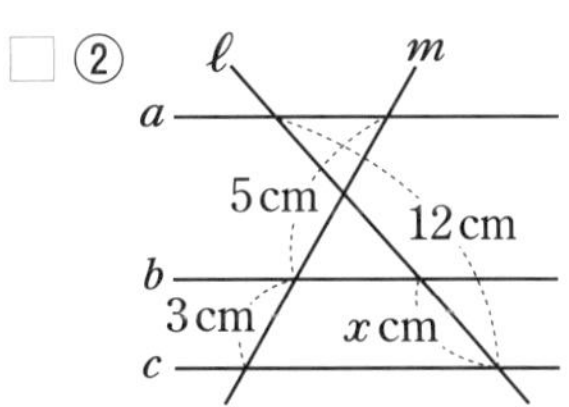

□ ③

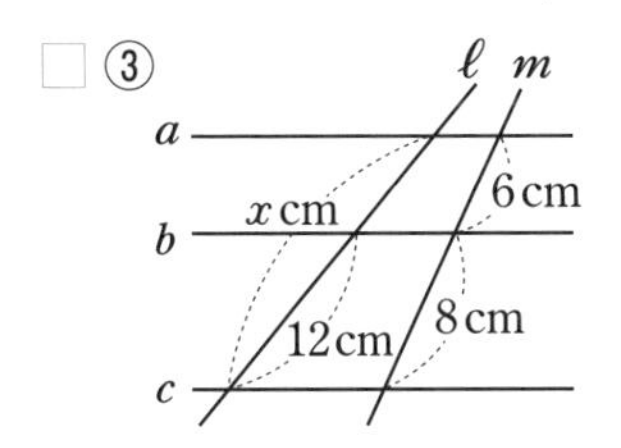

②中点連結定理

次の各図で，点 M，N は各辺の中点である。x，y の長さを求めなさい。

□ (1)

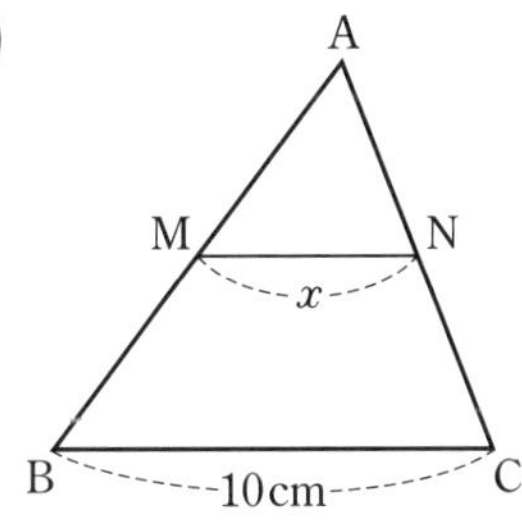

□ (2)

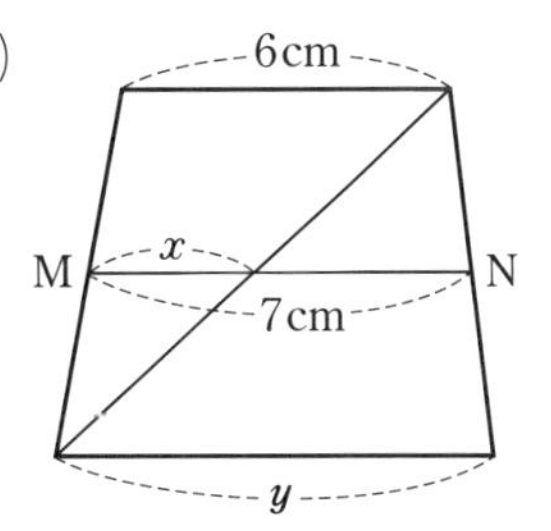

① (1) ① $x=12$ cm，$y=10$ cm　② $x=4.2$ cm，$y=3.6$ cm

(2) ① 7.5　② 4.5　③ 21

② (1) $x=5$ cm　(2) $x=3$ cm，$y=8$ cm

基礎問題

▶答え　別冊p.28

1 〈三角形と比の定理の証明〉 重要

△ABCの辺BCに平行な直線が，他の2辺AB，ACと交わる点をそれぞれD，Eとするとき，

① AD：AB＝AE：AC＝DE：BC

② AD：DB＝AE：EC

である。これについて次の問いに答えなさい。

(1) 三角形の相似（そうじ）条件を用いて①を証明しなさい。

(2) 次の文は，②の定理の証明である。〔　　〕をうめて，証明を完成しなさい。

(証明) Dを通ってACに平行な直線をひき，BCとの交点をFとする。

DE∥BCだから，∠ADE＝〔㋐　　　〕

DF∥ACだから，∠DAE＝〔㋑　　　〕

よって，△ADE∽△DBF

ゆえに，AD：DB＝〔㋒　　　〕：DF

また，DE∥BC，DF∥ACであるから，四角形DFCEは平行四辺形で，

DF＝〔㋓　　　〕

ゆえに，AD：DB＝AE：EC

2 〈三角形と比の定理の利用①〉 ミス注意

次の各図で，PQ∥BCである。x，yの値をそれぞれ求めなさい。

(1)

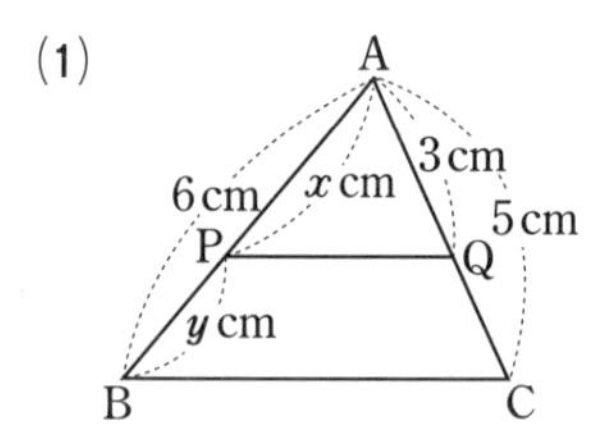

(2)

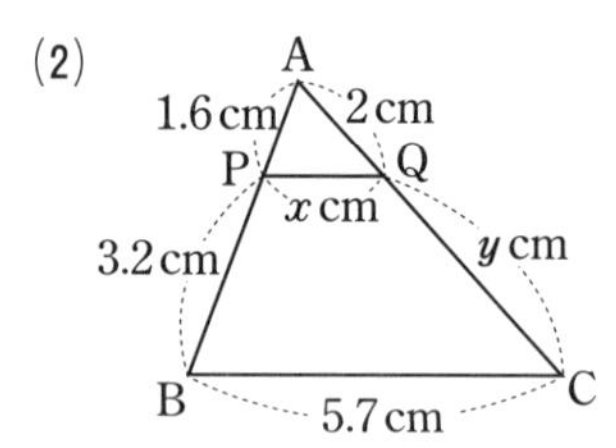

(3)

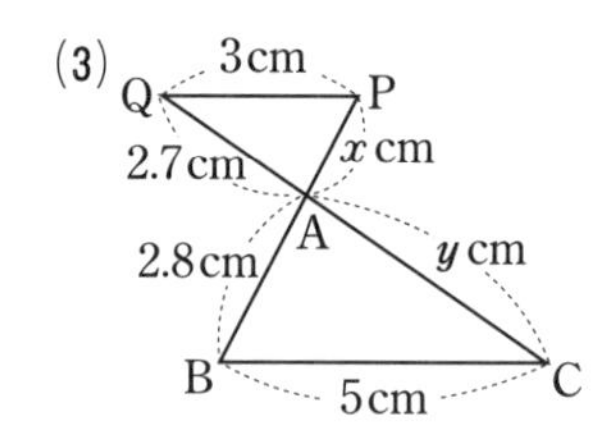

3 〈三角形と比の定理の利用②〉 重要

右の図で，BD：DC＝2：5，AE＝EC，FE∥BCである。
FE：BDを最も簡単な整数の比で表しなさい。

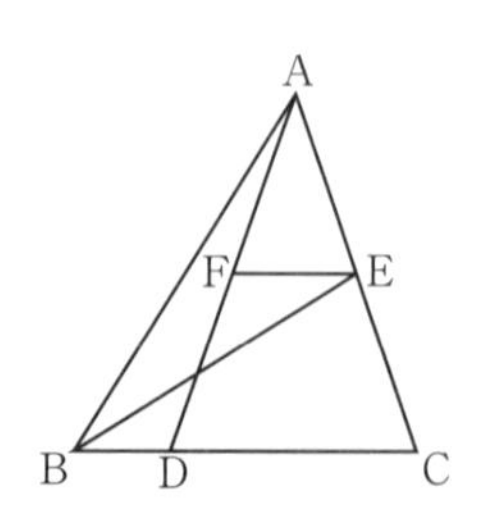

〈中点連結定理の利用①〉 重要

四角形 ABCD の 4 つの辺 AB，BC，CD，DA の中点をそれぞれ E，F，G，H とする。

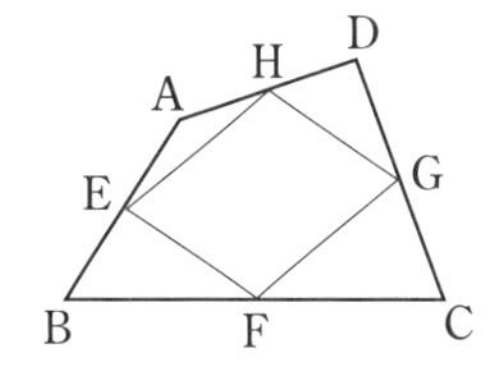

(1) 四角形 EFGH は平行四辺形であることを証明しなさい。

(2) 四角形 EFGH がひし形，長方形，正方形になるのは，AC と BD の関係がそれぞれどんな場合ですか。

5

〈中点連結定理の利用②〉

右の図で，点 D，E はそれぞれ線分 BC，AC の中点である。$\angle x$ の大きさを求めなさい。

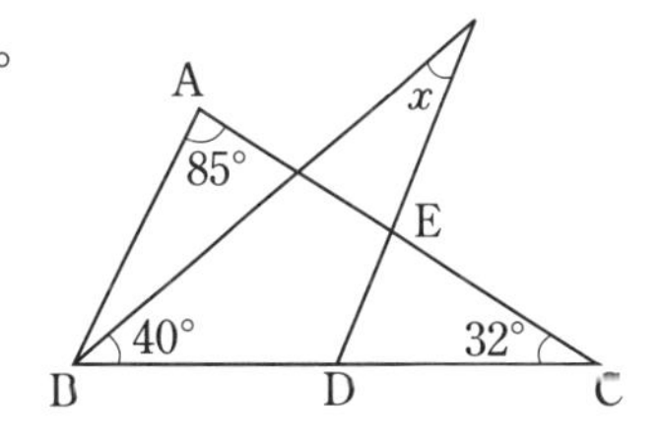

6

〈平行線と比の定理の利用〉

右の図で，四角形 ABCD は平行四辺形，E，F，G はそれぞれ辺 AB，BC，DC 上の点で，$AE=\frac{1}{2}EB$，BF＝FC，EG∥BC である。また，H は AF と EG との交点である。AD＝6 cm のとき，次の問いに答えなさい。

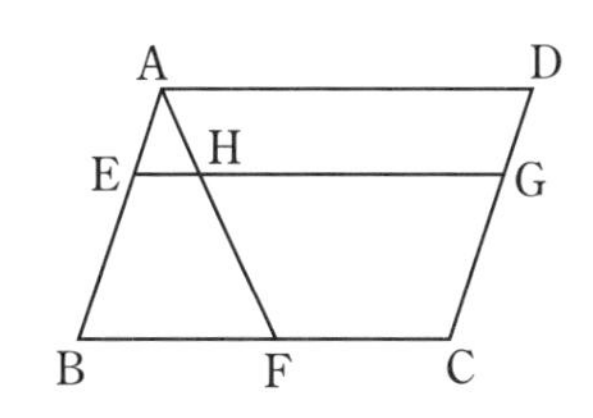

(1) 線分 HG の長さは何 cm ですか。

(2) 四角形 HFCG の面積は △AEH の面積の何倍ですか。

ヒント

2 (1) $x:6=3:5$　または，$6:y=5:(5-3)$

4 (1) 対角線 BD をひいて中点連結定理を使うと，EH∥FG，EH＝FG が得られる。

5 △ABC において，BD＝DC，AE＝EC だから，中点連結定理により，DE∥BA

6 (2) A から EH にひいた垂線を AI，C から GH にひいた垂線を CJ とすると，AI : CJ＝AE : EB＝1 : 2 より，CJ＝2AI

標準問題

▶答え　別冊p.29

1 〈内角の二等分線と比〉 重要

右の図で△ABCの∠Aの二等分線が辺BCと交わる点をDとする。このとき，

AB：AC＝BD：DC

であることを証明しなさい。

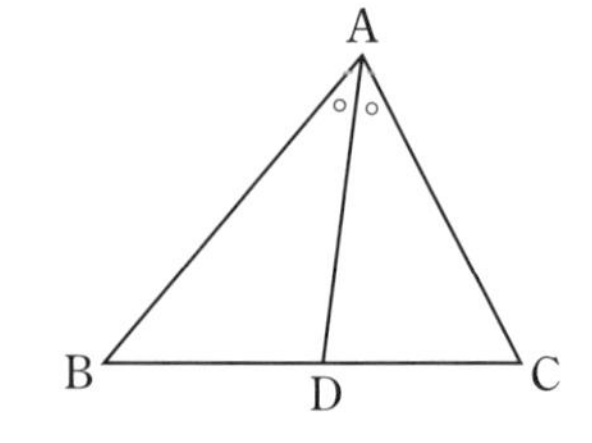

2 〈台形と平行線〉 重要

右の図は，AD∥BCである台形で，AD＝3cm，BC＝5cmである。EF∥BC，AE：EB＝2：3として，次の比や長さを求めなさい。

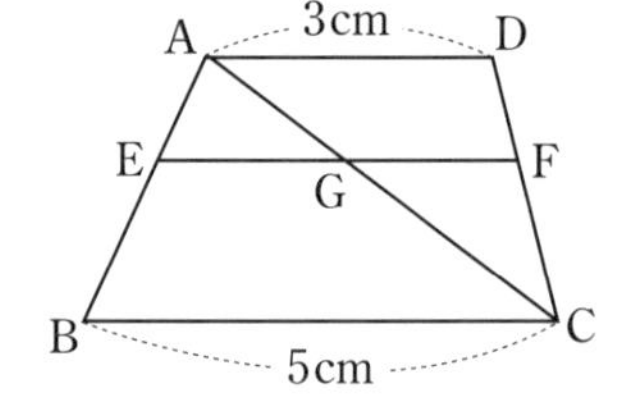

(1) AG：GC　　(2) EG

(3) EF

3 〈台形と中点連結定理〉 重要

AD∥BC，AD＜BCである台形ABCDの対角線BD，ACの中点をそれぞれP，Qとする。

このとき，$PQ=\frac{1}{2}(BC-AD)$であることを証明しなさい。

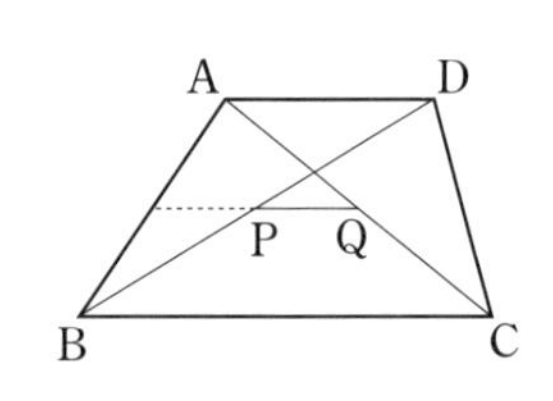

4 〈中点連結定理の利用〉

右の図で，BCの中点をMとし，AMの中点をNとする。また，BNの延長(えんちょう)とACの交点をPとする。

このとき，PC＝2APであることを証明しなさい。

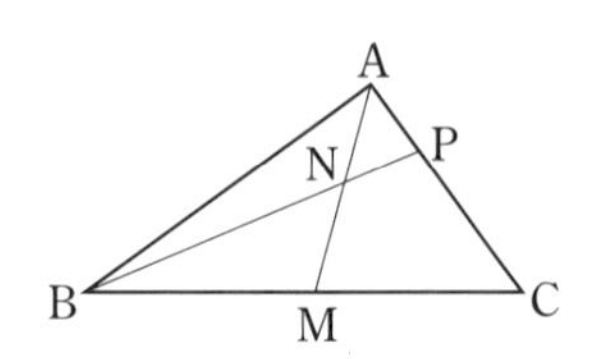

5 〈三角形と比の定理の利用①〉 ミス注意

右の図で，点 D，E は AB を 3 等分した点であり，点 F は AC の中点である。また，CG は 3cm である。x を求めなさい。

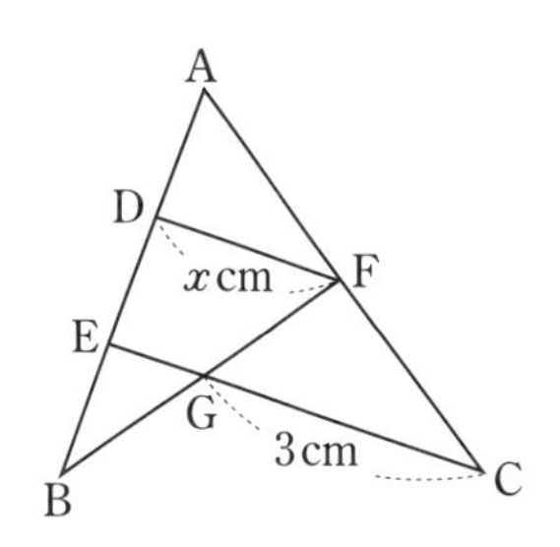

6 〈三角形と比の定理の利用②〉 差がつく

右の図の △ABC において，点 D は辺 AB の延長上の点で，AB：BD＝5：2 である。点 E は辺 AC 上の点，点 F は辺 BC と線分 DE の交点で，DF：FE＝3：2 である。このとき，AE：EC を最も簡単な整数の比で表しなさい。

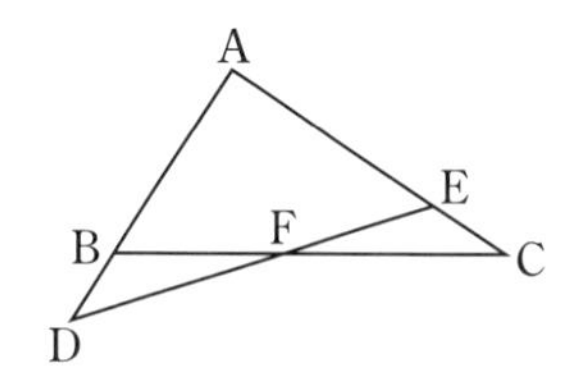

7 〈立体への応用〉

右の図は，三角錐 O-ABC の辺 OB，OC の中点をそれぞれ D，E とし，AD，AE の中点をそれぞれ M，N としたものである。

このとき，$\mathrm{MN}=\dfrac{1}{4}\mathrm{BC}$ であることを証明しなさい。

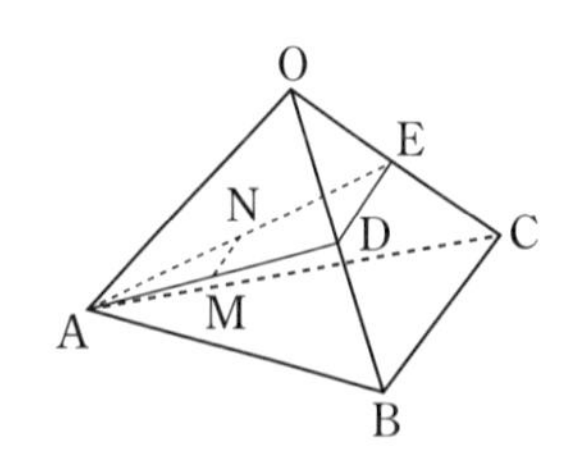

8 〈平行四辺形と面積比〉 重要

▱ABCD の辺 AB を 3：2 に分ける点を P とし，PD と AC の交点を Q とする。

(1) PQ：QD を求めなさい。

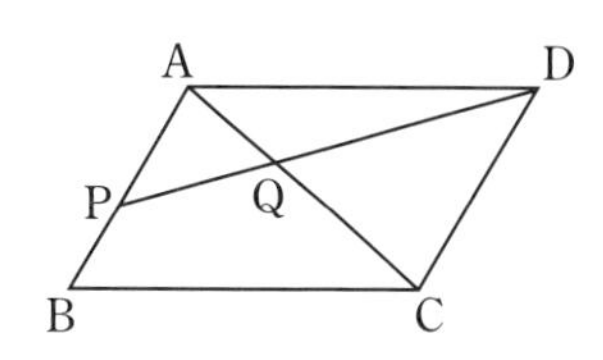

(2) △APQ の面積は ▱ABCD の面積の何倍ですか。

⑫相似な図形の面積と体積

重要ポイント

①相似な図形の相似比と面積比

□ **相似な平面図形の周と面積**

① 相似な平面図形の周の長さの比は，相似比に等しい。

② 相似な平面図形の面積比は，相似比の 2 乗に等しい。

相似な 2 つの図形で相似比が $m:n$ ならば，

周の長さの比は $m:n$,

面積比は $m^2:n^2$ である。

例 右の図で △ABC∽△DEF のとき，

相似比が 1：2 ならば，

周の長さの比は，1：2

面積比は，$1^2:2^2=1:4$

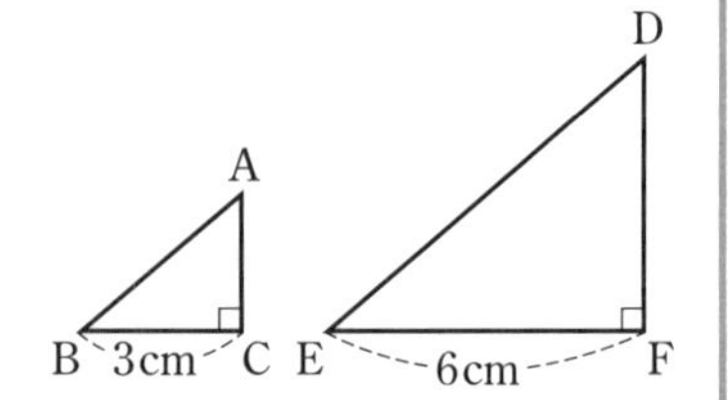

②相似な立体の表面積や体積の比

□ **相似な立体の表面積**

相似な立体の表面積の比は，相似比の 2 乗に等しい。

相似な 2 つの立体で相似比が $m:n$ ならば，表面積の比は $m^2:n^2$ である。

□ **相似な立体の体積**

相似な立体の体積比は，相似比の 3 乗に等しい。

相似な 2 つの立体で相似比が $m:n$ ならば，体積比は $m^3:n^3$ である。

例 右の図で，立方体 P と Q は相似である。

相似比が 1：2 ならば，

表面積の比は，$1^2:2^2=1:4$

体積比は，$1^3:2^3=1:8$

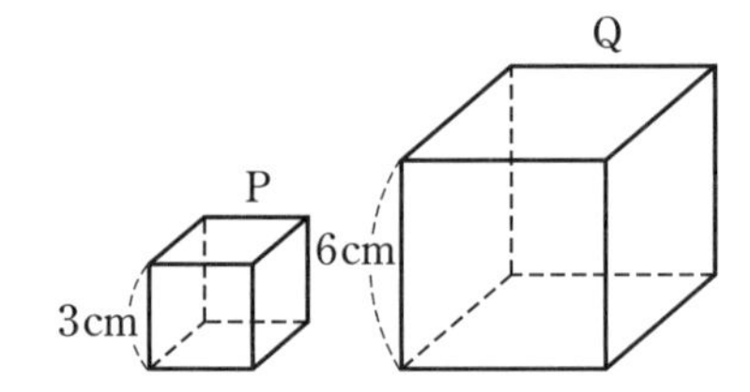

●相似比(そうじひ)が $m:n$ である2つの図形の面積比は $m^2:n^2$ であることを覚えよう。
●相似比が $m:n$ である2つの立体の，表面積の比は $m^2:n^2$，体積比は $m^3:n^3$ であることに注意する。

ポイント **一問一答**

① 相似な図形の相似比と面積比

(1) △ABC と △DEF は相似で，相似比は 2：5 である。

□ ① △ABC と △DEF の，周の長さの比を求めなさい。

□ ② △ABC と △DEF の面積比を求めなさい。

□ ③ △ABC の面積が 16 cm² のときの，△DEF の面積を求めなさい。

(2) 右の図のような 2 つの円 P，Q がある。

□ ① Q の周の長さは P の周の長さの何倍ですか。

□ ② Q の面積は P の面積の何倍ですか。

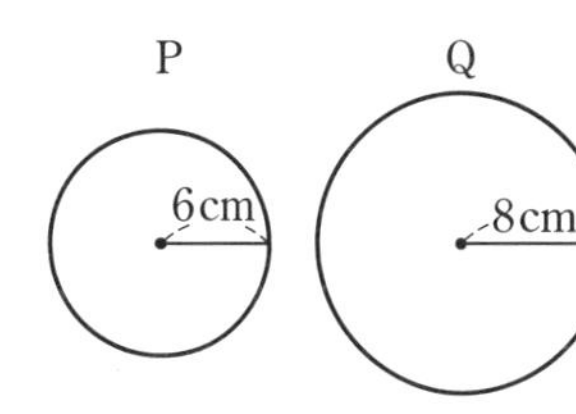

② 相似な立体の表面積や体積の比

右の図のような相似な 2 つの三角錐(さんかくすい) P，Q があり，その相似比は 2：3 である。

□ (1) P と Q の表面積の比を求めなさい。

□ (2) P と Q の体積比を求めなさい。

□ (3) P の表面積が 160 cm² のとき，Q の表面積を求めなさい。

□ (4) P の体積が 32 cm³ のとき，Q の体積を求めなさい。

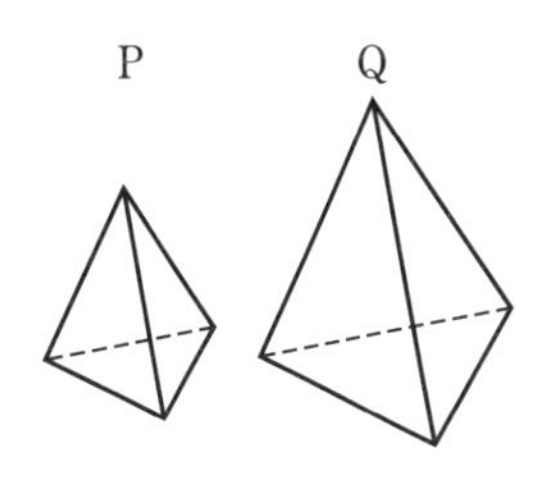

① (1) ① 2：5　② 4：25　③ 100 cm²　(2) ① $\frac{4}{3}$ 倍　② $\frac{16}{9}$ 倍

② (1) 4：9　(2) 8：27　(3) 360 cm²　(4) 108 cm³

基礎問題

▶答え　別冊p.30

1

〈相似比と周の比・面積比〉

右の図の △ABC で，DE∥BC である。

(1) BC＝15 cm のとき，DE の長さを求めなさい。

(2) △ABC と △ADE の周の長さの比を求めなさい。

(3) △ABC と △ADE の面積比を求めなさい。

2

〈相似比と面積比①〉 重要

AD∥BC である台形 ABCD で，対角線 AC，BD の交点を O とする。AD＝12 cm，BC＝18 cm，△OBC の面積が 54 cm² のとき，次の問いに答えなさい。

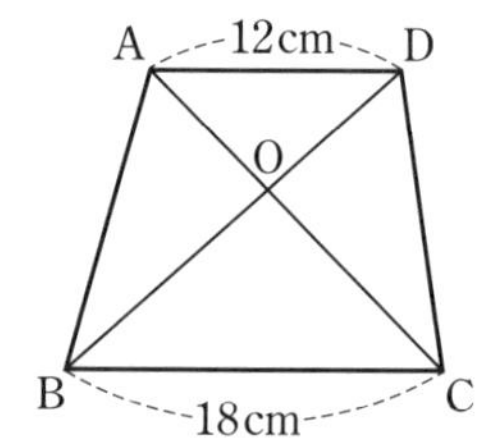

(1) △ODA∽△OBC であることを証明し，相似比を求めなさい。

(2) △ODA の面積を求めなさい。

(3) △OAB の面積を求めなさい。

3

〈相似比と面積比②〉

右の図は，直角三角形 ABC の頂点 C から辺 AB に垂線をひき，交点を D としたものである。

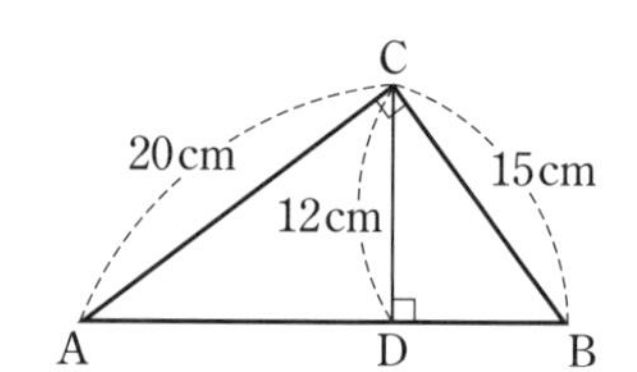

(1) △ABC の面積は，△ACD の面積の何倍ですか。

(2) △ABC の面積は，△CBD の面積の何倍ですか。

4 〈相似な立体の体積〉 重要

右の図のように三角錐(さんかくすい) ABCD の底面 BCD に平行な平面で，この立体を切り，切り口の三角形を △EFG とする。

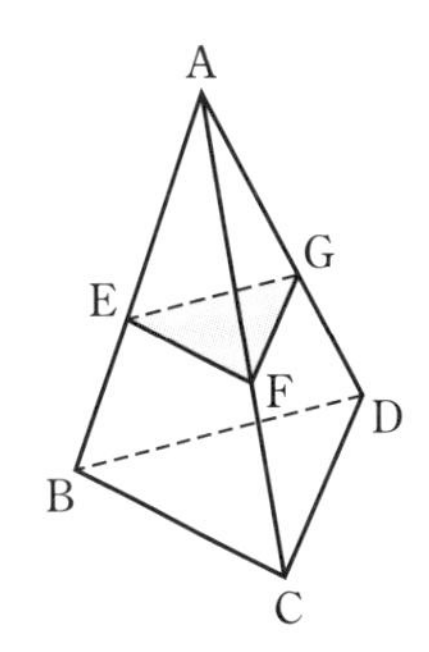

(1) △AEF∽△ABC であることを証明しなさい。

(2) △EFG∽△BCD であることを証明しなさい。

(3) AE：EB＝3：2 であるとき，三角錐 AEFG と，三角錐 ABCD の表面積の比を求めなさい。

(4) AE：EB＝3：2 であるとき，三角錐 AEFG の体積は，三角錐 ABCD の体積の何倍ですか。

5 〈立体の表面積・体積〉 ミス注意

右の図のような，円錐を底面に平行な平面で切り，上の円錐を取り除いた立体がある。

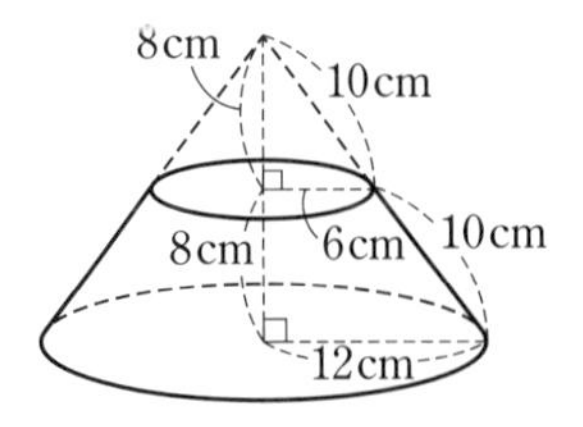

(1) この立体の表面積を求めなさい。

(2) この立体の体積を求めなさい。

6 〈円錐形の容器に入る水の量〉

右の図のような円錐形の容器に，水を 104 cm³ 入れると，深さのちょうど半分のところまできた。あと何 cm³ の水が入りますか。

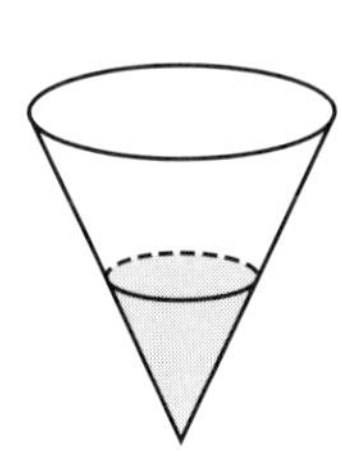

ヒント

2 (3) △OAB と △OBC は底辺を OA，OC とすると高さが等しいから，底辺の比を求めればよい。

3 (1) △ABC∽△ACD から面積比を求める。

4 (3)(4) 三角錐 AEFG と三角錐 ABCD の相似比を求める。

5 切り取った円錐ともとの円錐の相似比は 1：2

標準問題

▶答え　別冊p.31

1　〈相似の位置にある三角形の面積〉 ミス注意

右の図の △DEF は，△ABC を点 O を中心に拡大したもので，△ABC∽△DEF，OA：OD＝2：3 である。

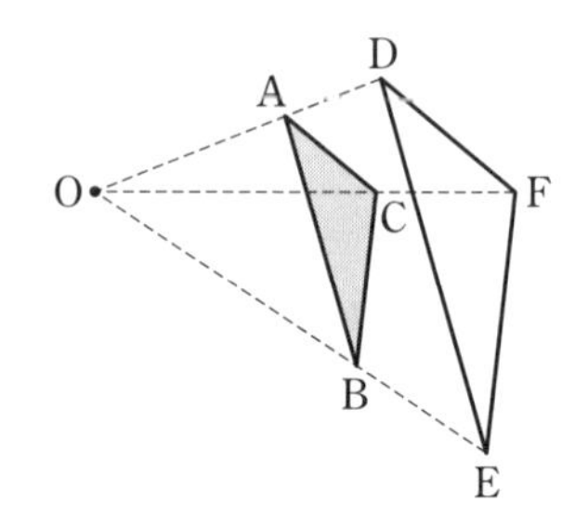

(1) △DEF の周の長さは，△ABC の周の長さの何倍ですか。

(2) △DEF の面積は 18 cm² である。△ABC の面積を求めなさい。

2　〈面積の等式を求める〉

△ABC の辺 AB 上に，AP：AC＝2：3 となる点 P をとり，∠APQ＝∠C となるように線分 PQ をひく。このとき，△APQ の面積を x cm²，四角形 PBCQ の面積を y cm² として，y を x の式で表しなさい。

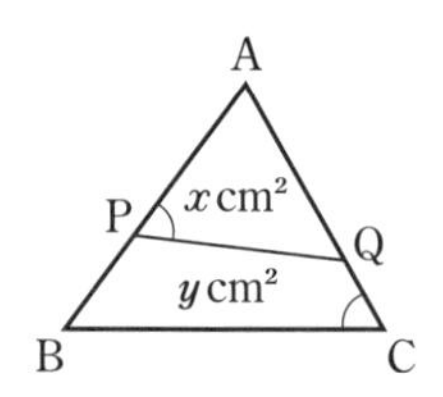

3　〈相似比と面積比〉 重要

右の図のような，AD∥BC である台形 ABCD がある。点 M は対角線 AC と BD の交点である。△ABC の面積が 70 cm²，△DMC の面積が 20 cm² のとき，△AMD の面積を求めなさい。

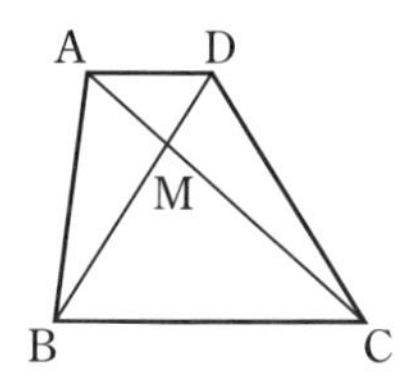

4　〈三角形と台形の面積の比〉

右の図のように，AB：BC＝3：5，∠ABC＝70° の ▱ABCD がある。∠ABC の二等分線が辺 AD と交わる点を E，辺 CD の延長と交わる点を F とする。

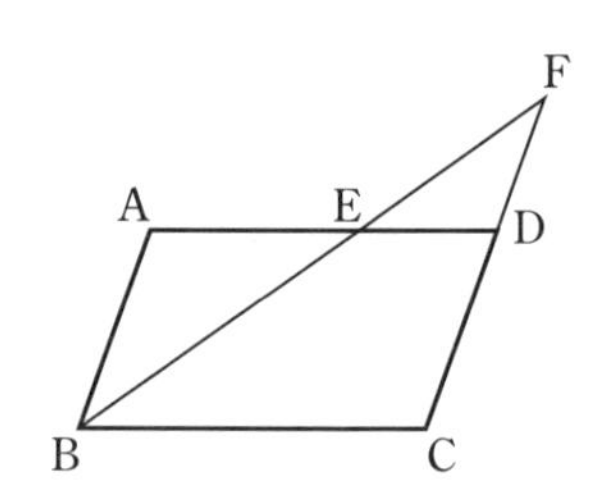

(1) ∠BFC の大きさを求めなさい。

(2) △ABE と台形 EBCD の面積の比を求めなさい。

5 〈相似比と体積比〉 重要

底面の半径が 12 cm の円錐（えんすい）を，右の図のように底面に平行な平面で，高さが 3 等分されるように 3 つの部分 P，Q，R に分ける。

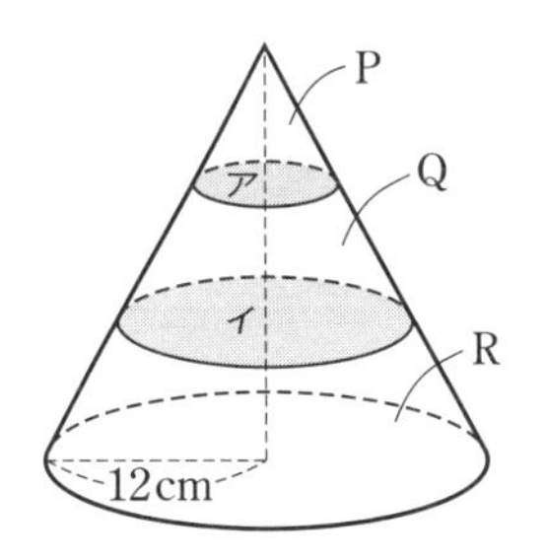

(1) P の底面**ア**と Q の底面**イ**の半径を，それぞれ求めなさい。

(2) もとの円錐の体積が $864\pi\ \text{cm}^3$ のときの P，Q，R の体積を，それぞれ求めなさい。

6 〈面積比と体積比〉 差がつく

右の図の立体 ABCD-EFGH は立方体である。
辺 HD の延長上に，HD＝DP となる点 P をとり，線分 PE，PG が辺 AD，CD と交わる点をそれぞれ Q，R とする。立方体の 1 辺の長さを 6 cm として，次の問いに答えなさい。

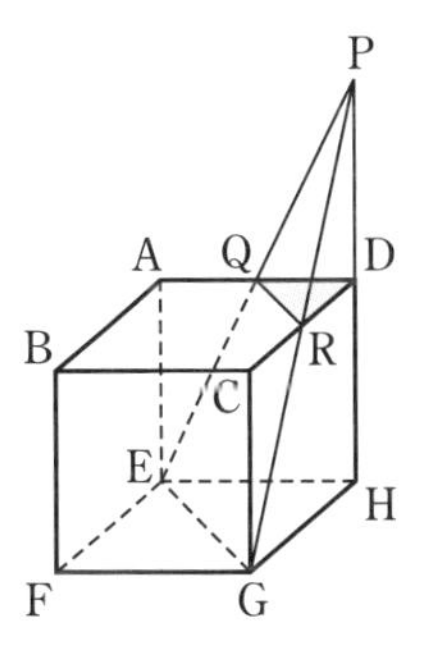

(1) △DQR の面積は，△HEG の面積の何倍ですか。

(2) 三角錐 P-DQR の体積は，三角錐 P-HEG の体積の何倍ですか。

(3) 三角錐台 DQR-HEG の体積を求めなさい。

7 〈体積比〉

右の図のような深さ 30 cm の円錐形の容器がある。つねに一定量の水が出るホースで容器に水を入れると，8 秒で 20 cm の水位に達した。容器に水がいっぱいになるのは，何秒後ですか。

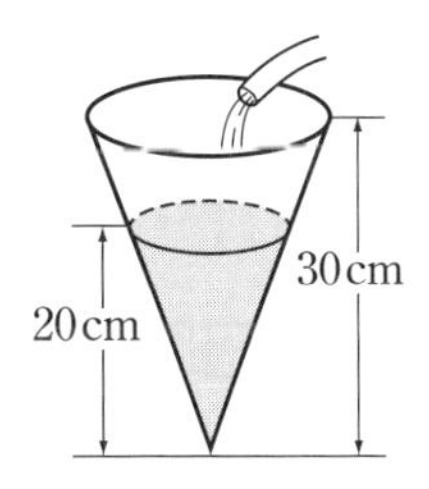

⑬円周角の定理

重要ポイント

①円周角の定理

□ **円周角**…右の図の円 O で，$\overset{\frown}{AB}$ を除く円周上の点を P とするとき，$\angle APB$ を $\overset{\frown}{AB}$ に対する円周角という。
また，$\overset{\frown}{AB}$ を円周角 $\angle APB$ に対する弧（こ）という。

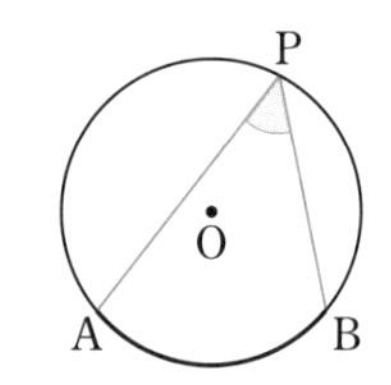

□ **円周角の定理**

① 1 つの弧に対する円周角の大きさは，その弧に対する中心角の大きさの半分である。

② 1 つの弧に対する円周角の大きさはすべて等しい。

右の図で，$\angle APB=\frac{1}{2}\angle AOB$，$\angle APB=\angle AP'B=\angle AP''B$

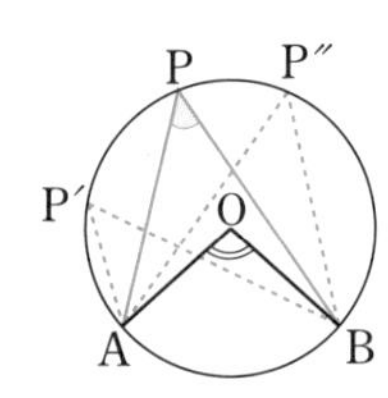

□ 直径と円周角…半円の弧に対する円周角は直角である。

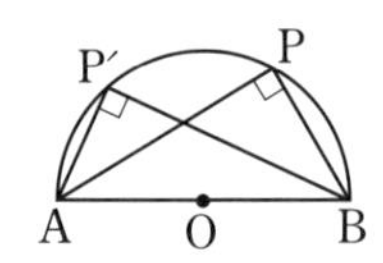

②弧と円周角

□ ① 等しい円周角に対する弧は等しい。
② 等しい弧に対する円周角は等しい。

□ 1 つの円で，弧の長さは，その弧に対する円周角の大きさに比例する。

例 右の図で，$\overset{\frown}{AB}=\overset{\frown}{CD}=2\,\text{cm}$，$\angle BQC=40^\circ$，$\angle CRD=20^\circ$ のとき，$\angle APB=\angle CRD=20^\circ$，$\overset{\frown}{BC}=4\,\text{cm}$

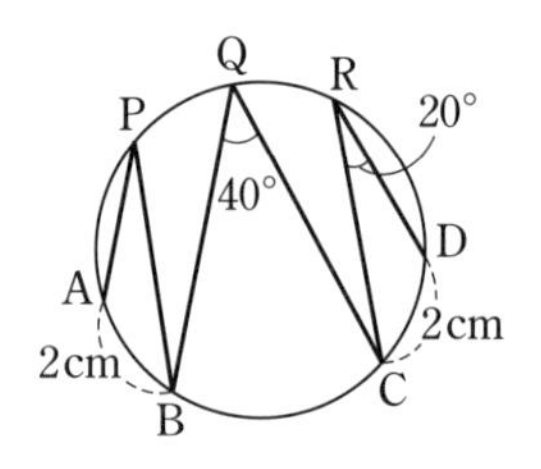

③円周角の定理の逆

□ **円周角の定理の逆**

2 点 P，Q が直線 AB の同じ側にあって，
$\angle APB=\angle AQB$
ならば，4 点 A，B，P，Q は，1 つの円周上にある。

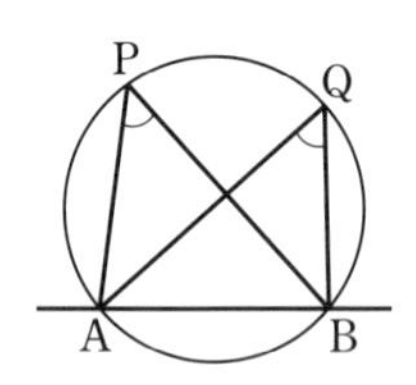

テストでは**ココ**がねらわれる
- 円周角の大きさは中心角の大きさの半分になり，半円の弧（こ）に対する円周角は直角である。
- 弧と円周角の関係を理解する。
- 円周角の定理の逆が成り立つことも覚えておこう。

ポイント 一問一答

① 円周角の定理

次の図で，$\angle x$，$\angle y$，$\angle z$ の大きさを求めなさい。

□ (1)

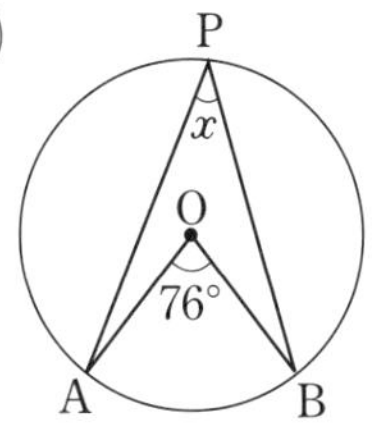

□ (2)

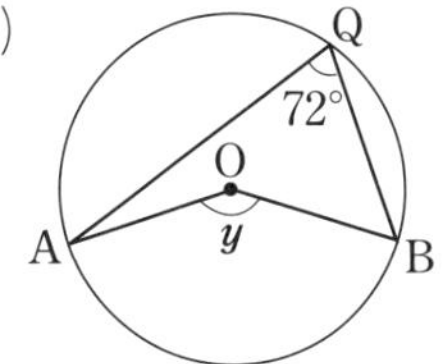

□ (3)

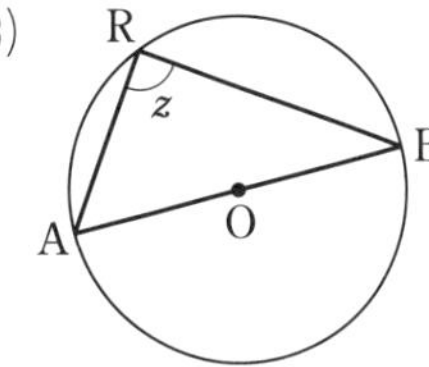

② 弧と円周角

次の図で，x の値（あたい）を求めなさい。

□ (1)

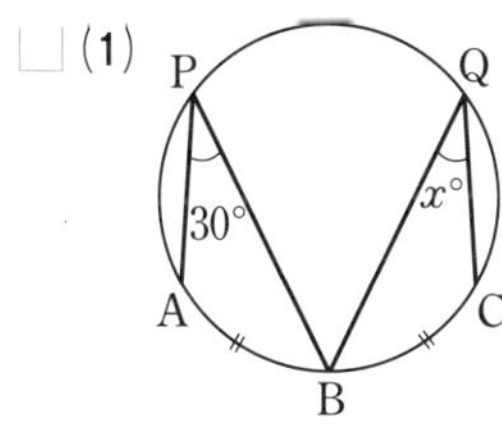

$\overset{\frown}{AB}=\overset{\frown}{BC}$

□ (2)

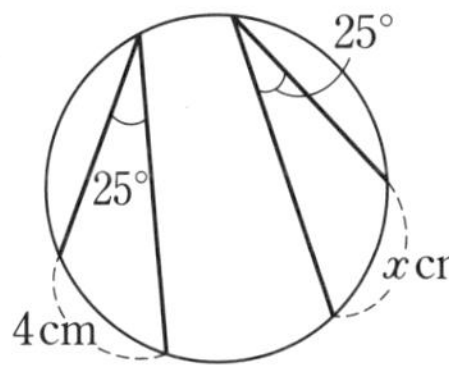

□ (3)

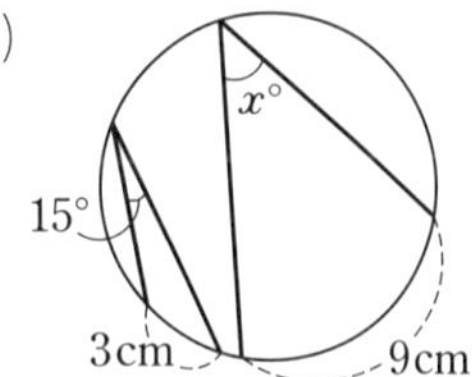

③ 円周角の定理の逆

□ 次のア～ウで，4点A，B，C，Dが1つの円周上にあるのはどれですか。

ア

A　D　50°　55°　B　C

イ

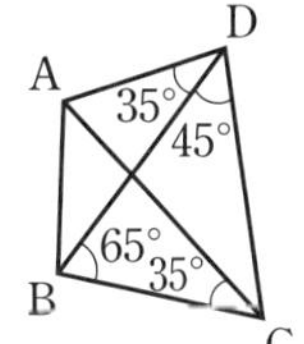

ウ

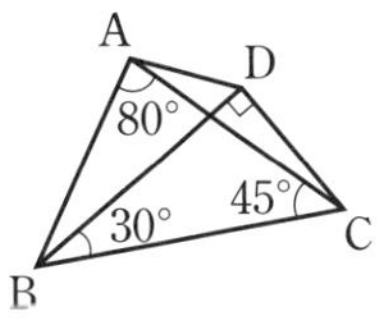

答
① (1) 38°　(2) 144°　(3) 90°
② (1) $x=30$　(2) $x=4$　(3) $x=45$
③ イ

基礎問題

▶答え　別冊p.32

1 〈円周角と中心角〉 重要

次の各図の $\angle x$，$\angle y$ の大きさを求めなさい。

(1)
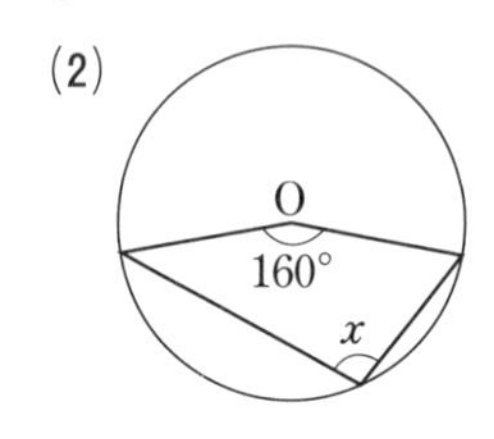

(2)
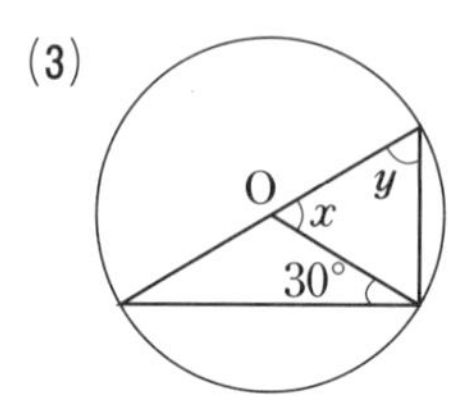

(3)
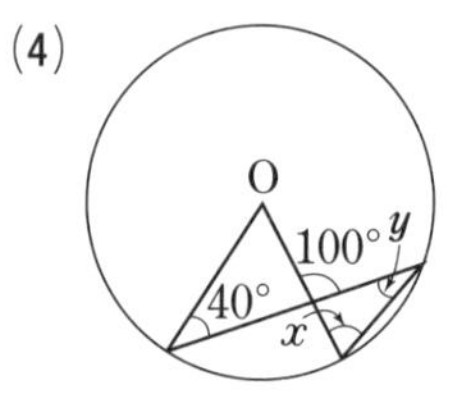

(4)

2 〈円周角〉 重要

次の問いに答えなさい。

(1) 右の図の線分 AD は $\angle$BAC の二等分線である。$\angle$CBD の大きさを求めなさい。

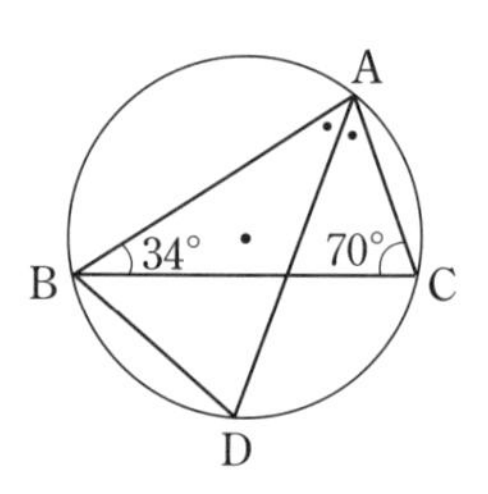

(2) 次の各図の $\angle x$ の大きさを求めなさい。

①
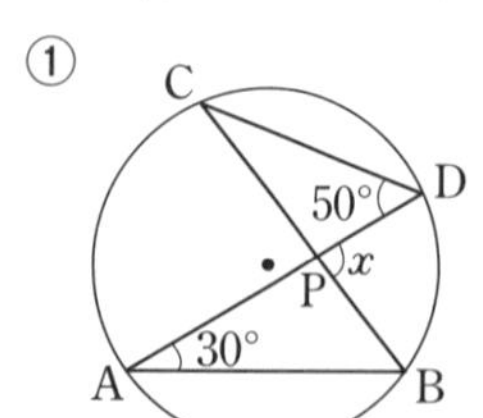

②
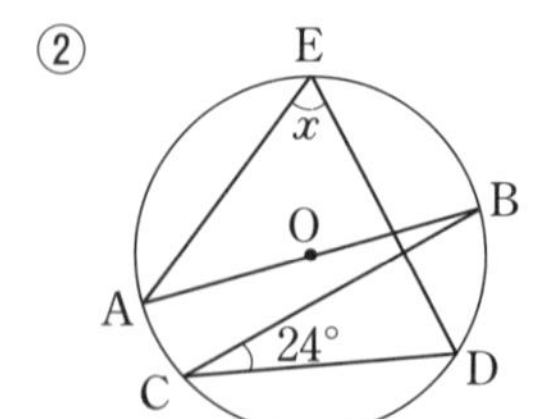

③
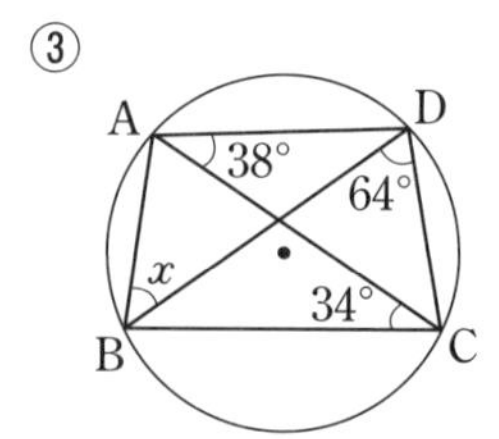

3 〈円周角と直径①〉

右の図の半円 O で，$\overset{\frown}{AC}=\overset{\frown}{CD}$，$\angle ABC=28°$ のとき，次の問いに答えなさい。

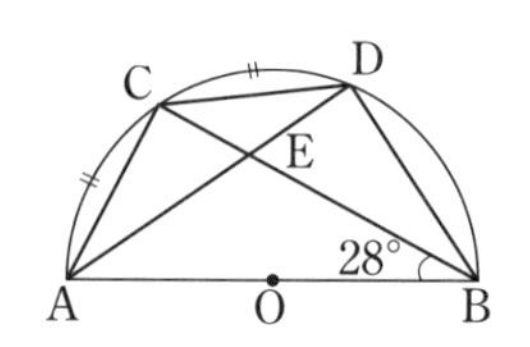

(1) $\angle$CAD の大きさを求めなさい。

(2) $\angle$DAB の大きさを求めなさい。

(3) $\angle$AEC の大きさを求めなさい。

4
〈円周角と直径②〉

右の図のような AB を直径とする半円 O がある。∠DAB＝45°，∠CBD＝15° のとき，次の角の大きさを求めなさい。

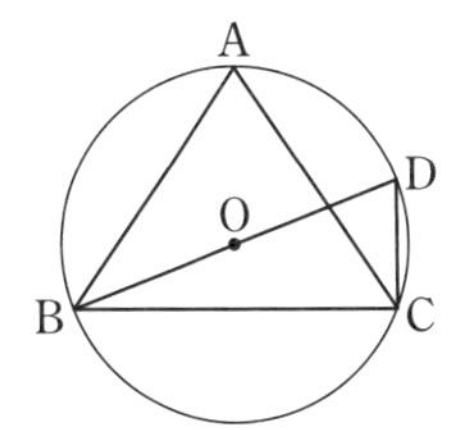

(1) ∠DBA

(2) ∠CDA

5
〈半円の弧に対する円周角〉 重要

右の図で，O は円の中心，$\overset{\frown}{AB}=\overset{\frown}{AC}$，∠DBC＝20° であるとき，次の角の大きさを求めなさい。

(1) ∠BDC

(2) ∠ABD

6
〈弧と円周角〉 ミス注意

次の各図の ∠x の大きさを求めなさい。

(1) $\overset{\frown}{BC}=\overset{\frown}{DE}$

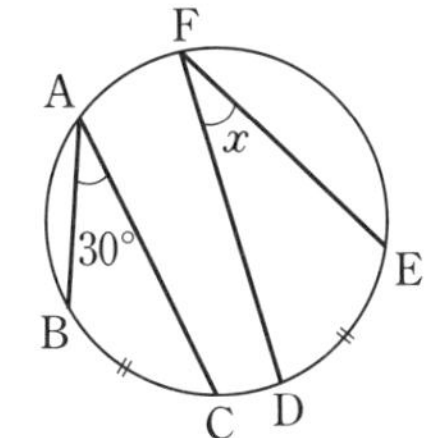

(2) $\overset{\frown}{AB}=\overset{\frown}{CD}$

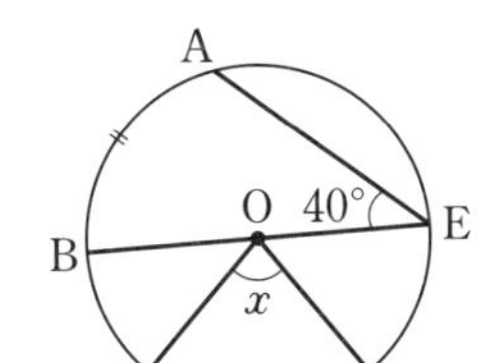

(3) $\overset{\frown}{AB}:\overset{\frown}{BC}=2:1$

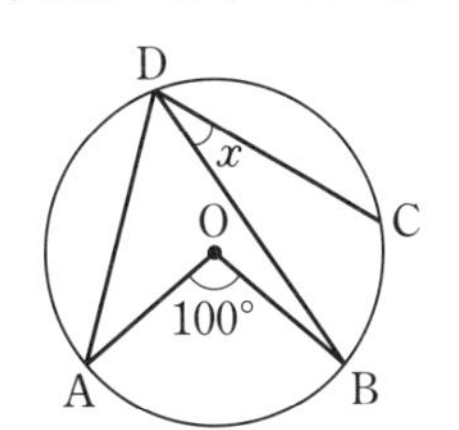

7
〈円周角の定理の逆〉

右の図のような四角形 ABCD で，∠x，∠y の大きさを求めなさい。

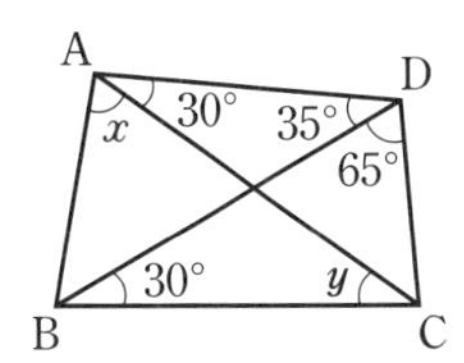

2 (2) ② B と E を結ぶ。

3 等しい弧に対する円周角が等しいことを使って，∠CBA に等しい角をさがす。

6 (3) 円周角の大きさは弧の長さに比例する。

7 ∠CAD＝∠CBD だから，4 点 A，B，C，D は 1 つの円周上にある。

標準問題

▶答え　別冊p.33

1 〈円周角と中心角〉 ミス注意

次の各図の x の値を求めなさい。

(1)

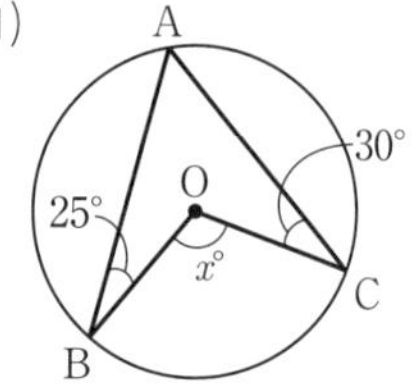

(2)

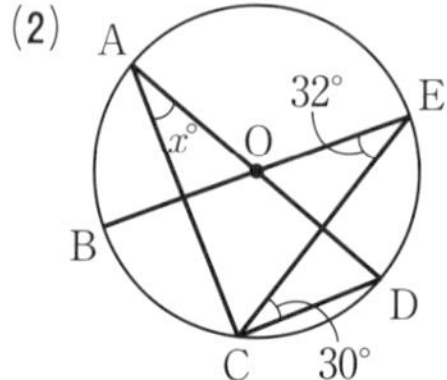

(3)

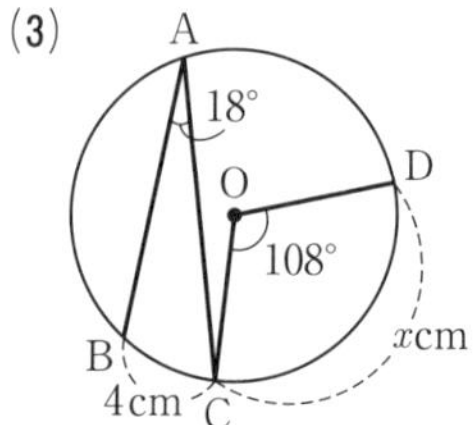

2 〈弧と円周角①〉

右の図のように，円周上に 4 点 A，B，C，D をとり，A と C，B と D を結び，その交点を P とする。
円の半径が 8 cm，∠APB＝45° のとき，$\overset{\frown}{AB}$ の長さと $\overset{\frown}{CD}$ の長さの和を求めなさい。

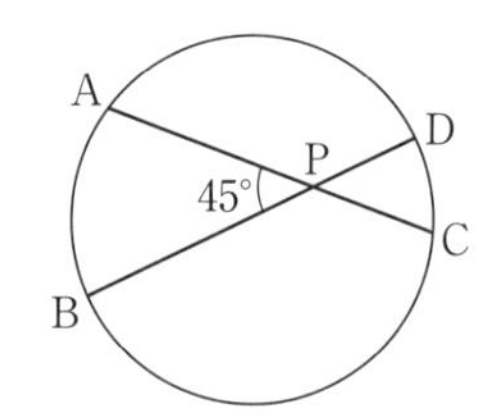

3 〈円周角と直径〉 重要

次の問いに答えなさい。

(1) 右の図のように，点 O を中心とし，AB を直径とする半円周上に 2 点 C，D をとり，OC∥BD，∠DAB＝24° とするとき，∠OCA の大きさを求めなさい。

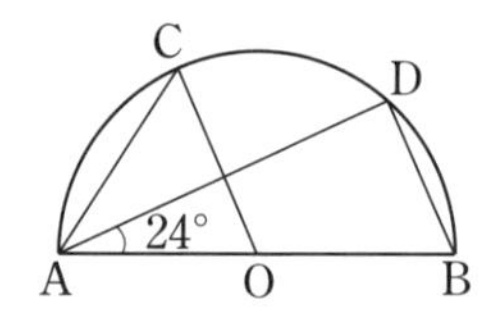

(2) 右の図のように，線分 AB を直径とする円の周上に，$\overset{\frown}{AC}$：$\overset{\frown}{CB}$＝2：1 となる点 C をとり，C と A，C と B を結ぶ。
このとき，∠ABC の大きさを求めなさい。

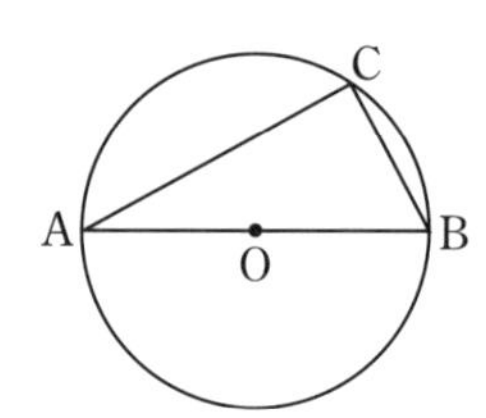

4 〈弧と円周角②〉

右の図のように，円 O の周上に点 A，B，C がある。点 A をふくまない $\overset{\frown}{BC}$ の長さと点 A をふくむ $\overset{\frown}{BC}$ の長さの比が 3：5 になるとき，∠BAC の大きさを求めなさい。

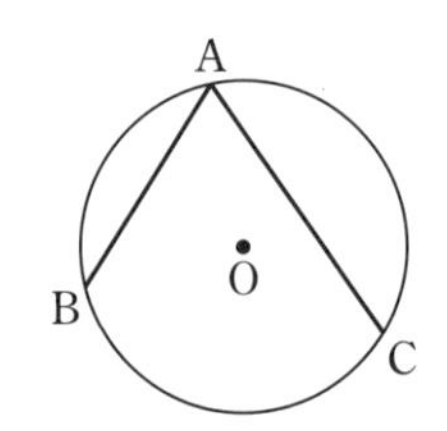

5 〈弧と円周角③〉 差がつく

右の図で，P，Q，R はそれぞれ $\overset{\frown}{AB}$，$\overset{\frown}{BC}$，$\overset{\frown}{CA}$ の中点である。

$\angle BAC = 62°$ のとき，$\angle PQR$ の大きさを求めなさい。

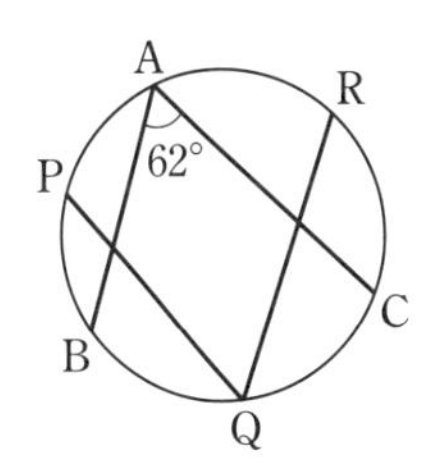

6 〈円周角の定理の逆①〉

右の図で，$\angle BAC = \angle CDB = 85°$ である。$\angle ABD = \angle DBC$ であるとき，△DAC が二等辺三角形になることを証明しなさい。

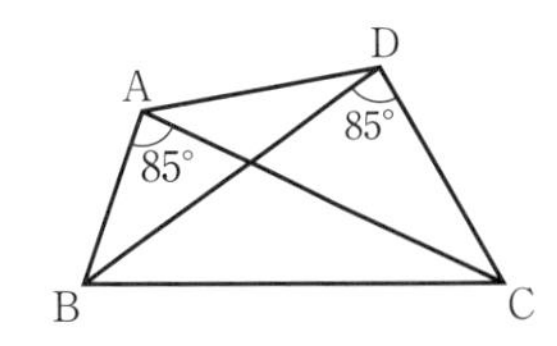

7 〈円周角の定理の逆②〉

右の図のように，△ABC の頂点 B，C から辺 AC，AB に垂線をひき，その交点をそれぞれ D，E とし，BD と CE の交点を F とするとき，次の問いに答えなさい。

(1) 4 点 B，C，D，E は 1 つの円周上にある。そのわけをいいなさい。

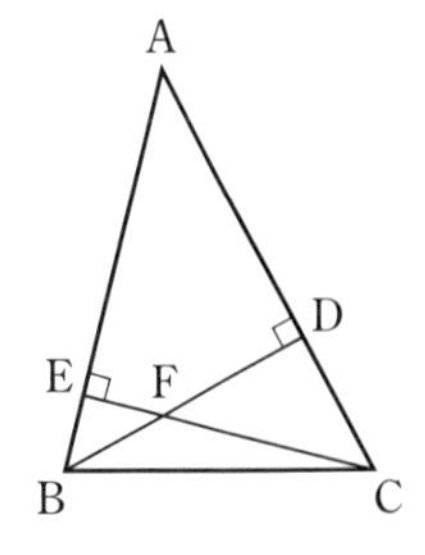

(2) (1)の 4 点を円周上の点とする円の中心 O を作図しなさい。

8 〈弧と円周角④〉 ミス注意

右の図のように，円周を 6 等分する点を A，B，C，D，E，F として，点 C と E，D と F を結んだ線の交点を G とする。このとき，$\angle CGD$ の大きさを求めなさい。

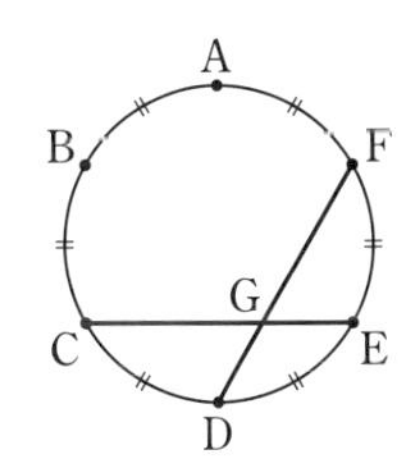

6章 円

⑭円の性質の利用

重要ポイント

①円の接線

□ **円外の点からの接線の作図**

⑴ 円外の点 A と円の中心 O を結ぶ。

⑵ 線分 AO の垂直二等分線をひき，AO の中点 M を求める。

⑶ M を中心として MA を半径とする円をかき，円 O との交点をそれぞれ P，P′ とする。

⑷ A と P，A と P′ を結ぶ。

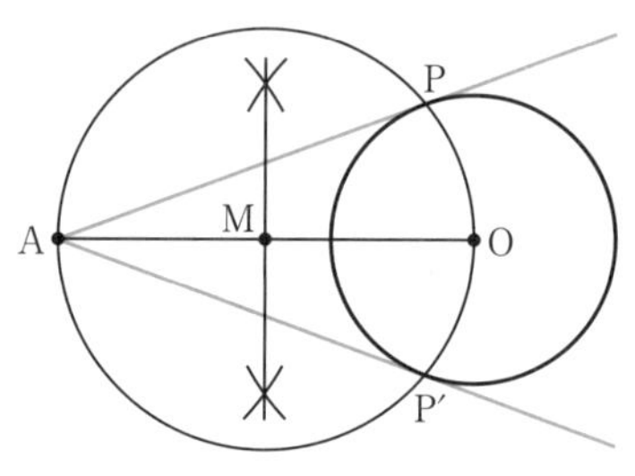

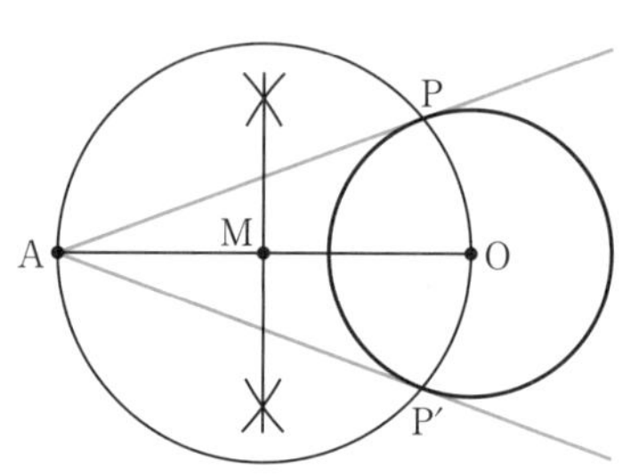

□ 円外の1点から，その円にひいた2つの接線の長さは等しい。

②円の性質の証明への利用

□ 円の性質を，証明の根拠(こんきょ)として使うことがある。

例 右の図のように，円 O の周上に4点 A，B，C，D をとり，直線 AC と BD の交点を P とする。
このとき，△ABP∽△DCP となることを証明しなさい。

(証明) △ABP と △DCP で，
円 O の $\overset{\frown}{AD}$ に対する円周角だから，
∠ABP＝∠DCP ……①
同様にして，$\overset{\frown}{BC}$ に対する円周角だから，
∠PAB＝∠PDC ……②
①，②より，2組の角がそれぞれ等しいから，△ABP∽△DCP

例 右の図のように，円周上に4点 A，B，C，D がある。
AD∥BC ならば，$\overset{\frown}{AB}=\overset{\frown}{CD}$ であることを証明しなさい。

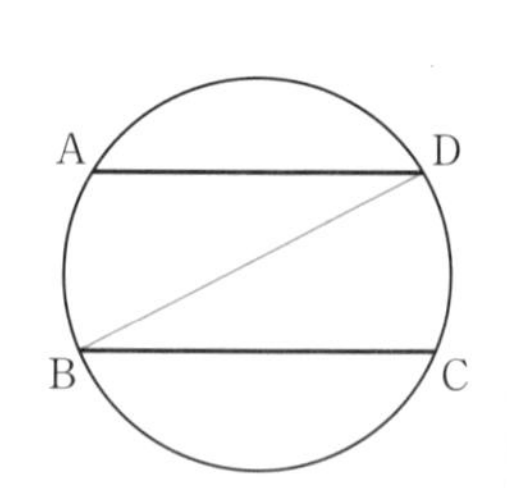

(証明) 点 B と D を結ぶ。AD∥BC より錯角(さっかく)は等しいから，
∠ADB＝∠DBC
∠ADB と ∠DBC はそれぞれ $\overset{\frown}{AB}$ と $\overset{\frown}{CD}$ に対する円周角だから，$\overset{\frown}{AB}=\overset{\frown}{CD}$ となる。

- 円の接線の作図ができるようにすること。
- 円の性質は証明に使えるので，円周角の定理や弧と円周の関係をしっかり確認しておこう。
- 円の接線は，接点を通る半径に垂直である。

ポイント 一問一答

①円の接線

右の図のように，円Oと点Aがある。

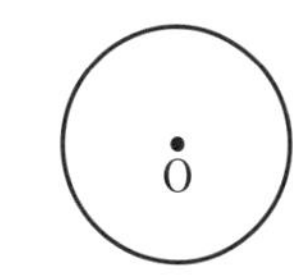

□ (1) 点Aから円Oへの接線AP，AP′を作図しなさい。

□ (2) (1)で作図した図で，線分AP，AP′の長さが等しくなることを証明した次の文の〔　　〕にあてはまるものを答えなさい。

(証明) 点OとP，P′をそれぞれ結ぶ。△APOと△AP′Oで，
AP，AP′は円Oの接線だから，
∠APO＝∠AP′O＝〔㋐　　　〕……①
共通な辺だから，AO＝AO……②
円Oの半径だから，OP＝〔㋑　　　〕……③
①～③より，△APOと△AP′Oは直角三角形で，斜辺(しゃへん)と他の1辺が等しいから，
△APO≡〔㋒　　　〕
したがって，AP＝〔㋓　　　〕

②円の性質の証明への利用

□ 右の図で，△ABD∽△AECであることを証明した次の文の〔　　〕にあてはまるものを答えなさい。

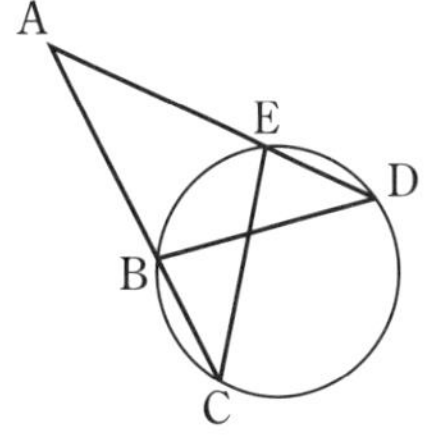

(証明) △ABDと△AECで，〔㋐　　　〕に対する円周角は等しいから，∠BDA＝∠ECA……①
共通の角だから，∠DAB＝〔㋑　　　〕……②
①，②より，2組の角がそれぞれ等しいから，
△ABD∽〔㋒　　　〕

答

① (1)

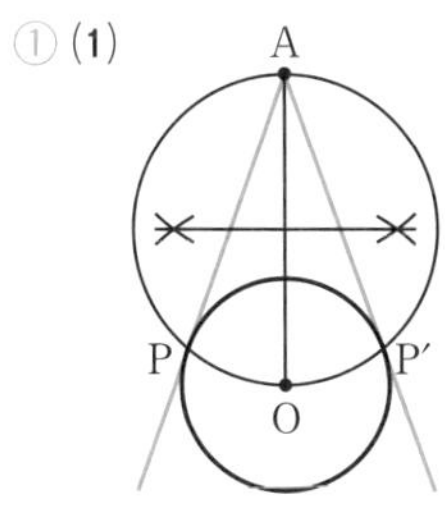

(2) ㋐ 90°　㋑ OP′　㋒ △AP′O　㋓ AP′

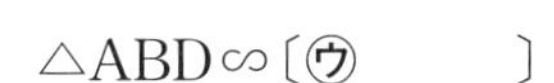

② ㋐ $\overset{\frown}{BE}$　㋑ ∠CAE　㋒ △AEC

基礎問題

▶答え　別冊 p.34

1 〈円の接線の作図〉

右の図の円の中心 O から，2 cm の距離（きょり）にある点 A を 1 つとり，点 A を通る円 O の接線を作図しなさい。

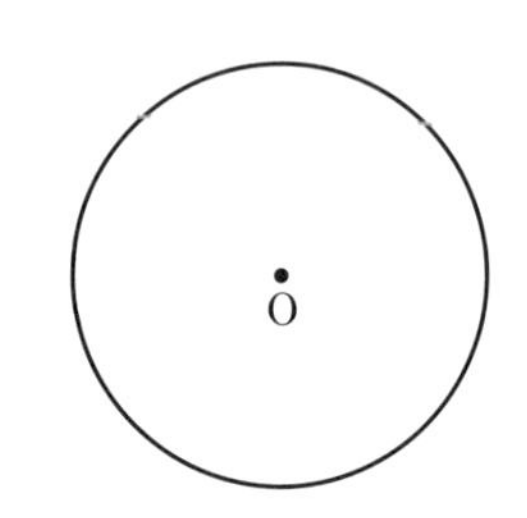

2 〈接線と円周角①〉 ミス注意

右の図で，直線 ℓ は点 B で円に接していて，AC は円の中心 O を通っている。

$\angle BAC = 22°$ のとき，$\angle x$ の大きさを求めなさい。

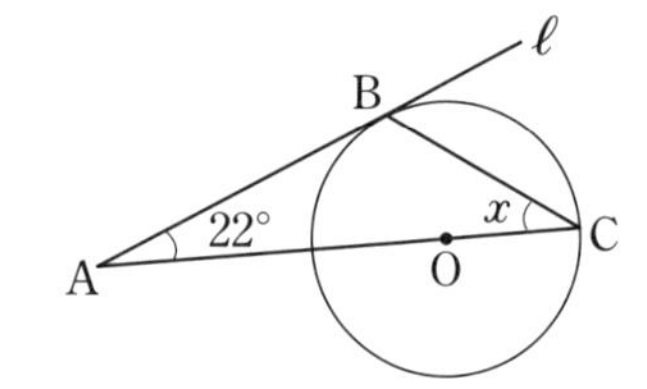

3 〈接線と円周角②〉

右の図で，点 P，Q は AX と AY が円 O と接する点である。

$\angle x$ の大きさを求めなさい。

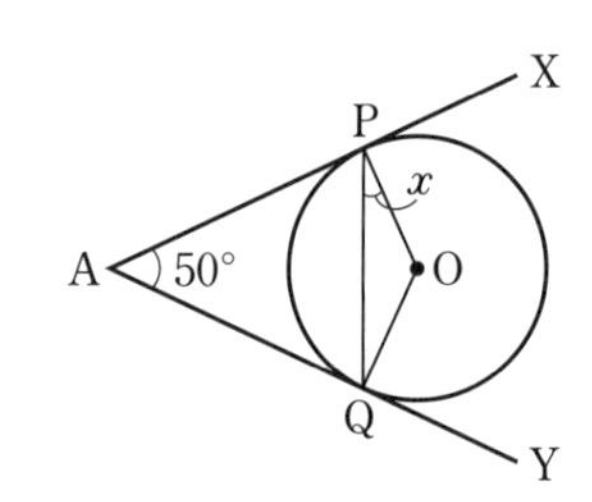

4 〈円と相似（そうじ）①〉 重要

右の図は，円周上に 4 点 A，B，C，D をとり，直線 AC と BD の交点を P としたものである。この図の中から相似な三角形の組を 2 組選び出し，記号を使って表しなさい。

ただし，$\overset{\frown}{AB}$，$\overset{\frown}{BC}$，$\overset{\frown}{CD}$，$\overset{\frown}{DA}$ の長さはすべて異（こと）なるとする。

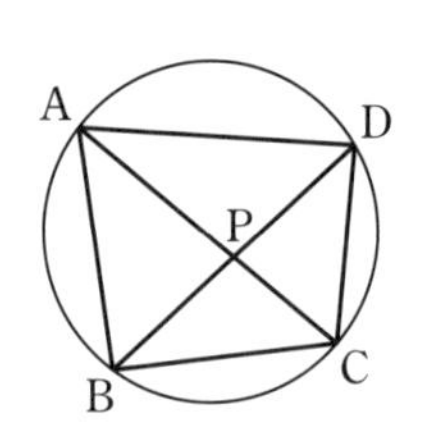

5 〈円と相似②〉 ミス注意

次の図で，x の値(あたい)を求めなさい。

(1)

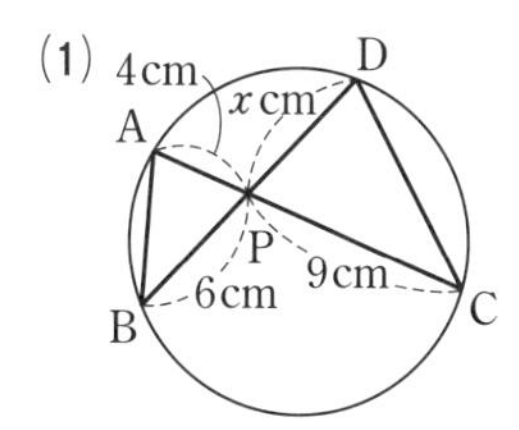

(2)

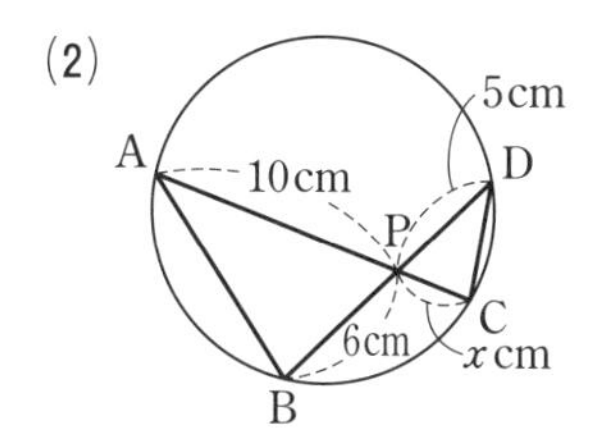

(3)

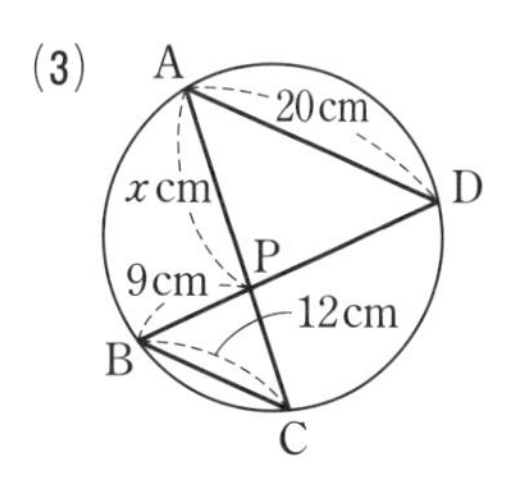

6 〈円の性質の利用①〉

右の図で，4 点 A，B，C，D は円 O の周上の点である。AC は円 O の直径で，AH は △ABD の頂点 A から辺 BD にひいた垂線であるとき，△ABH∽△ACD であることを証明しなさい。

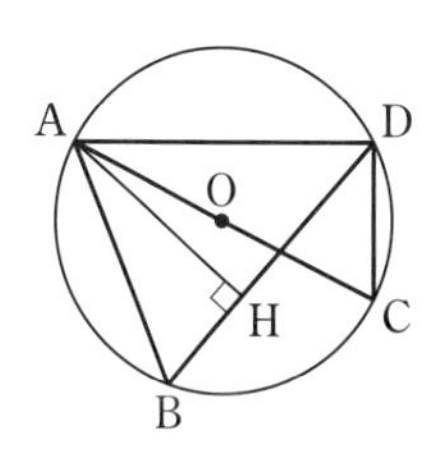

7 〈円の性質の利用②〉

右の図で，4 点 A，B，C，D は円周上の点で，弦(げん) AC と BD の交点を E とする。AB＝AD のとき，△ABC∽△AEB となることを証明しなさい。

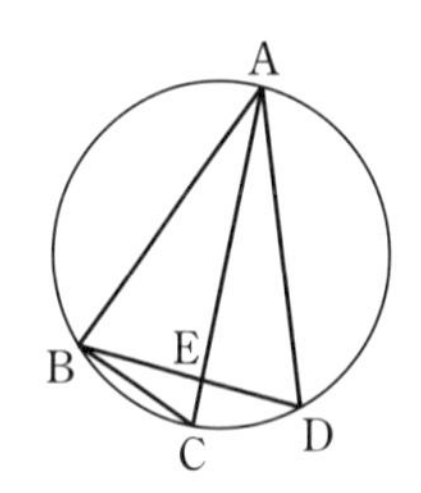

8 〈円の性質の利用③〉 重要

右の図のように，円周上の点 A，B，C を頂点とする △ABC がある。∠BAC の二等分線が辺 BC，$\overset{\frown}{BC}$ と交わる点をそれぞれ D，E とするとき，△ABE∽△BDE となることを証明しなさい。

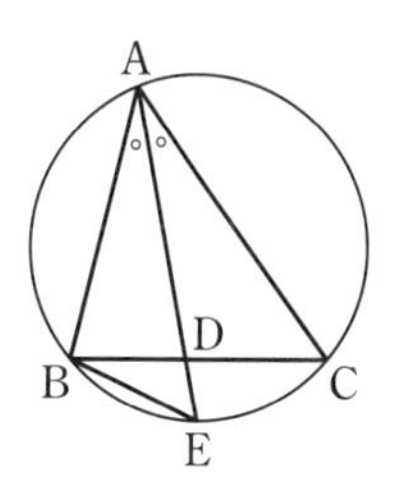

3 円外の 1 点からの接線の長さは等しいから，AP＝AQ となる。
4 円周角の定理を利用する。
5 相似比を使って求める。
7 AB＝AD より，△ABD は二等辺三角形である。

標準問題

▶答え 別冊p.35

1 〈円の接線〉 ミス注意

右の図の△ABCで，3つの辺が円Oに点P，Q，Rで接しているとき，次の問いに答えなさい。

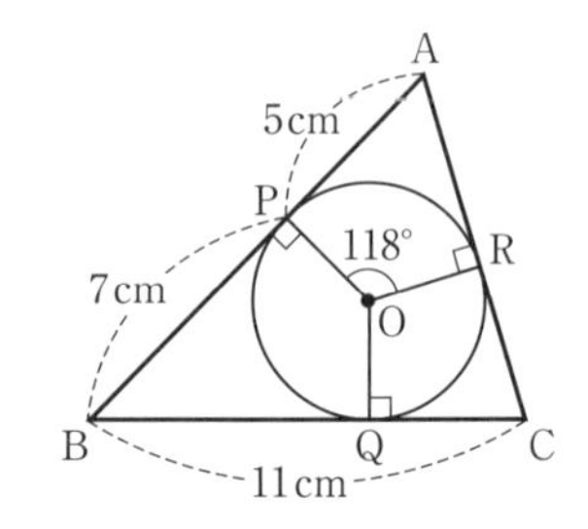

(1) ∠BACの大きさを求めなさい。

(2) 辺ACの長さを求めなさい。

2 〈円の性質の利用①〉 重要

2点A，Bで交わる2つの円O，O′がある。右の図のように，点Aを通る2直線が円O，O′と，それぞれ点C，DおよびE，Fで交わっているとき，△BCD∽△BEFであることを証明しなさい。

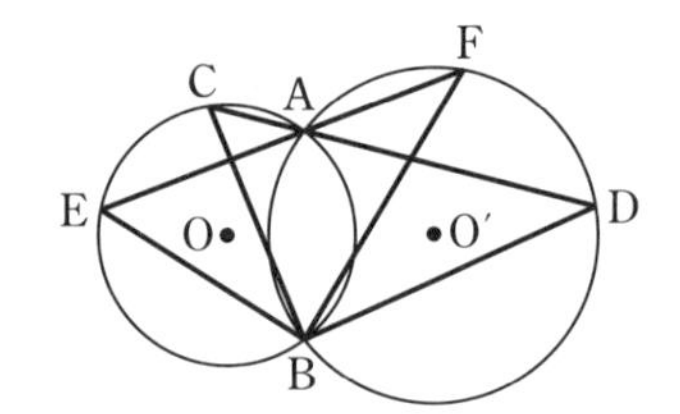

3 〈円の性質の利用②〉

右の図のように，4点A，B，C，Dが円周上にある。点Bを通り弦(げん)ADに平行な直線をひいて，弦CDとの交点をEとするとき，△ABC∽△DEBであることを証明しなさい。

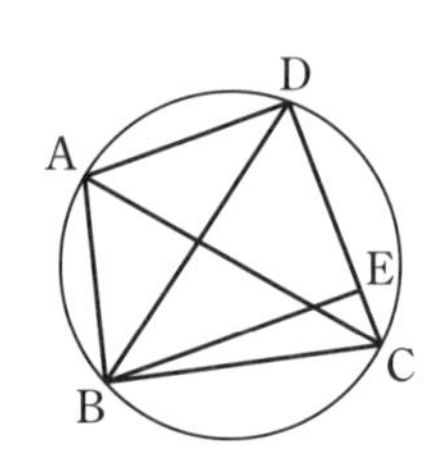

4 〈円周上に頂点がある四角形〉

右の図のように，4点A，B，C，Dが円Oの周上にあるとき，∠BAD＋∠BCD＝180°になることを証明しなさい。

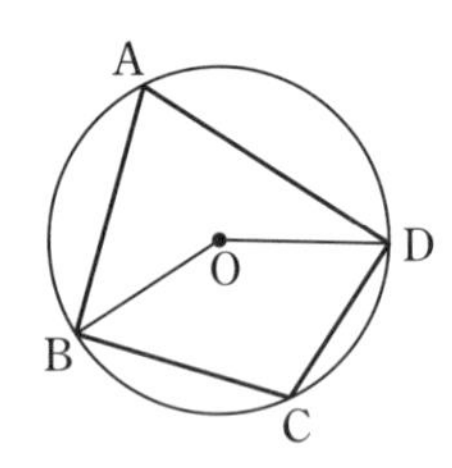

5

〈接線と弦のつくる角〉

右の図で，△ABC の頂点 A，B，C は円 O の周上にあり，AT は頂点 A における接線である。∠BAT＝∠ACB であることを，直径 AD をひき，点 C と D を結ぶことによって証明しなさい。

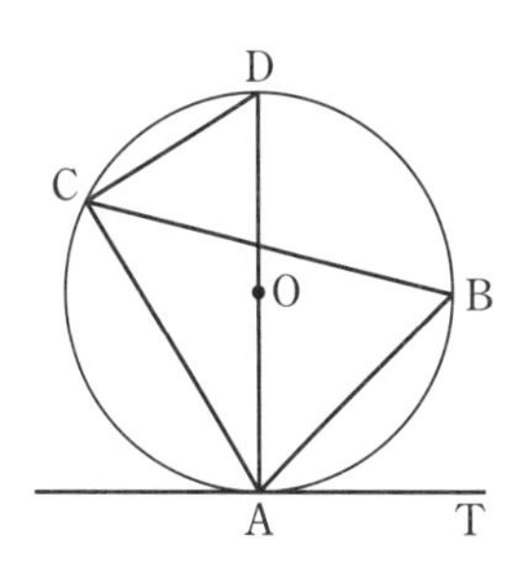

6

〈円の性質の利用③〉 差がつく

右の図のような，線分 AB を直径とする半円がある。点 C は $\overset{\frown}{AB}$ 上の点で，∠ABC の二等分線と $\overset{\frown}{AC}$ の交点を D，直線 AD と直線 BC の交点を E，点 D から線分 AB に垂線をひいたときの交点を F とするとき，次の問いに答えなさい。

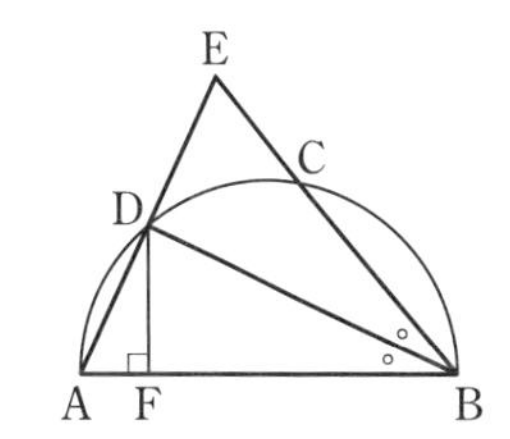

(1) △ABD∽△ADF であることを証明しなさい。

(2) 線分 EC の中点を G として点 D と G をむすぶとき，△ADF≡△EDG であることを証明しなさい。

7

〈円の性質の利用④〉 重要

右の図で，点 P は円 O の周上の点であり，AB は直径である。また，点 P を通る円 O の接線と，AB を延長(えんちょう)した直線との交点を Q とする。このとき，∠APO＝∠BPQ であることを証明しなさい。

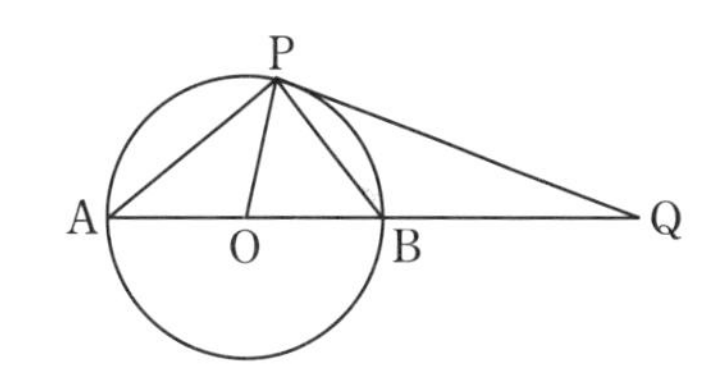

8

〈円の性質の利用⑤〉 ミス注意

右の図のように，線分 AB を直径とする円周上に，点 C を ∠AOC が鋭角(えいかく)となるようにとり，点 A をふくまない $\overset{\frown}{BC}$ 上に点 D を ∠BOD＝$\frac{1}{2}$∠AOC となるようにとる。また，線分 DO の延長と円 O との交点を E，線分 AB と線分 CE との交点を F，線分 BC と線分 DE との交点を G とする。このとき，△CFO∽△BDG であることを証明しなさい。

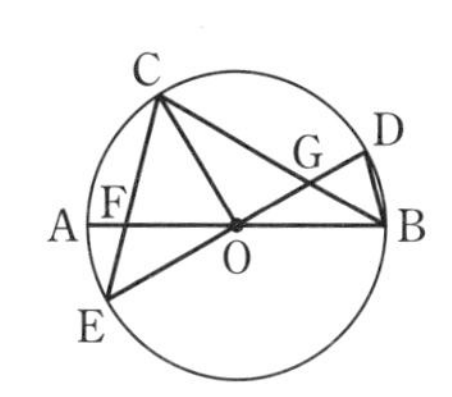

実力アップ問題

◎制限時間 40 分
◎合格点 70 点
▶答え　別冊 p.36

点

1 下の図の三角形の中で，相似な三角形を見つけなさい。また，そのとき，三角形の相似条件のどれを使ったかもことばで書きなさい。〈8点〉

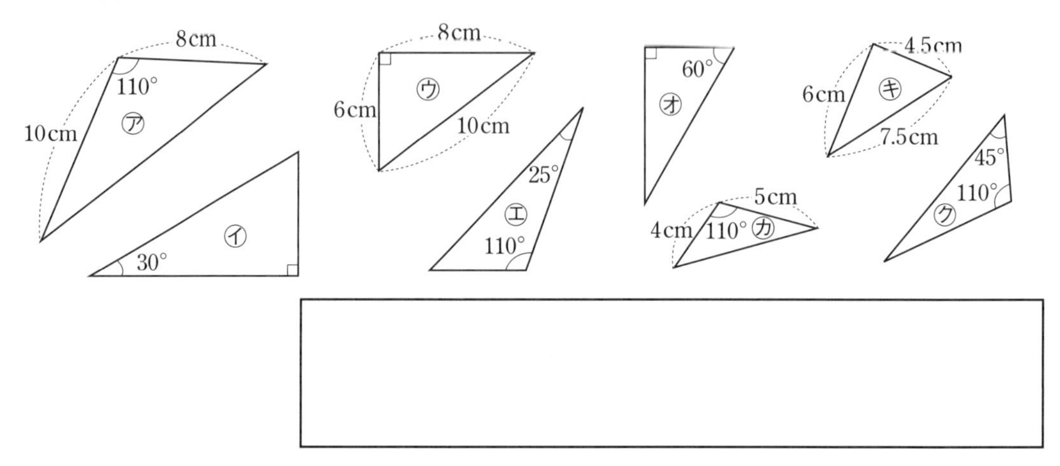

2 下の各図の x，y の長さを求めなさい。
ただし，(1)では AD∥EF∥BC，(2)では AB∥PQ∥CD である。〈8点×2〉

(1)

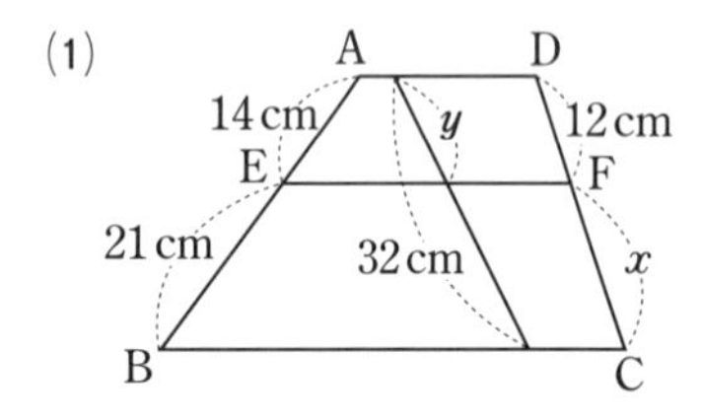

(2)

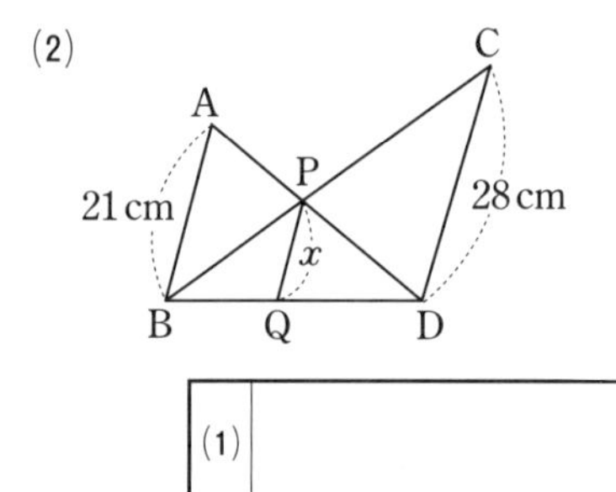

(1)		(2)	

3 右の図の四角形 ABCD は平行四辺形である。辺 AD 上に，AE：ED＝2：3 となるような点 E をとる。また，点 E を通り辺 AB と平行な直線と対角線 BD，辺 BC の交点をそれぞれ F，G とする。このとき，次の面積比を求めなさい。〈8点×2〉

(1) △BGF：△DEF

(2) 四角形 ABFE：四角形 FGCD

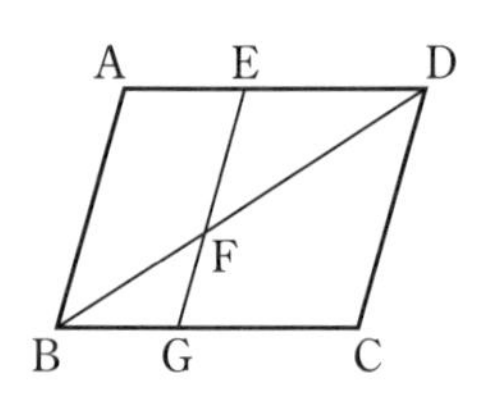

(1)		(2)	

4 右の図で，A，B，C は円 O の周上の点で，D は AC と BO の交点である。$\angle ABD=75°$，$\angle ADO=130°$ のとき，$\angle OCD$ の大きさを求めなさい。〈8点〉

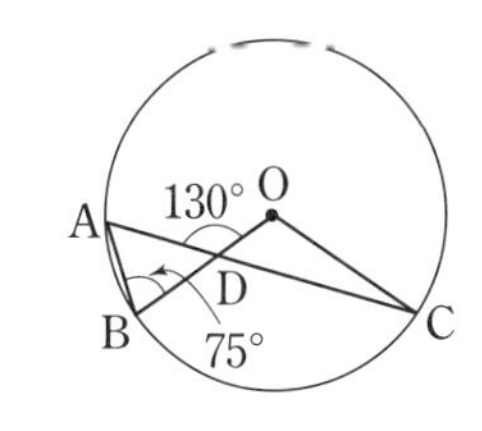

5 右の図で，四角形 ABCD の各頂点は円周上にあり，点 E は，直線 BC と直線 AD の交点である。
$\angle CAB=60°$，$\angle DBC=25°$，$\angle CED=30°$ のとき，
$\angle ACD$ の大きさを求めなさい。〈8点〉

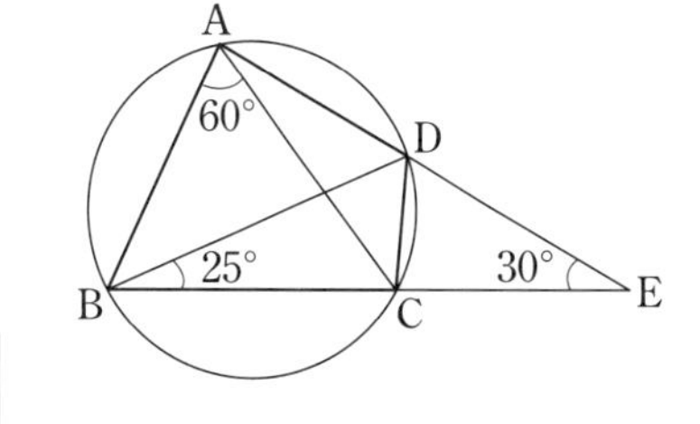

6 右の図のように，正三角形 ABC の辺 BC 上の点を D とする。AD を 1 辺とする正三角形 ADE をかき，DE と AC の交点を F とするとき，$\triangle ABD \backsim \triangle DCF$ であることを証明しなさい。〈8点〉

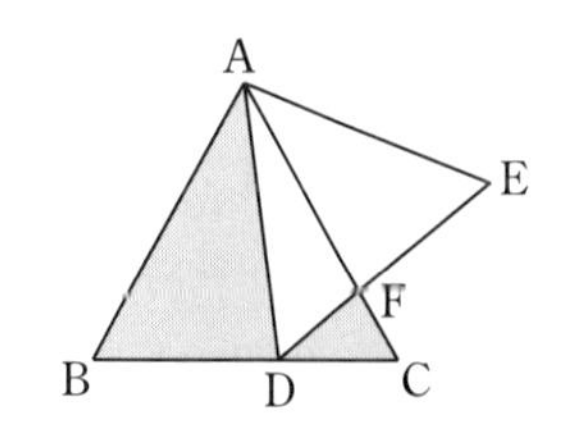

7 右の図のような四角形ABCDにおいて，AB＝CDである。また，M，N，P はそれぞれ AD，BC，BD の中点である。
$\angle ABD=20°$，$\angle BDC=48°$ のとき，次の問いに答えなさい。〈9点×2〉

(1) $\angle MPN$ の大きさは何度ですか。

(2) $\angle PNM$ の大きさは何度ですか。

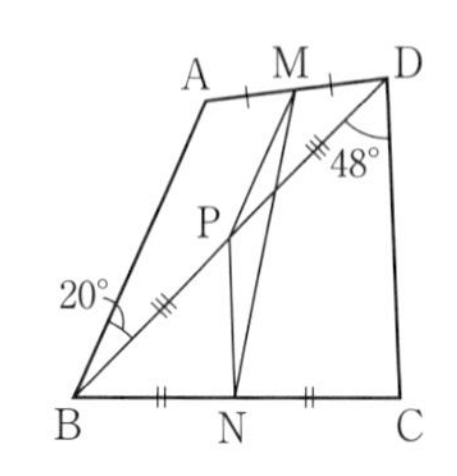

(1)		(2)	

8 右の図のような平行四辺形 ABCD がある。
辺 AB を 2：3 に分ける点を E，線分 DE と対角線 AC の交点を F，対角線 AC の中点を G とする。〈9点×2〉

(1) AF：FG を最も簡単な整数の比で答えなさい。

(2) 平行四辺形 ABCD の面積は $\triangle AEF$ の面積の何倍ですか。

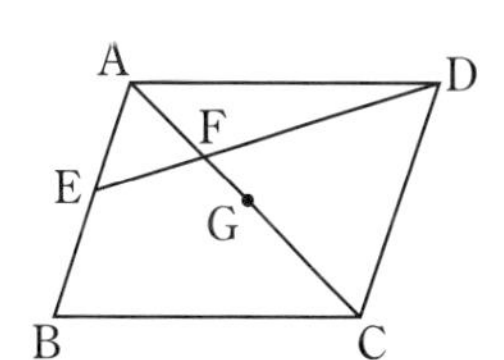

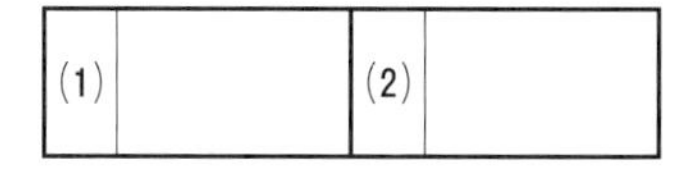

⑮ 三平方の定理

重要ポイント

① 三平方の定理

□ **三平方の定理**…直角三角形の直角をはさむ 2 辺の長さを a, b, 斜辺（しゃへん）の長さを c とするとき,

$$a^2+b^2=c^2$$

が成り立つ。これを三平方の定理（ピタゴラスの定理）という。

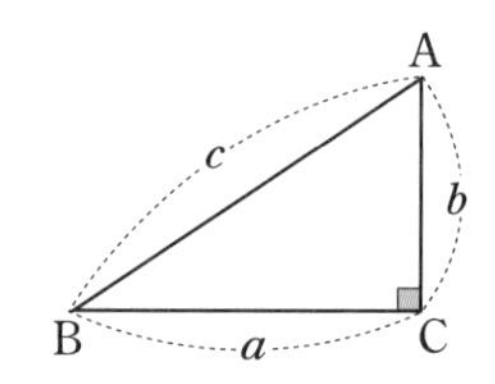

② 三平方の定理の逆

□ **三平方の定理の逆**…△ABC で, BC＝a, CA＝b, AB＝c とするとき,

$a^2+b^2=c^2$　ならば　∠C＝90°

例 3 辺の長さが 3 cm, 4 cm, 5 cm の三角形では,

$3^2+4^2=5^2$

が成り立つから, この三角形は直角三角形である。

□ 三平方の定理の拡張…△ABC で, BC＝a, CA＝b, AB＝c とするとき,

$a^2+b^2>c^2$　ならば　∠C＜90° ……①

$a^2+b^2<c^2$　ならば　∠C＞90° ……②

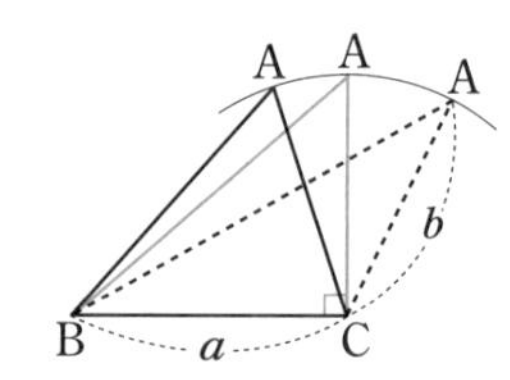

①のとき, a, b, c のうちで c が最大ならば, △ABC は鋭角（えいかく）三角形である。

③ 特別な直角三角形の辺の比

□ 三角定規の 3 辺の比

① 直角二等辺三角形の 3 辺の比は, $1:1:\sqrt{2}$

② 30°, 60° の直角三角形の 3 辺の比は,

$1:\sqrt{3}:2$

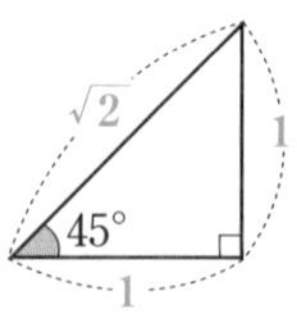

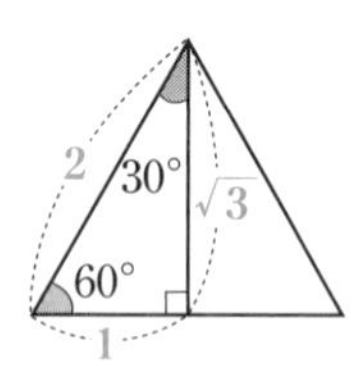

□ ①, ②は逆も成り立つ。

① 3 辺の比が $1:1:\sqrt{2}$ の三角形は, 直角二等辺三角形である。

② 3 辺の比が $1:\sqrt{3}:2$ の三角形は, 鋭角が 30°, 60° の直角三角形である。

テストでは ココが ねらわれる

- 三平方の定理，三平方の定理の逆が基本。特別な直角三角形の辺の比も利用度が高い。
- 三平方の定理では，直角三角形を見つけることがポイント。
- 三角定規の辺の比や，3：4：5，5：12：13 はしっかり覚えよう。

ポイント 一問一答

① 三平方の定理

□ (1) 右の図で，四角形 ABCD，EFGH は正方形である。
面積を考えることによって，$a^2+b^2=c^2$ が成り立つことを証明しなさい。

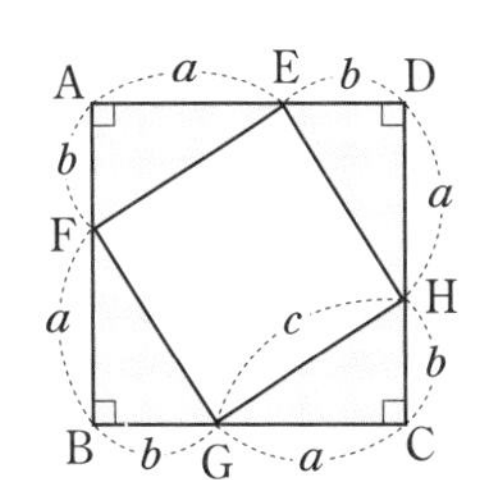

□ (2) ∠C が直角の直角三角形 ABC において，次の辺の長さを求めなさい。

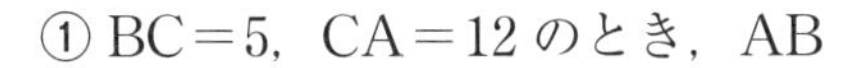
① BC＝5，CA＝12 のとき，AB

② AB＝10，BC＝6 のとき，CA

② 三平方の定理の逆

□ 次の長さを 3 辺とする三角形の中で，直角三角形になるのはどれですか。

ア 15，12，9　　**イ** 10，20，25　　**ウ** 10，24，26

③ 特別な直角三角形の辺の比

次の図で，x，y の値(あたい)を求めなさい。

□ (1)

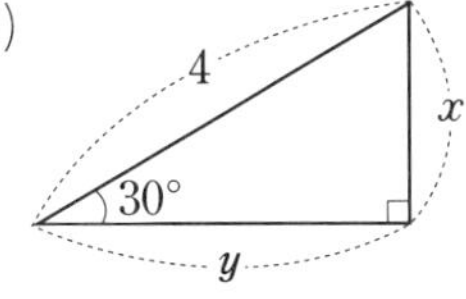

□ (2)

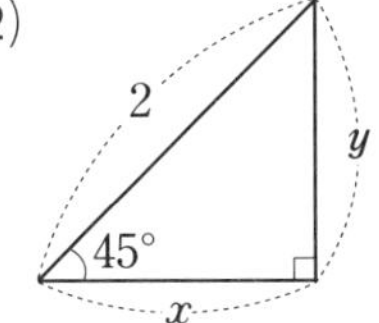

□ (3)

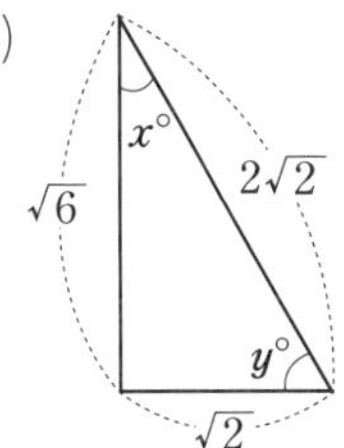

① (1) 正方形 ABCD の面積は，$(a+b)^2=a^2+2ab+b^2$ ……①

中の正方形と 4 つの直角三角形の面積の和は，$c^2+\frac{1}{2}ab\times4=c^2+2ab$ ……②

①と②が等しいので，$a^2+2ab+b^2=c^2+2ab$

簡単にして，$a^2+b^2=c^2$

(2) ① AB＝13　② CA＝8

② アとウ

③ (1) $x=2$，$y=2\sqrt{3}$　(2) $x=\sqrt{2}$，$y=\sqrt{2}$　(3) $x=30$，$y=60$

基礎問題

▶答え　別冊 p.37

1
〈三平方の定理と面積〉

次の問いに答えなさい。

(1) 直角をはさむ 2 辺の長さが 3 cm，5 cm の直角三角形の斜辺（しゃへん）を 1 辺とする正方形の面積を求めなさい。

(2) 右の図の 2 つの正方形の面積の和に等しい面積をもつ正方形をかきなさい。また，面積の差に等しい面積をもつ正方形をかきなさい。

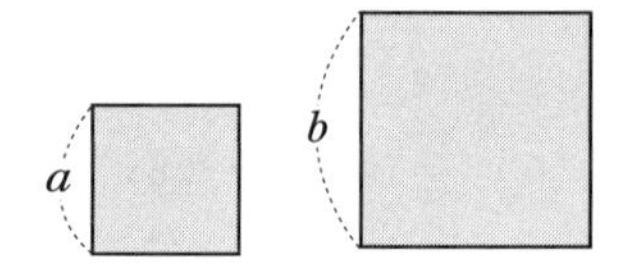

2
〈直角三角形の辺の長さ〉 重要

下の各図で，x の値（あたい）を求めなさい。

(1)

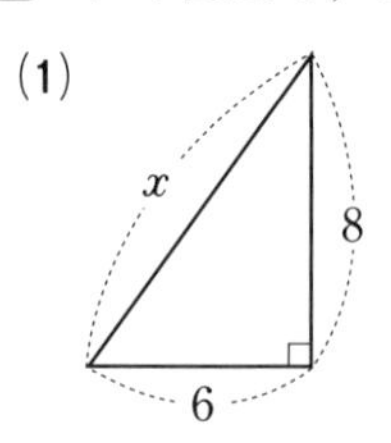

(2)

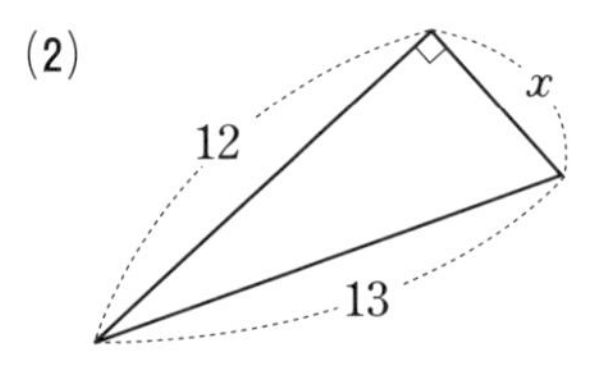

(3)

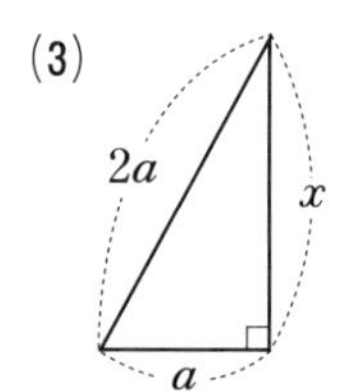

(4)

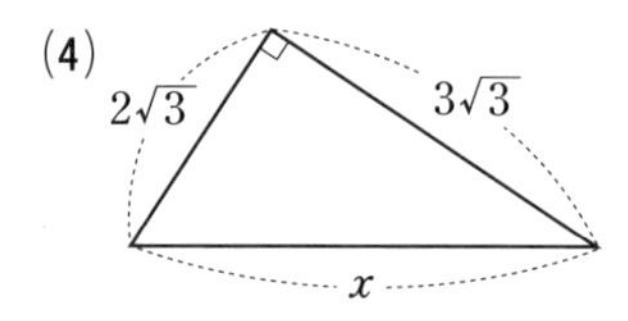

3
〈特別な直角三角形の辺の比①〉 ミス注意

図のような △ABC において，∠CAB＝15°，∠ACB＝45°，AC＝6 とする。AB，BC の長さを求めなさい。

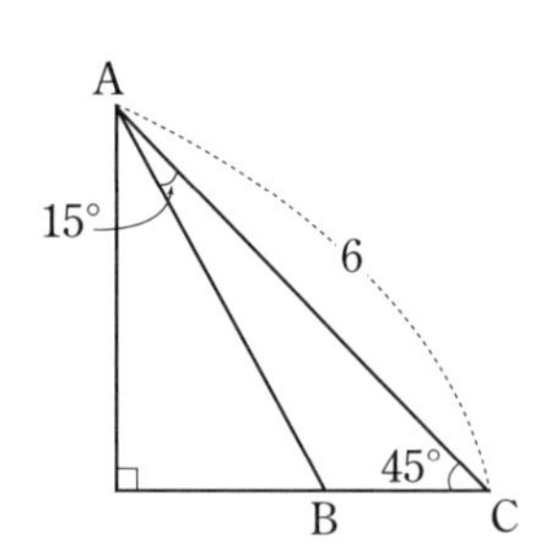

4 〈直角三角形を作る辺の組〉 重要

次の問いに答えなさい。

(1) $x+1$, $x-1$, $2\sqrt{x}$ $(x>1)$ を3辺とする三角形は，直角三角形であることを示しなさい。

(2) 3辺の長さが，a^2+1, a^2-1, $2a$ $(a>1)$ のとき，この三角形は直角三角形であるかどうか調べなさい。

5 〈三平方の定理と直角三角形〉

次の問いに答えなさい。

(1) 2辺の長さが3，6の直角三角形がある。他の1辺の長さをすべて求めなさい。

(2) 3辺の長さが7cm，5cm，3cmの三角形を，各辺とも x cmずつ長くして直角三角形にしたい。x の値を求めなさい。

6 〈特別な直角三角形の辺の比②〉 重要

$\angle A=30°$，$\angle C=90°$，$\angle ABD=\angle DBC$ のとき，AD：DC を求めなさい。

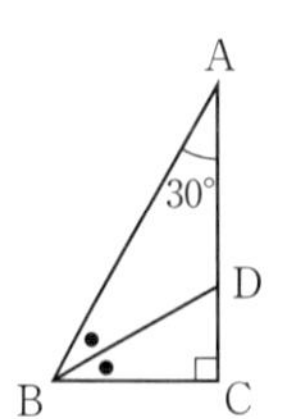

7 〈三平方の定理と正方形の面積〉

右の図のように，方眼紙上に1cmの等間隔(とうかんかく)で25個の点が並んでいるとき，次の問いに答えなさい。

(1) 4点を頂点とする，面積が 10cm^2 の正方形を図示しなさい。

(2) 適当な4点を頂点とする正方形を作るとき，何通りの面積の正方形をつくることができますか。

4 三角形の3辺の長さが a, b, c のとき，$a^2+b^2=c^2$ が成り立てば直角三角形であることを使って説明する。

5 (1) 直角をはさむ2辺の長さが3，6の場合と，長さが6の辺が斜辺(しゃへん)になる場合の2通りあることに注意。

6 30°，60°の直角三角形の3辺の比は $1:\sqrt{3}:2$ になることを利用する。

7 (1) 面積が 10cm^2 の正方形の1辺の長さは，$\sqrt{10}=\sqrt{1^2+3^2}$ (cm)

標準問題

▶答え　別冊p.38

1　〈四角形の辺の平方関係〉

右の図のように，対角線AC，BDが点Hで直交する四角形ABCDがある。

このとき，$AB^2+CD^2=BC^2+DA^2$ が成り立つことを証明しなさい。

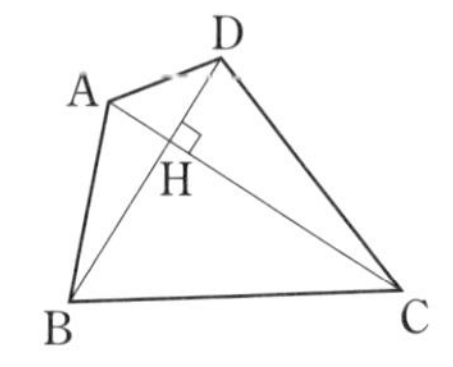

2　〈特別な直角三角形〉 重要

次の問いに答えなさい。

(1) 右の△ABCで，AB＝4cm，AC＝$2\sqrt{2}$ cm，∠C＝45°である。次のそれぞれの値(あたい)を求めなさい。

① ∠A　　② ∠B

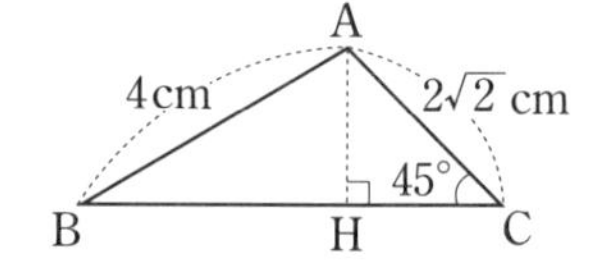

③ AH　　④ BC　　⑤ △ABCの面積

(2) 右の図のように，長さ6cmの線分ABをAを中心として30°回転して，おうぎ形を作った。このとき，色をつけた弓形の部分の面積を求めなさい。

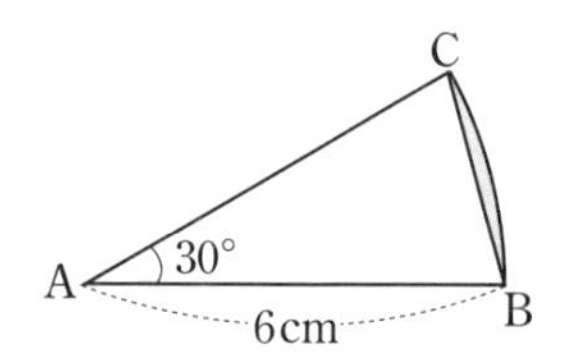

3　〈三平方の定理と二等辺三角形〉 差がつく

図の四角形ABCDで，AB＝AD＝2cm，BC＝CD＝AC＝3cmのとき，BDの長さを求めなさい。

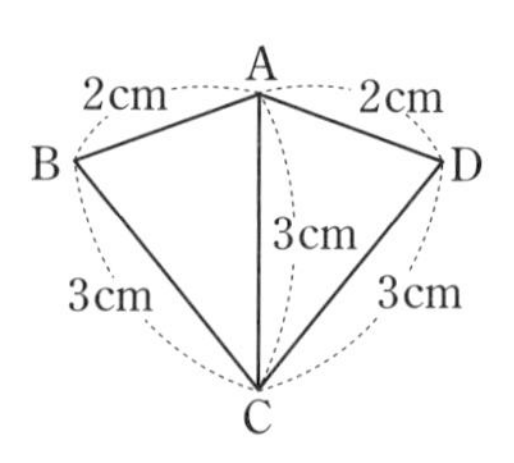

4 〈特別な直角三角形の辺の比〉 重要

次の図の x の値を求めなさい。

(1)

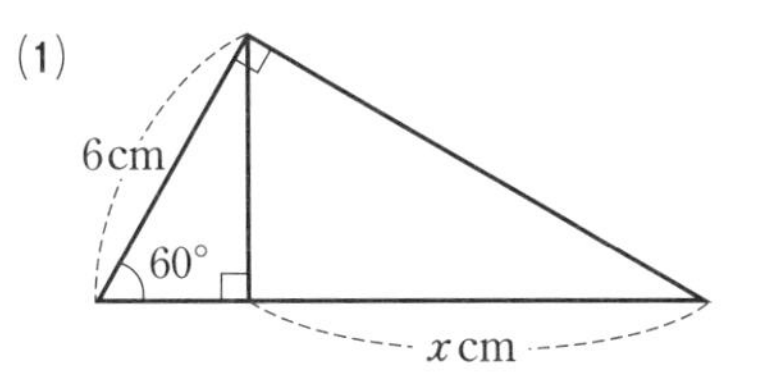

(2)

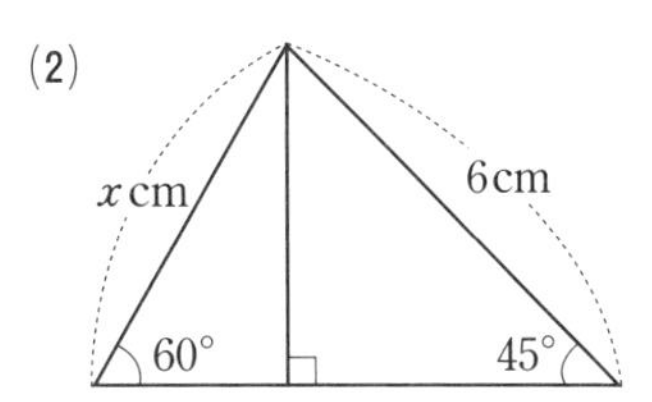

5 〈直角三角形と面積〉 ミス注意

右の図で，四角形 ABCD の面積を求めなさい。

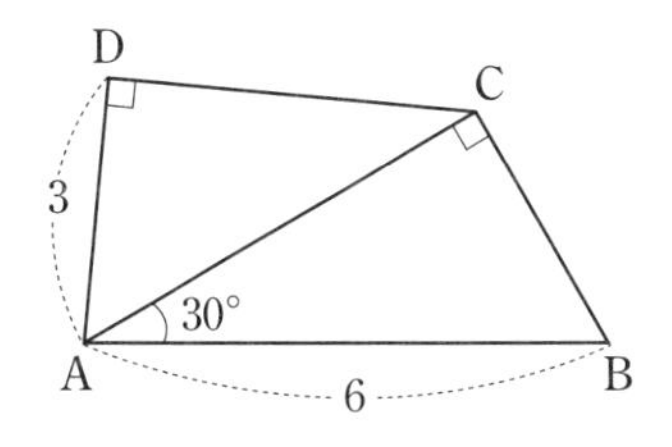

6 〈直角三角形の辺の長さと方程式〉

直角三角形 ABC において，AB は BC より 1cm 長く，BC は AC より 7cm 長くなっている。斜辺(しゃへん)は何 cm ですか。

7 〈三角定規の重なりの部分の面積〉

右の図のように 1 組の三角定規を重ねて置くとき，重なりの部分の面積を求めなさい。

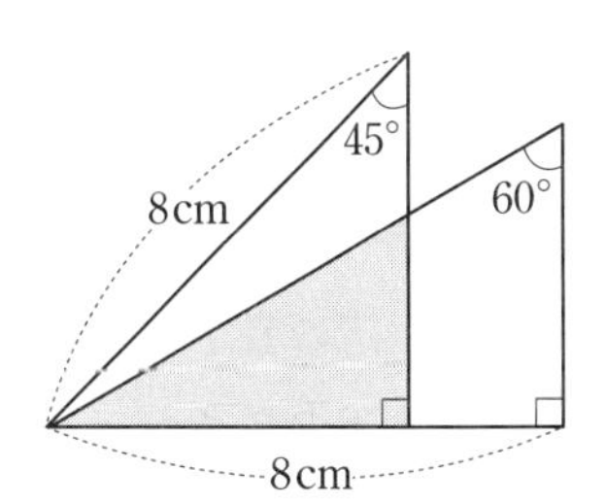

⑯三平方の定理の利用

重要ポイント

① 三平方の定理の平面図形への利用

□ 1辺の長さが a の正方形の対角線の長さは $\sqrt{2}\,a$

□ 1辺の長さが a の正三角形の高さは $\frac{\sqrt{3}}{2}a$

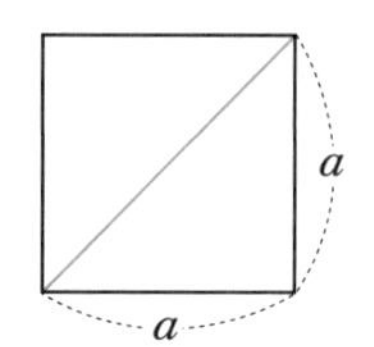

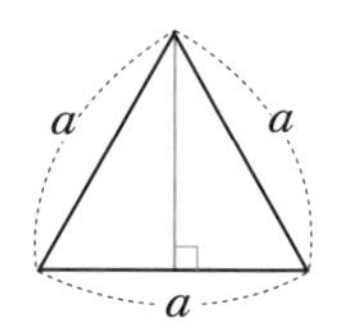

② 座標平面上の2点間の距離（きょり）

□ 2点 P $(x_1,\ y_1)$，Q $(x_2,\ y_2)$ 間の距離は，
$PQ=\sqrt{(x_2-x_1)^2+(y_2-y_1)^2}$

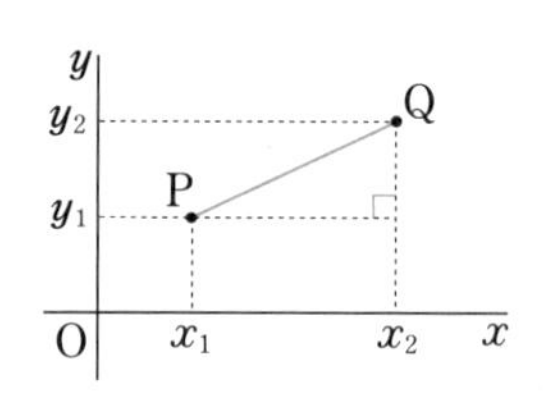

③ 三平方の定理の円や球への利用

□ 半径 r の円の中心からの距離が $d(r>d)$ である弦（げん）の長さは　$2\sqrt{r^2-d^2}$

□ 半径 r の円の中心からの距離が $d(r<d)$ である点Pからひいた接線の長さは
$\sqrt{d^2-r^2}$

□ 半径 r の球を，中心からの距離が $d(r>d)$ である平面で切ったときの，切り口の円の半径は　$\sqrt{r^2-d^2}$

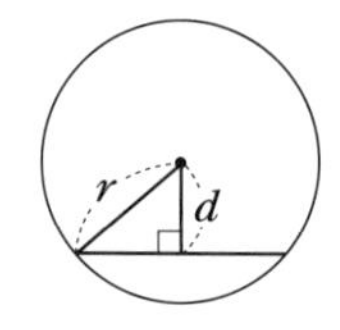

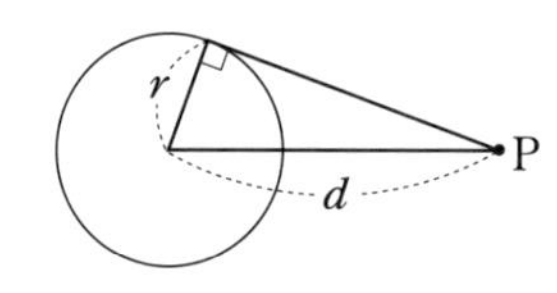

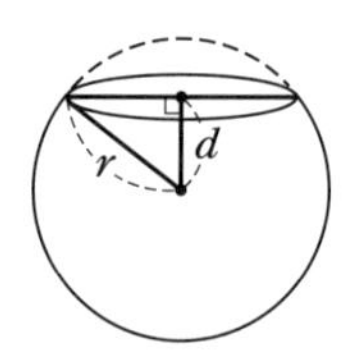

④ 三平方の定理の空間図形への利用

□ 1辺の長さが a の立方体の対角線の長さは　$\sqrt{3}\,a$

□ 3辺の長さが a，b，c の直方体の対角線の長さは　$\sqrt{a^2+b^2+c^2}$

□ 底面の半径 r，母線の長さ ℓ の円錐（えんすい）の高さは　$\sqrt{\ell^2-r^2}$

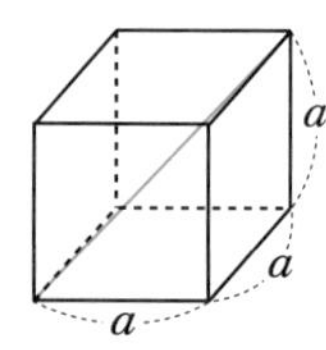

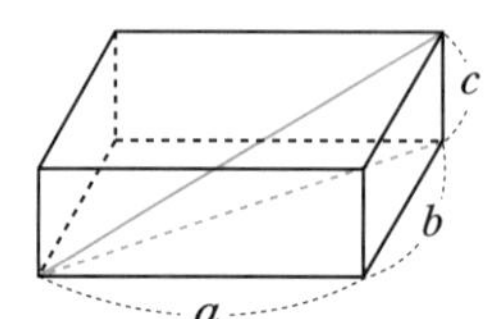

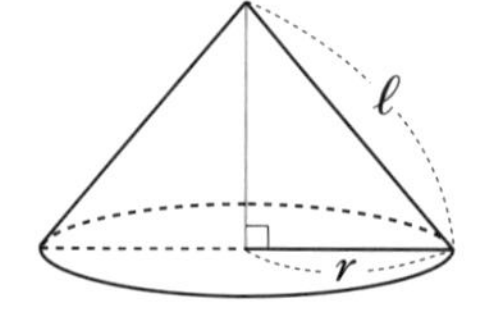

- 三平方の定理を利用して，対角線の長さや2点間の距離(きょり)が求められること。
- 平面図形や空間図形の高さや面積，体積の求め方も大切。
- 空間図形から平面図形を取り出して，三平方の定理を利用できるようにする。

ポイント 一問一答

① 三平方の定理の平面図形への利用

次の問いに答えなさい。

□ (1) 縦の長さが 6 cm，横の長さが 4 cm の長方形の対角線の長さを求めなさい。

□ (2) 1 辺の長さが 10 cm の正三角形の高さを求めなさい。

② 座標平面上の 2 点間の距離

次の 2 点間の距離を求めなさい。

□ (1) A (2, 3)　B (5, 7)　　□ (2) A (4, −5)　B (−2, 3)

③ 三平方の定理の円や球への利用

次の問いに答えなさい。

□ (1) 半径 5 cm の円の中心から 3 cm 離(はな)れた弦(げん)の長さを求めなさい。

□ (2) 右の図で，$\angle A=45°$，BC＝2 cm のとき，円の半径を求めなさい。

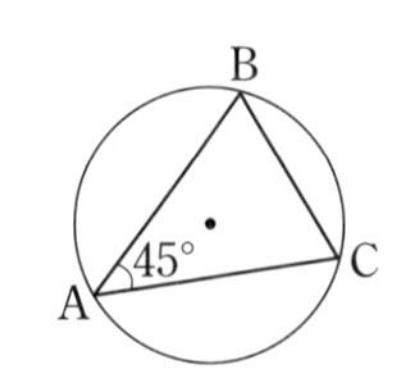

□ (3) 右の図で，OA＝7 cm，OO′＝5 cm のとき，AO′ の長さを求めなさい。

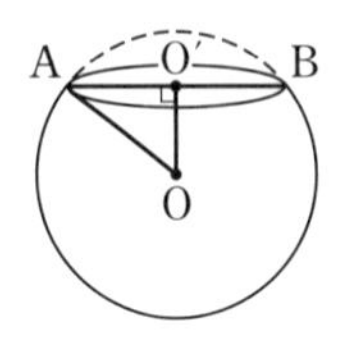

④ 三平方の定理の空間図形への利用

次の問いに答えなさい。

□ (1) 縦の長さ，横の長さ，高さがそれぞれ 4 cm，6 cm，12 cm である直方体の対角線の長さを求めなさい。

□ (2) 底面の半径 3 cm，高さ 6 cm の円錐(えんすい)の母線の長さを求めなさい。

① (1) $2\sqrt{13}$ cm　(2) $5\sqrt{3}$ cm
② (1) 5　(2) 10
③ (1) 8 cm　(2) $\sqrt{2}$ cm　(3) $2\sqrt{6}$ cm
④ (1) 14 cm　(2) $3\sqrt{5}$ cm

基礎問題

▶答え　別冊p.39

1

〈三角形の高さ〉 重要

次の問いに答えなさい。

(1) 右の図①の二等辺三角形の高さ h と，その面積を求めなさい。

図①

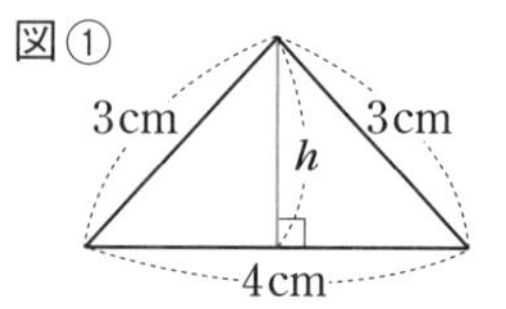

(2) 右の図②の直角三角形の底辺の長さ a と高さ h を求めなさい。

図②

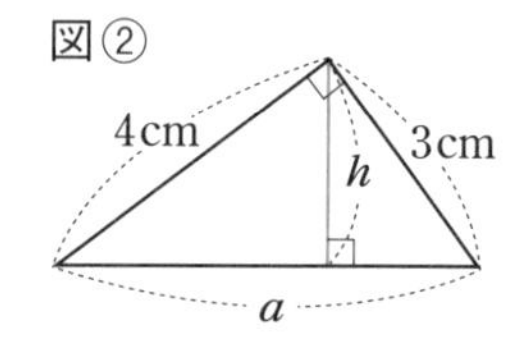

2

〈三平方の定理と面積〉 ミス注意

次の問いに答えなさい。

(1) 1つの頂角が120°で，1辺の長さが6cmのひし形の面積を求めなさい。

(2) 右の図の台形の面積を求めなさい。

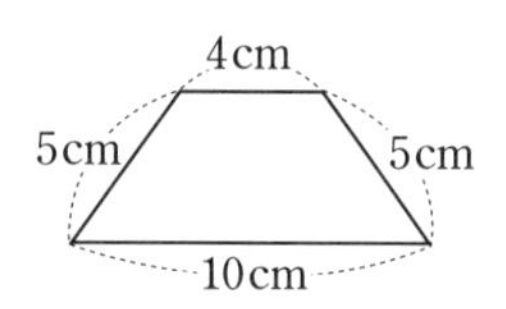

(3) 1辺の長さが2cmの正六角形の面積を求めなさい。

3

〈正方形の折り返しと面積比〉

右の図の正方形ABCDで，辺ABが対角線ACに重なるように折ったときの折り目をAEとする。このとき，△ABEと△AECの面積の比を求めなさい。ただし，根号（こんごう）はつけたままで答えなさい。

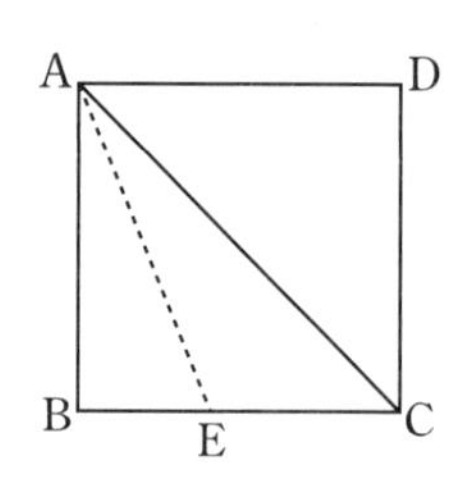

4 〈三平方の定理と円〉

図のように，△ABC の辺 AC を直径とする円 O が，辺 AB と点 D で交わっている。
AB＝AC＝6 cm，BC＝4 cm のとき，線分 AD の長さを求めなさい。

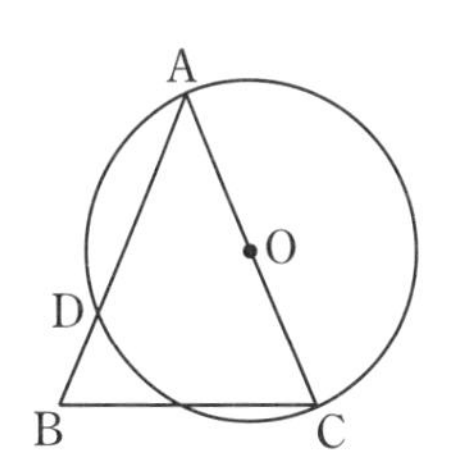

5 〈座標平面上の 2 点間の距離（きょり）〉 重要

次のそれぞれの 2 点間の距離を求めなさい。

(1) A (1, 1), B (5, 6)　　(2) C (−1, −2), D (4, −3)

6 〈円錐（えんすい）の体積〉 重要

母線の長さが 13 cm，底面の半径が 5 cm の円錐がある。この円錐の体積を求めなさい。

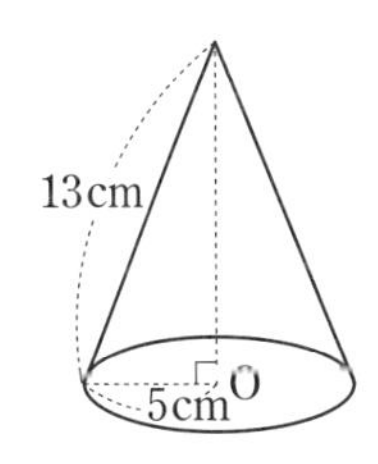

7 〈角錐の高さ・体積〉 重要

1 辺の長さが 6 cm の立方体 ABCD-EFGH を，頂点 B，D，E を通る平面で切り，三角錐 A-BDE を切りとる。

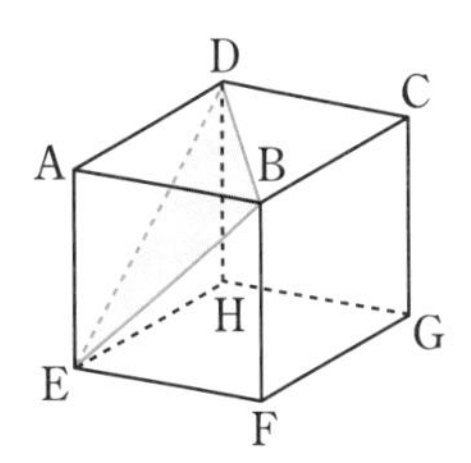

(1) 三角錐 A-BDE の体積を求めなさい。

(2) △BDE の面積を求めなさい。

(3) A から面 BDE に垂線をひくとき，その長さを求めなさい。

5 2 点 P (x_1, y_1)，Q (x_2, y_2) 間の距離は，$PQ=\sqrt{(x_2-x_1)^2+(y_2-y_1)^2}$

6 高さ＝$\sqrt{13^2-5^2}$　体積＝$\frac{1}{3}$×(円周率)×(半径)^2×(高さ)

7 (1) 底面が △ABD，高さが AE の三角錐と考える。

標準問題

▶答え　別冊p.40

1 〈三平方の定理と座標軸〉 ミス注意

図のように，原点 O を中心とする円が直線 $y=-\frac{3}{4}x+3$ と点 H で接している。この直線が x 軸，y 軸で交わる点をそれぞれ A，B とするとき，次の問いに答えなさい。

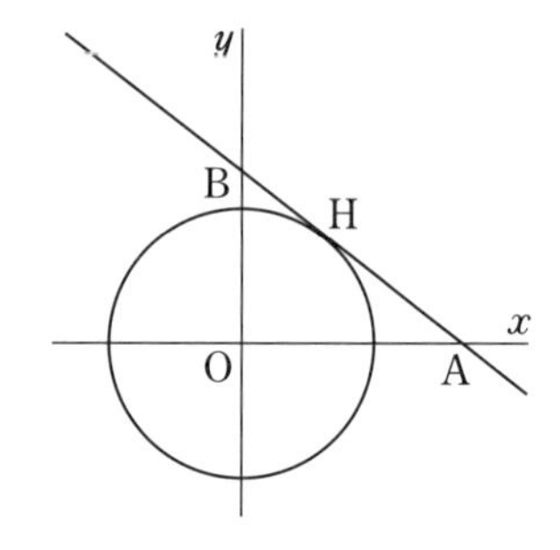

(1) 点 A，B の座標を求めなさい。

(2) 線分 AB の長さを求めなさい。

(3) この円の半径を求めなさい。

2 〈円錐の展開図と体積〉

右の図のような円錐の展開図があり，側面は半径 6cm のおうぎ形，底面は半径 2cm の円である。これを組み立ててできる円錐の体積を求めなさい。

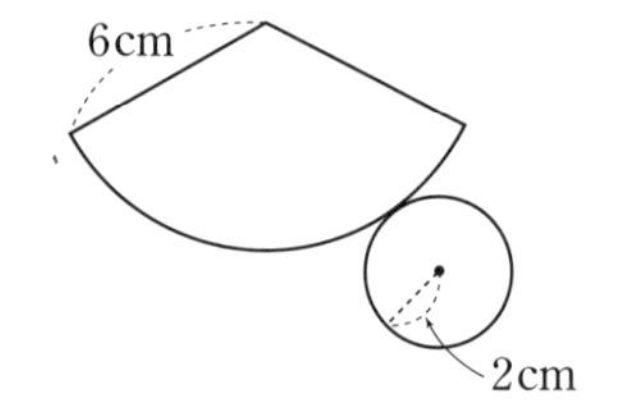

3 〈弦・接線の長さ〉 重要

右の図のように，半径 6cm の円 O の直径を AB とし，点 A を通る弦 AC を $\angle CAB=30^\circ$ となるようにひく。また，C における接線と AB の延長との交点を P とする。

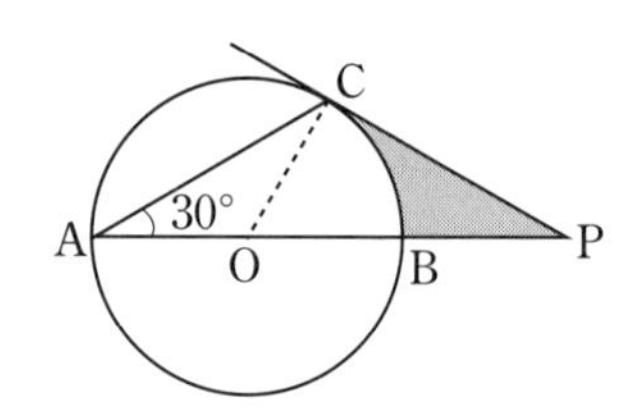

(1) 弦 AC および接線 CP の長さを求めなさい。

(2) 色をつけた図形 CBP の面積を求めなさい。ただし，円周率はπとする。

4
〈正四角錐の高さ〉

右の図は，1 辺の長さが 10 cm の正方形を底面とする正四角錐である。また，頂点 O と辺 BC の中点 E を結んだ線分 OE の長さは 8 cm である。
このとき，正四角錐の高さを求めなさい。

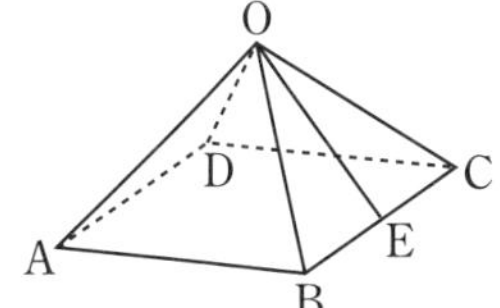

5
〈三平方の定理と 2 次方程式〉

周の長さが 70 cm の長方形のボール紙がある。横の長さを x cm とするとき，次の問いに答えなさい。

(1) 縦の長さを x を用いて表しなさい。

(2) 次の(ア)，(イ)それぞれの場合において，x の値（あたい）を求めなさい。

(ア) 対角線の長さが 25 cm である場合。

(イ) 四隅（よすみ）から 1 辺の長さが 7 cm の正方形を切り取り，ふたのない直方体の容器を作る。この容器の容積が 70 cm^3 である場合。

6
〈対角線・線分の長さ〉 重要

右の図のような 3 辺の長さが 3 cm，6 cm，5 cm の直方体がある。次の問いに答えなさい。

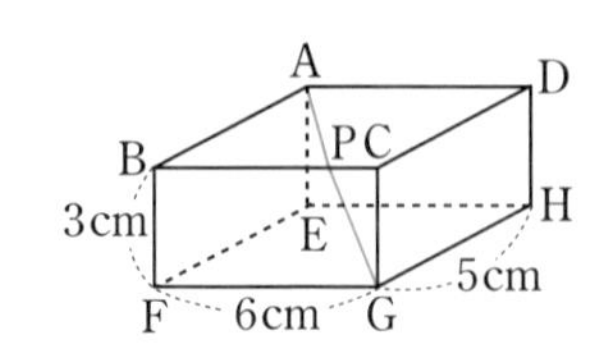

(1) 対角線 AG の長さを求めなさい。

(2) 図のように直方体の面上に糸 APG をはり，たるまないようにするとき，糸 APG の長さと BP の長さを求めなさい。

7
〈円錐・球の半径〉 差がつく

側面の展開図が直径 12 cm の半円である円錐の容器がある。これについて，次の問いに答えなさい。

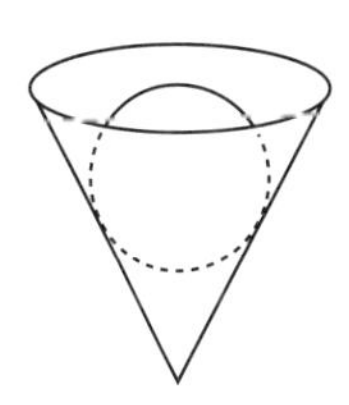

(1) この円錐の底面の半径，高さ(深さ)，容積を求めなさい。

(2) 図のように，側面および底面に接する球の半径を求めなさい。

⑰標本調査

重要ポイント

① 標本調査と全数調査

□ **標本調査**…集団の傾向をつかむために，集団の一部分を調査すること。

□ **全数調査**…調査の対象となっている集団全部について調査すること。

例 新聞社が行う内閣支持率の世論調査では，有権者全員を調べずに，かたよりのないように選びだした一部の人について調べているので，標本調査。

例 国の行う国勢調査では，国の人口やその分布などを正確に知るために，国民全体について調べているので，全数調査。

② 母集団と標本

□ **母集団**…標本調査を行うとき，傾向を知りたい集団全体のこと。

□ **標本**…母集団の一部分として取り出して実際に調べたもの。

□ **標本の大きさ**…取り出した資料の個数のこと。

□ **無作為に抽出する**…標本を取り出すときに，かたよりのないように全体から取り出すこと。

例 新聞社が行う内閣支持率の世論調査では，有権者全体が母集団，このなかから，コンピュータで選んだ数字を使って，かたよりのないように作成した電話番号の相手1000人程度が標本である。また，このコンピュータを使った方法は，無作為に抽出するための工夫である。

③ 標本調査の利用

□ **標本調査が行われている例**

例 袋の中に白い碁石と黒い碁石が合わせて200個入っている。この袋の中から25個の碁石を無作為に抽出したら，白い碁石は15個あった。
このとき，白い碁石と黒い碁石の割合は，袋の中全体と取り出した碁石で，ほぼ等しいと考えられ，袋の中の白い碁石は，

$200\times\frac{15}{25}=120$（個）

より，およそ120個と推定できる。

袋の中全体	取り出した碁石
$\frac{（白い碁石の数）}{（碁石の数）}=\frac{120}{200}$	$=\frac{15}{25}=\frac{（白い碁石の数）}{（碁石の数）}$

◉工場の製品などの品質を調べる場合，全数調査することで製品が売り物にならなくなることがあるため，標本調査が行われる。
◉水槽全体とすくっためだかで，めだかのオスとメスの割合は，およそ等しいと考えられる。

ポイント 一問一答

① 標本調査と全数調査

次の調査をするとき全数調査と標本調査のどちらが適切ですか。

□ (1) 学校での健康診断
□ (2) テレビ番組の視聴率調査
□ (3) ある工場で作られた乾電池の耐久時間の調査

② 母集団と標本

ある選挙で，くじで選んだいくつかの投票所の出口に立ち，20 人おきに，計 400 人から誰に投票したかを聞き取った。この日の投票者数は 158 万 4244 人であった。次の問いに答えなさい。

□ (1) この調査の母集団と標本を答えなさい。
□ (2) この調査の標本の大きさを答えなさい。
□ (3) このとき，標本はどのように抽出したといえますか。

③ 標本調査の利用

水槽の中に 120 匹のめだかがいる。あみですくったところ，15 匹が入っていて，そのうち 6 匹がメスだった。

□ (1) 水槽の中のめだかのメスの割合は，およそ何割ですか。
□ (2) 水槽の中のメスのめだかの数はおよそ何匹と考えられますか。

① (1) 全数調査　(2) 標本調査　(3) 標本調査
② (1) 母集団 … この日の投票者全体　標本 … 出口で調査をされた人　(2) 400
(3) 無作為に抽出した。
③ (1) およそ 4 割　(2) およそ 48 匹

基礎問題

▶答え　別冊 p.41

1
〈標本調査と全数調査〉

次の調査をするとき，全数調査と標本調査のどちらが適切ですか。

(1) ある湖に生息する魚のうちの外来種の割合の調査

(2) あるコンビニエンスストアのチェーン店のうち，売り上げ1位を調べる調査

(3) ある工場で作られるプラスチック容器の耐熱検査

2
〈母集団と標本〉

ある工場では，1日に4500個のLED電球を製造している。毎日このなかから50個を選んで，品質を検査している。次の問いに答えなさい。

(1) この検査の母集団と標本を答えなさい。

(2) このとき，標本の大きさを答えなさい。

3
〈無作為に抽出する方法〉 重要

ある国政選挙で，新聞社が1つの投票所で出口調査を行う。投票所から出てくる人のなかから，50人を選ぶ選び方として適切なものを，次のア～ウのうちから1つ選びなさい。

ア　朝，投票所が開いてから順に出て来た50人を調査する。

イ　15分おきに投票所の出口を通った人を1人ずつ調査し，計50人を調査する。

ウ　子どもを連れた人を順に50人選んで調査する。

4

〈標本調査の利用①〉 重要

ある農園で出荷するチューリップの球根のなかから，50 個を無作為に抽出して，出荷せずに育てて，花が咲くかどうかを調べたら，そのなかの 3 個は花が咲かなかった。すでに出荷したチューリップの球根 7500 個のうち，およそ何個は花が咲かないと考えられますか。

5

〈標本調査の利用②〉

ある湖に生息するブラックバスの数を調べるために，湖の 10 か所で計 40 匹のブラックバスを捕獲して，その全部に印をつけて湖に戻した。1 週間後に同じようにして 35 匹のブラックバスを捕獲したら，そのうち印のついたブラックバスが 7 匹いた。

(1) この調査の母集団と標本を答えなさい。

(2) この湖に生息するブラックバスの総数はおよそ何匹と考えられますか。

6

〈標本調査の利用③〉 ミス注意

白ゴマがたくさん入っている袋がある。その数を数えるかわりに，同じ大きさの黒ゴマ 30 粒を袋の中に入れてよくかき混ぜ，無作為に袋からゴマを取り出す。ゴマは 48 粒あり，そのうち黒ゴマが 6 粒ふくまれていた。袋の中の白ゴマはおよそ何粒と考えられますか。

2 集団の傾向を知るために，取り出して実際に調べたものを標本といい，その数を標本の大きさという。

4 出荷したチューリップの球根と出荷しなかったチューリップの球根では，花の咲かない割合は同じと考えられる。

5 最初に捕獲した 40 匹が，まんべんなく湖全体に散らばったと考える。

標準問題

▶答え　別冊p.42

1

〈標本調査と全数調査〉 重要

次の調査をするとき，全数調査と標本調査のどちらが適切ですか。

(1) ある畑で収穫したいちごの糖度の調査

(2) ボクシング選手の試合前の体重の調査

(3) 空港の危険物持ち込みの検査

2

〈乱数表を使う方法〉

1から500までの数から，無作為に数を抽出したい。今，乱数表に並んだ数字を3つずつ区切っていくと，次のような3けたの数が順に得られた。

368，738，246，102，902，819，042，444，844，728，522，161

このとき，実際に抽出に使う数として注意すべきこととして，正しいものを次のア～オのなかからすべて選びなさい。

ア　738，902，819など，500をこえる数は除外する。

イ　042は，3けたの数ではないので除外する。

ウ　444などは，偶然にはあり得ない数字の並びなので除外する。

エ　500をこえる数が多く出るので，数字を2つずつに区切りなおして，2けたの数になおす。

オ　042は，42とみる。

3

〈標本調査の方法〉

ある工場では，1日に8000個の電池を製造している。毎日，最初に製造する20個を選び，品質の検査をしている。この検査のしかたで，最も変えたほうがよい点を，次のア～ウから1つ選びなさい。

ア　標本を20個から100個に増やす。

イ　一定時間の間隔をあけて，標本を抽出するように変える。

ウ　全数調査に変える。

4

〈標本調査の利用①〉 ミス注意

ある工場で生産される製品の規格の長さ a は 22.5 mm で，$(a-0.2)$ mm から $(a+0.2)$ mm の間に入らない製品は不良品として処理されるという。この製品のなかから標本として 10 個を無作為に抽出して，その長さを測定したところ，次のような結果を得た。

22.5　22.6　22.5　22.4　22.6　22.4　22.5　22.9　22.5　22.2　(単位：mm)

(1) この標本のなかに不良品は何個あるか答えなさい。

(2) この工場では 1 日に 7600 個の製品を作っている。1 日に不良品はおよそ何個あると考えられますか。

5

〈標本調査の利用②〉 重要

ある市の世帯数は 56000 世帯である。このうちの 400 世帯を無作為に抽出し，購読(こうどく)している新聞を調べたところ，次のようになった。

A 新聞	B 新聞	C 新聞	D 新聞	その他(購読していないもふくむ)
116	88	60	35	101

(1) この市全体で，A 新聞を購読している世帯はおよそ何世帯あると考えられますか。

(2) この市全体で，B 新聞を購読している世帯はおよそ何世帯あると考えられますか。

6

〈標本調査の利用③〉 差がつく

1 kg の米 1 袋(ふくろ)の中に何粒(つぶ)の米が入っているかを調べるために，袋の中から取り出した 250 粒の米に印をつけ，袋に戻(もど)してからよくかき混ぜる。この後，無作為に袋から米を取り出すと 395 粒あり，このうち印をつけた米が 3 粒あった。1 袋の中におよそ何粒の米が入っていると考えられますか。答えは四捨五入して，上から 2 けたまでの概数(がいすう)で答えなさい。

実力アップ問題

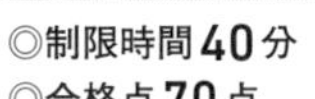

1 球を１つの平面で切ると，切り口は円になる。
半径 13 cm の球を，中心から距離（きょり）が 5 cm である１つの平面で切るとき，切り口の円の面積を求めなさい。〈7 点〉

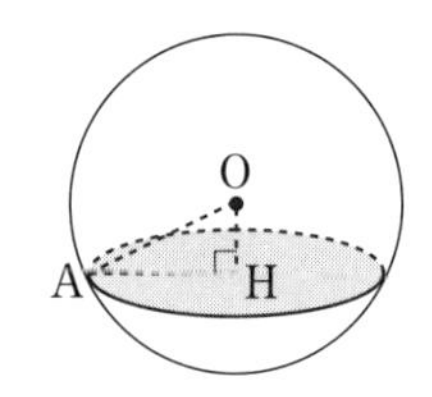

2 右の図で，円 O の半径は 4 cm，円 O′ の半径は 3 cm である。共通接線と円 O の接点を A，円 O′ の接点を B とするとき，AB の長さを求めなさい。ただし，OO′＝10 cm とする。〈7 点〉

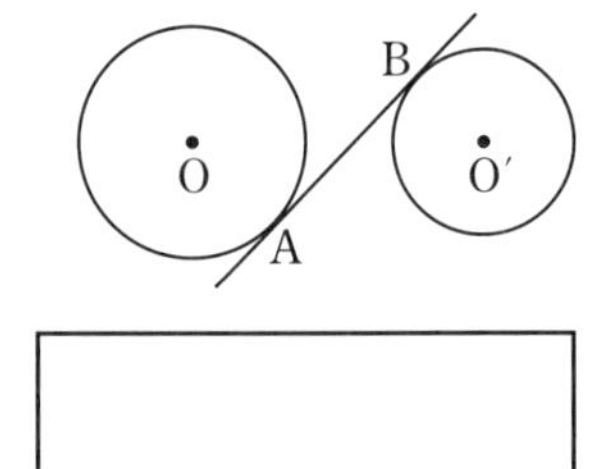

3 川岸の２地点 B，C を決め，B，C から対岸の A 地点を見ると，∠ABC＝60°，∠ACB＝30° であった。川幅（かわはば）は，A から BC へひいた垂線 AH として求められる。BC の長さを 60 m として，川幅 AH を求めなさい。〈8 点〉

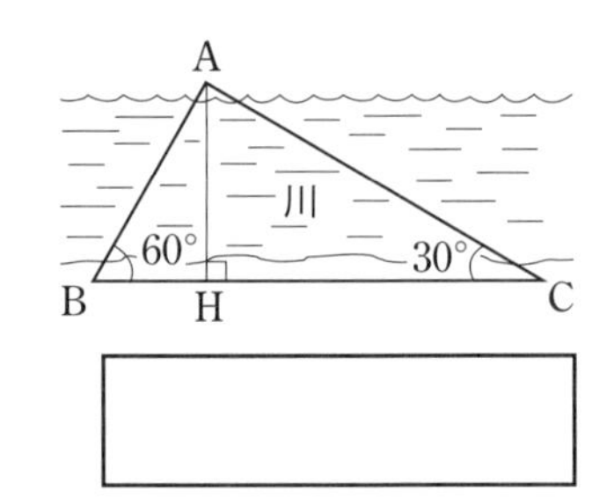

4 AB を直径とする半円 O がある。直径 AB の延長（えんちょう）上に点 C をとる。点 C から半円に接線をひき，接点を P とする。半円の半径を 3 cm として，次の問いに答えなさい。〈8 点×2〉

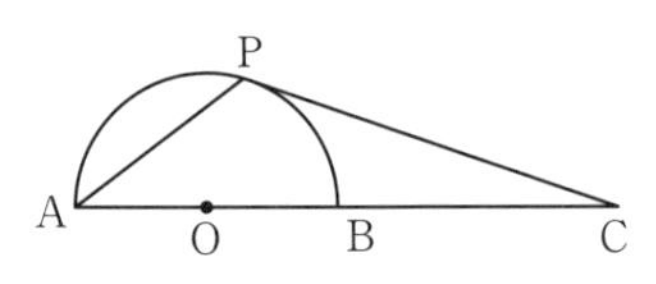

(1) 点 C を，BC＝AB となるようにとるとき，△PAC の面積を求めなさい。

(2) 点 C を，BC＝OB となるようにとるとき，弧（こ）PB と BC，CP に囲まれた図形 PBC の面積を求めなさい。

(1)		(2)	

5 次の問いに答えなさい。 〈7点×2〉

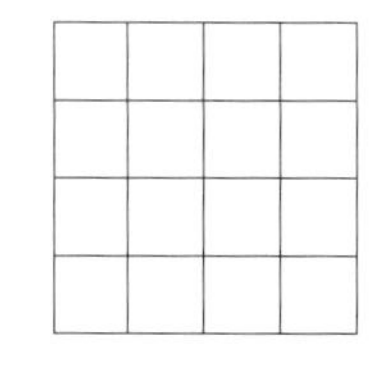

(1) 周の長さが 30 cm，対角線の長さが $5\sqrt{5}$ cm の長方形の面積を求めなさい。

(2) 面積が 5cm^2 となるような正方形を，右の方眼に１つだけかきなさい。ただし，方眼の１目もりは 1 cm とする。

(1)		(2)	図

6 右の図のような三角錐(さんかくすい) OABC があり，AB＝BC＝CA＝2 cm，OA，OB，OC はたがいに垂直である。また，辺 BC の中点を M とする。 〈8点×2〉

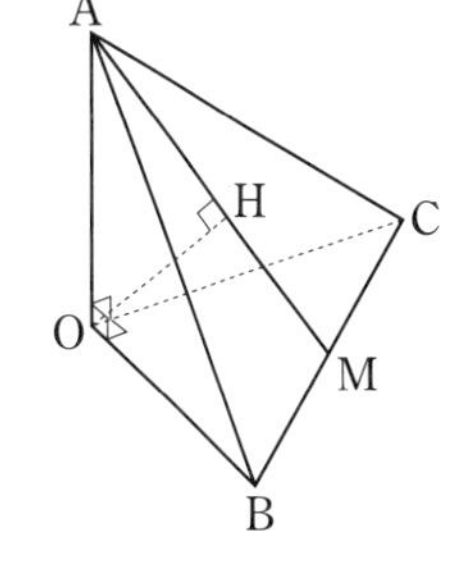

(1) 三角錐 OABC の体積を求めなさい。

(2) 点 O から直線 AM にひいた垂線 OH の長さを求めなさい。

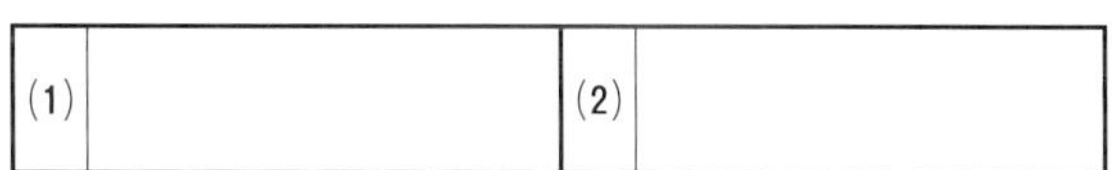

7 右の図で，△ABC は，∠BAC＝45°，∠ABC＝60°，BC＝2 cm，CA＝$\sqrt{6}$ cm の鋭角(えいかく)三角形である。点 C から辺 AB に垂線 CH をひくとき，次の問いに答えなさい。 〈8点×3〉

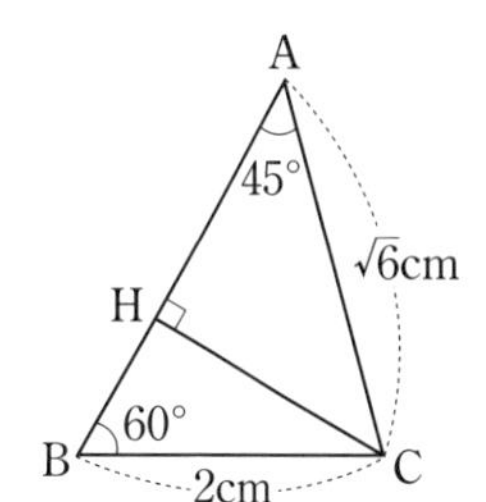

(1) 線分 AB の長さを求めなさい。

(2) △ABC の面積を求めなさい。

(3) 辺 BC 上に点 P をとる。線分 AP の長さが最も短くなるときの AP の長さを求めなさい。

(1)		(2)		(3)	

8 ダンボール箱の中に白いピンポン玉がたくさん入っている。この数を数えるかわりに，オレンジ色のピンポン玉 20 個をダンボール箱の中に入れてよくかき混ぜ，無作為(むさくい)に箱の中からピンポン玉を取り出す。ピンポン玉は 17 個あり，そのうちオレンジ色のピンポン玉は 4 個ふくまれていた。白いピンポン玉はおよそ何個あると考えられますか。 〈8点〉

第1回 模擬テスト

◎制限時間 50分
◎合格点 70点
▶答え 別冊p.44

点

1 次の計算をしなさい。〈3点×4〉

(1) $7-2\times(-3)$ (熊本県)

(2) $\dfrac{3a+1}{4}-\dfrac{4a-7}{6}$ (京都府)

(3) $(24x^2y-15xy)\div(-3xy)$ (山形県)

(4) $(3\sqrt{2}-1)(2\sqrt{2}+1)-\dfrac{4}{\sqrt{2}}$ (愛媛県)

(1)		(2)		(3)		(4)	

2 次の問いに答えなさい。〈3点×5〉

(1) 比例式 $x:6=5:3$ を満たす x の値(あたい)を求めなさい。(大阪府)

(2) $a=\dfrac{1}{7}$，$b=19$ のとき，ab^2-81a の式の値を求めなさい。(静岡県)

(3) 2次方程式 $x^2-7x+2=0$ を解(と)きなさい。(佐賀県)

(4) n を自然数とするとき，$4<\sqrt{n}<10$ をみたす n の値は何個あるか求めなさい。(茨城県)

(5) 関数 $y=ax^2$ について，x の値が1から5まで増加するときの変化の割合が -12 である。このとき，a の値を答えなさい。(新潟県)

(1)		(2)		(3)		(4)		(5)	

3 ある肉屋で，牛肉500gと豚肉(ぶたにく)400gを定価で買うと4000円である。その肉屋に買い物に行ったところ，タイムサービスで牛肉が定価の2割引になっていたので，牛肉700g，豚肉200gと1個70円のコロッケ2個を買って，ちょうど4000円であった。
次の問いに答えなさい。ただし，消費税は考えないものとする。(兵庫県)〈4点×2〉

(1) 牛肉100gの定価を x 円とすると，タイムサービスのときの牛肉700gの値段は何円か，x を用いて表しなさい。

(2) 牛肉と豚肉それぞれ100gの定価は何円か，求めなさい。

(1)		(2)	牛肉	豚肉

4 右の図のように，1 から 6 までの数字を 1 つずつ書いた 6 枚のカードがある。

1	2	3	4	5	6

このカードをよくきってから 1 枚ひき，そのカードをもとにもどして，よくきってからもう 1 回ひく。このとき，1 回目にひいたカードに書かれている数字を a，2 回目にひいたカードに書かれている数字を b とする。 （福島県）〈4 点×2〉

(1) $ab=4$ となる確率を求めなさい。

(2) $\dfrac{b}{a}$ の値が整数になる確率を求めなさい。

(1)		(2)	

5 右に，四角形 ABCD がある。これを用いて，次の［　　］の中の条件①，②をともにみたす点 P を作図しなさい。ただし，作図に用いた線は消さないこと。 （石川県）〈4 点〉

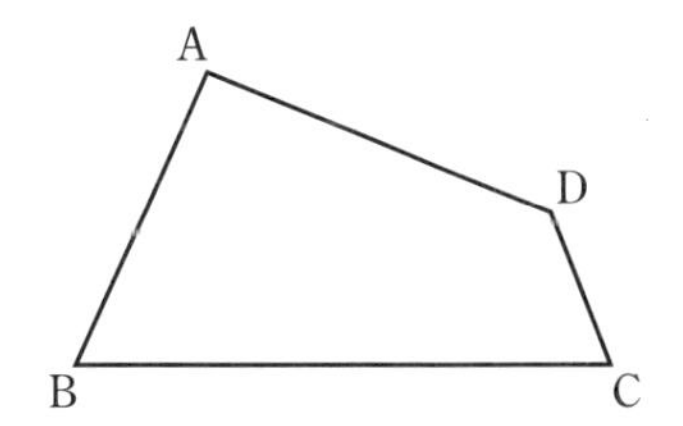

①点 P は ∠ABC の二等分線上にある。
②∠BPD＝90°

6 深さが 20 cm の円錐（えんすい）の形をした容器がある。この容器に 100 cm^3 の水を入れたところ，右の図のように水面の高さが 10 cm になった。あと何 cm^3 の水を入れると，この容器はいっぱいになるか，求めなさい。 （和歌山県）〈4 点〉

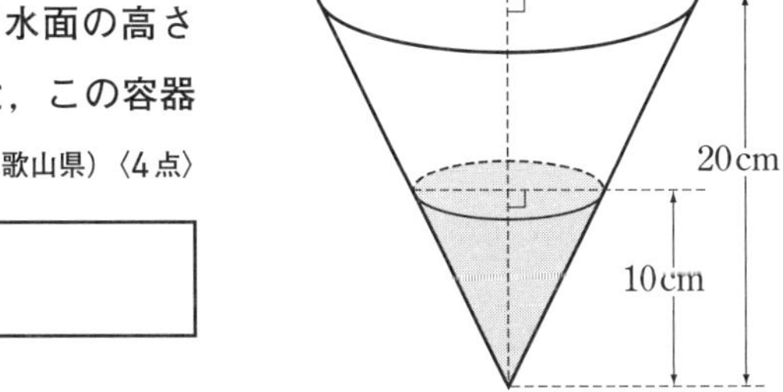

7 右の図１のように，関数 $y=x^2$ のグラフ上に２点 A$(a,\ 1)$，B$(3,\ b)$ がある。また，四角形 OBCA が，平行四辺形となるように点 C をとる。ただし，$a<0$ とする。
次の⑴～⑶の問いに答えなさい。

（大分県）〈⑴・⑵ ４点×２，⑶ ５点〉

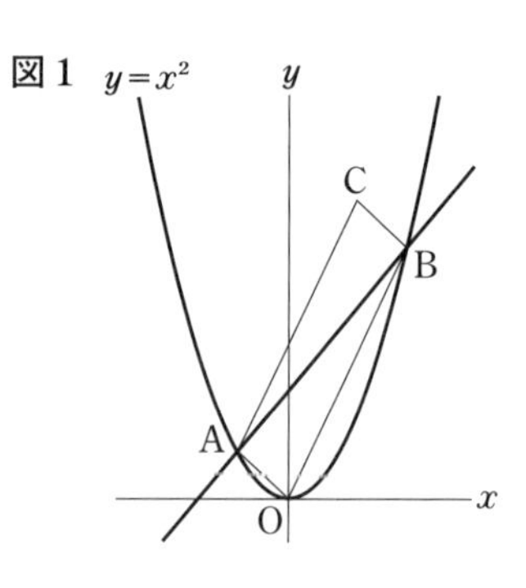

⑴ a と b の値を求めなさい。

⑵ 直線 AB の式を求めなさい。

⑶ 右の図２のように，x 軸(じく)上に，x 座標が正である点 D をとり，△ADB の面積が平行四辺形 OBCA の面積の２倍になるようにする。このとき，点 D の座標を求めなさい。

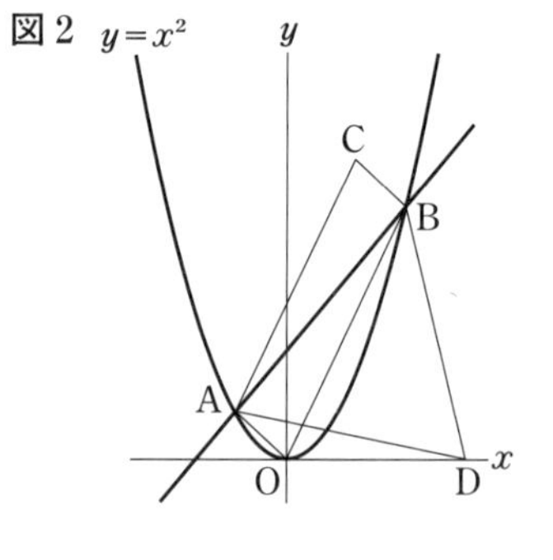

⑴		⑵		⑶	

8 右の図１は，OA＝OB＝OC＝OD＝$\sqrt{10}$ cm，AB＝BC＝CD＝DA＝2 cm の正四角錐 OABCD である。点 H は，正方形 ABCD の対角線の交点である。また，図２は，△OBC が下になるように，正四角錐 OABCD を平面 P 上に置いたようすを表している。
このとき，次の⑴～⑶の問いに答えなさい。

（岩手県）〈⑴・⑵ ４点×２，⑶ ５点〉

図１

⑴ 線分 AH の長さを求めなさい。

⑵ △OBC の面積を求めなさい。

⑶ 図２において，点 A と平面 P との距離(きょり)を求めなさい。

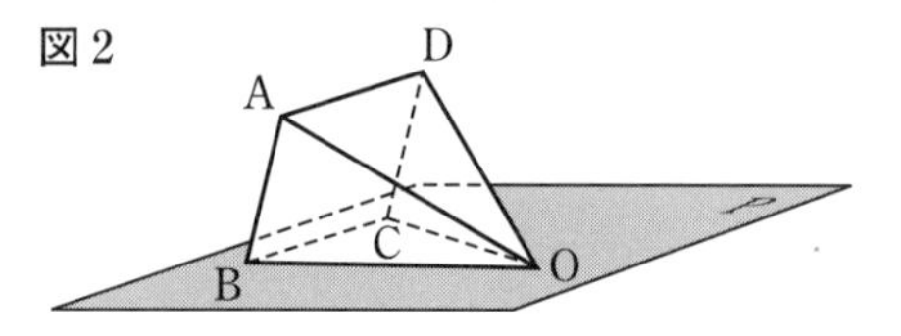

⑴		⑵		⑶	

9 右の図のように，線分 AB を直径とする円 O の円周上に点 C をとり，△ABC をつくる。∠CAB の二等分線と線分 BC，円 O との交点をそれぞれ D，E とする。線分 BE を延長した直線と線分 AC を延長した直線の交点を F とする。点 C を通り，線分 BE に平行な直線と線分 AB の交点を G とする。

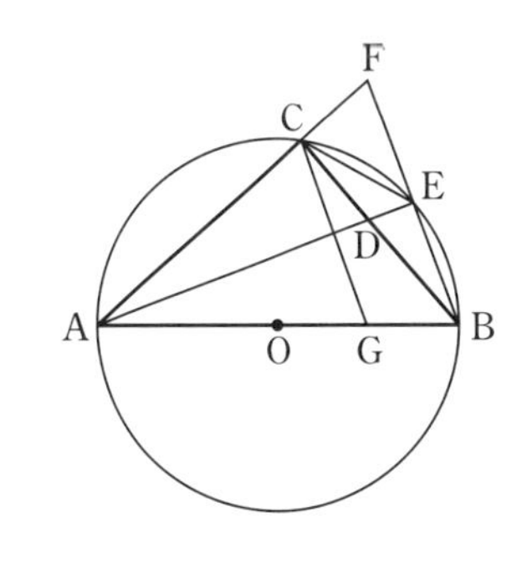

このとき，あとの問いに答えなさい。ただし，点 E は点 A と異なる点とする。　(三重県)〈(1) 2点×3，(2) 7点，(3) 5点×2〉

(1) △ABE≡△AFE であることの証明を，次の［ア］～［ウ］のそれぞれにあてはまる適切なことがらを書き入れて完成しなさい。

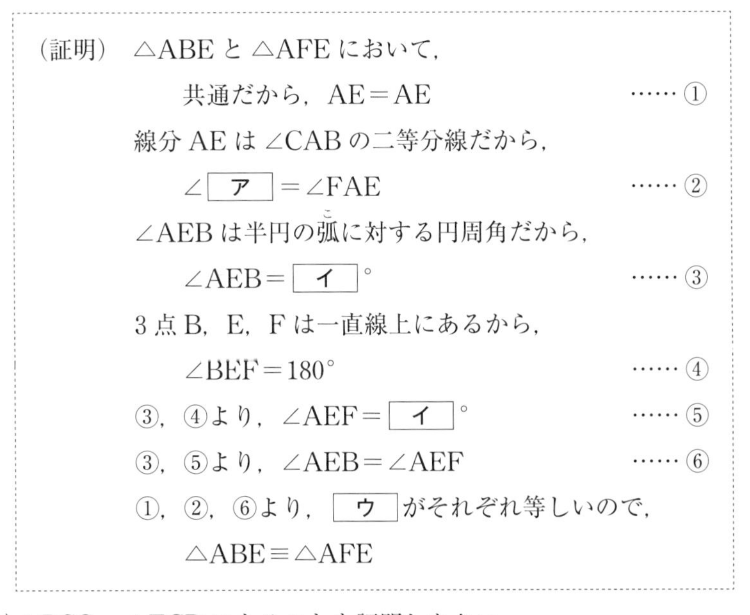
(証明)　△ABE と △AFE において，
共通だから，AE＝AE　……①
線分 AE は ∠CAB の二等分線だから，
∠［ア］＝∠FAE　……②
∠AEB は半円の弧に対する円周角だから，
∠AEB＝［イ］°　……③
3 点 B，E，F は一直線上にあるから，
∠BEF＝180°　……④
③，④より，∠AEF＝［イ］°　……⑤
③，⑤より，∠AEB＝∠AEF　……⑥
①，②，⑥より，［ウ］がそれぞれ等しいので，
△ABE≡△AFE

(2) △BCG∽△ECD であることを証明しなさい。

(3) AB＝8 cm，AC＝6 cm のとき，次の問いに答えなさい。

① 線分 BF の長さを求めなさい。
なお，答えに $\sqrt{\ }$ がふくまれるときは，$\sqrt{\ }$ の中をできるだけ小さい自然数にしなさい。

② 線分 AG 上に点 H をとり，△CHG をつくる。△CHG の面積と四角形 CDEF の面積が等しくなるとき，線分 HG の長さを求めなさい。

(1)	ア	イ	ウ
(2)			
(3)	①	②	

第2回 模擬テスト

◎制限時間 50分
◎合格点 70点
▶答え 別冊p.46

点

1 次の計算をしなさい。 〈3点×4〉

(1) $-7-(-5)$ （宮崎県）

(2) $(-6xy^2)\div(\quad 3xy)$ （兵庫県）

(3) $3(a+2b)-(2a-b)$ （三重県）

(4) $\sqrt{6}(\sqrt{6}-7)-\sqrt{24}$ （静岡県）

(1)		(2)		(3)		(4)	

2 次の問いに答えなさい。 〈3点×5〉

(1) 1次方程式 $4x+6=5(x+3)$ を解（と）きなさい。 （東京都）

(2) x^2-4x+3 を因数（いんすう）分解しなさい。 （鳥取県）

(3) 連立方程式 $\begin{cases} 3x+y=11 \\ x-y=5 \end{cases}$ を解きなさい。 （大阪府）

(4) $\sqrt{45}$ に最も近い自然数を求めなさい。 （沖縄県）

(5) y が x の1次関数で，そのグラフが2点 $(4,\ 3)$，$(-2,\ 0)$ を通るとき，この1次関数の式を求めなさい。 （埼玉県）

(1)		(2)		(3)		(4)		(5)	

3

箱の中に同じ大きさのビー玉がたくさん入っている。標本調査（ひょうほんちょうさ）を行い，その箱の中にあるビー玉の数を推定することにした。箱の中からビー玉を100個取り出して，その全部に印をつけてもとに戻（もど）し，よくかき混ぜた後，箱の中からビー玉を40個取り出したところ，その中に印のついたビー玉が8個あった。この箱の中にはおよそ何個のビー玉が入っていたと考えられるか，答えなさい。

（新潟県）〈3点〉

4 右の図のように，線分ABを直径とする半円Oがある。2点C，Dが弧AB上にあり，$\angle AOC=40°$，$\angle CBD=36°$となっている。2つの線分ODとBCの交点をEとするとき，$\angle CED$の大きさを求めなさい。 （岩手県）〈4点〉

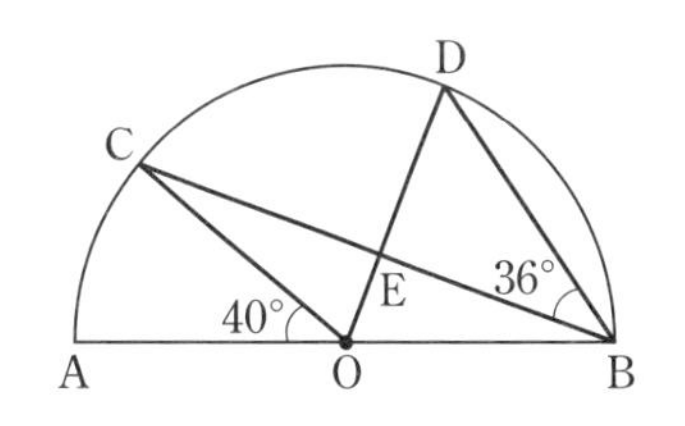

5 右の図において，曲線アは関数$y=ax^2$のグラフであり，曲線イは関数$y=\frac{6}{x}$のグラフである。曲線アとイの交点をAとし，曲線ア上の点でy座標が点Aと等しく，x座標が負である点をBとする。さらに，線分ABとy軸（じく）との交点をCとする。また，曲線イ上の点でx座標が点Bと等しい点をDとする。
このとき，次の問いに答えなさい。ただし，$a>0$で，Oは原点とする。 （茨城県）〈4点×2〉

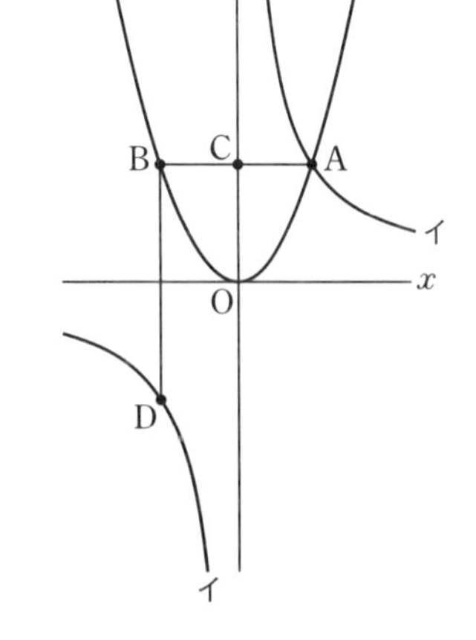

⑴ 点Aのx座標が2であるとき，2点C，Dを通る直線の式を求めなさい。

⑵ 直線ADの傾き（かたむ）きが$\frac{8}{3}$であるとき，aの値（あたい）を求めなさい。

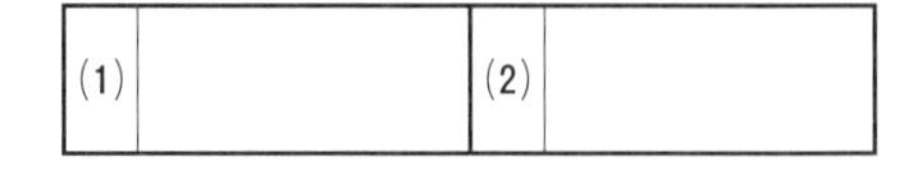

6 右の図のように，1辺の長さが6cmの立方体ABCD-EFGHがある。この立方体の3つの頂点A，B，Gを結んでできる△ABGについて，次の⑴，⑵の問いに答えなさい。 （秋田県）〈5点×2〉

⑴ 辺AGを底辺としたときの高さを求めなさい。

⑵ 辺AGを軸として1回転してできる立体の体積を求めなさい。ただし，円周率をπとする。

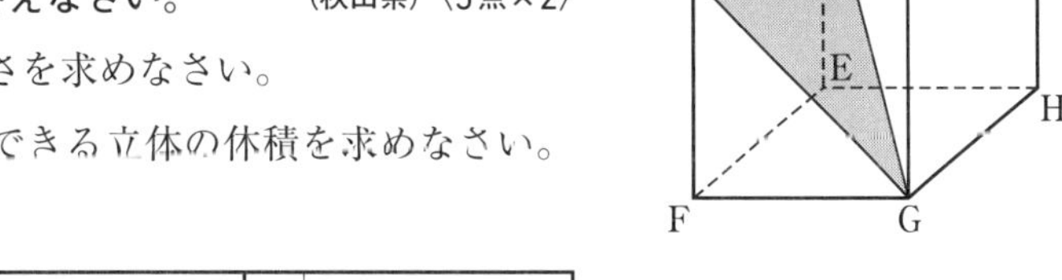

A
D
B
C
E
H
F
G

7

図1のように，周の長さが120 cmの円があり，この円周上に固定された点Aがある。点Pは，Aを出発し，毎秒2 cmの速さで円周上を時計回りに動く。点Qは，最初Aの位置にあり，点Pが出発してから15秒後にAを出発し，毎秒5 cmの速さで円周上を時計回りに動く。点Pが出発してからx秒後の弧PQの長さをy cmとして，あとの問いに答えなさい。

図1

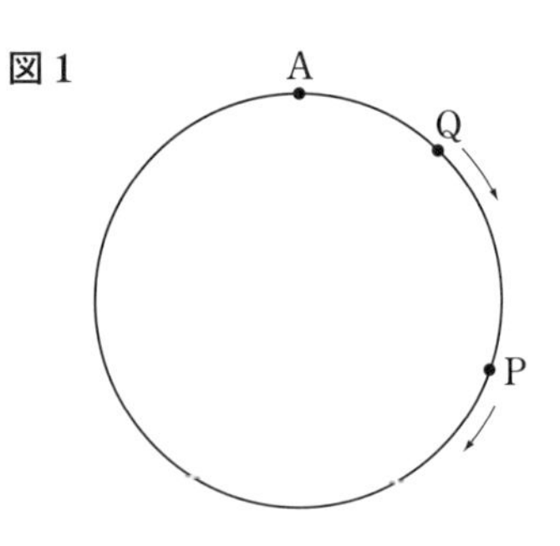

ただし，弧PQの長さは，2点P，Qを両端とする2つの弧の長さのうち短いほうとし，2つの弧の長さが等しいときは，その長さとする。また，2点P，Qが重なったときは$y=0$とする。

（山形県）《(1)·(2) 3点×3，(3)·(4) 5点×2》

(1) 点PがAを出発してから，3秒後と18秒後の弧PQの長さは何cmか，それぞれ求めなさい。

(2) 図2は，点PがAを出発してから，点Qが点Pにはじめて追いつくまでのxとyの関係をグラフに表したものである。このグラフにおいて，xの変域が$15 \leqq x \leqq 25$のとき，yをxの式で表しなさい。

図2

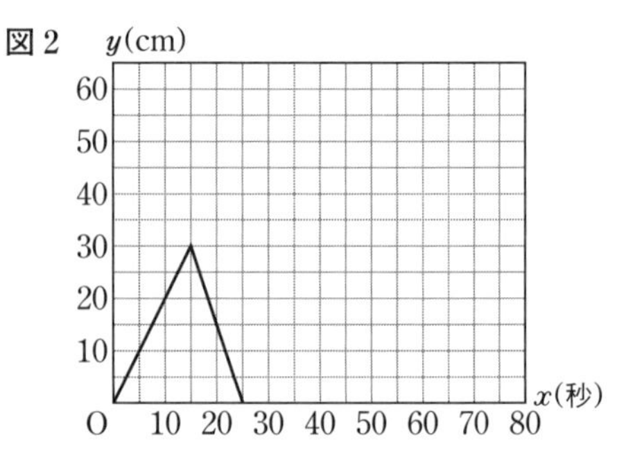

(3) 点Qが点Pにはじめて追いついてから次に追いつくまでの，xとyの関係を表すグラフを，図2にかき加えなさい。

(4) 点PがAを出発してから，点Qが点Pに2度目に追いつくまでに，弧PQの長さが50 cm以上になるのは何秒間ですか。

(1)	3秒後	18秒後	(2)		(3)	図	(4)	

8

右の図は，AB＜BCである長方形ABCDを，対角線ACを折り目として折り返し，頂点Dが移った点をE，辺BCと線分AEの交点をFとしたものである。次の問いに答えなさい。

（高知県）《(1) 6点，(2) 4点》

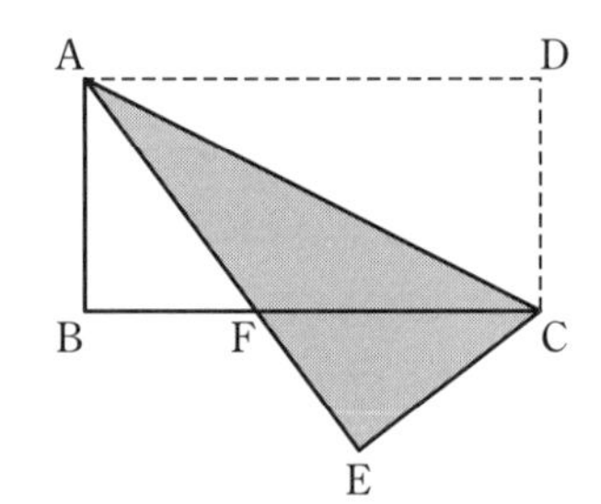

(1) 三角形AFCは二等辺三角形であることを証明しなさい。

(2) AB＝4 cm，BC＝8 cmのとき，点Bと点Eを結んでできる三角形BEFの面積を求めなさい。

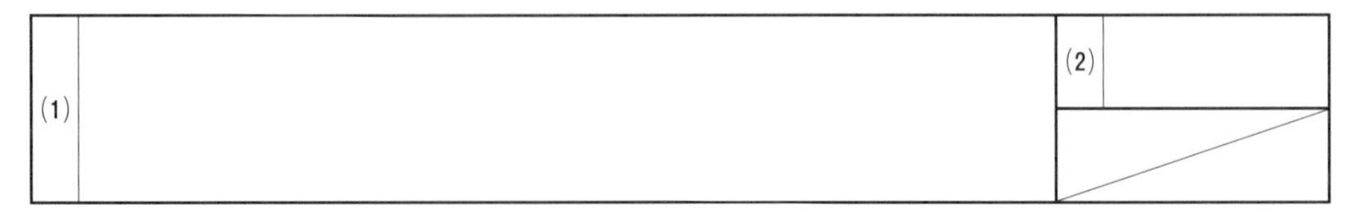

9

次の【ルール】にしたがって，図1のような，原点をOとする図に，2点A，Bをとる。

> 【ルール】
>
> ①　1から6までの目が出る大小2つのさいころを同時に投げて，大きいさいころの出た目の数をa，小さいさいころの出た目の数をbとする。
>
> ②　x座標が2，y座標がaである点をAとし，x座標が4，y座標がbである点をBとする。

このとき，次の(1)～(3)に答えなさい。ただし，大小2つのさいころの目の出方は，どれも同様に確からしいものとする。　(山梨県)〈(1)・(2) 3点×3，(3) 5点×2〉

(1) 大小2つのさいころを同時に投げて，大きいさいころの出た目の数が4，小さいさいころの出た目の数が3であるとき，次の①，②に答えなさい。

①図1に，2点A，Bを通る直線をかきなさい。

②2点A，Bを通る直線の式を求めなさい。

図1

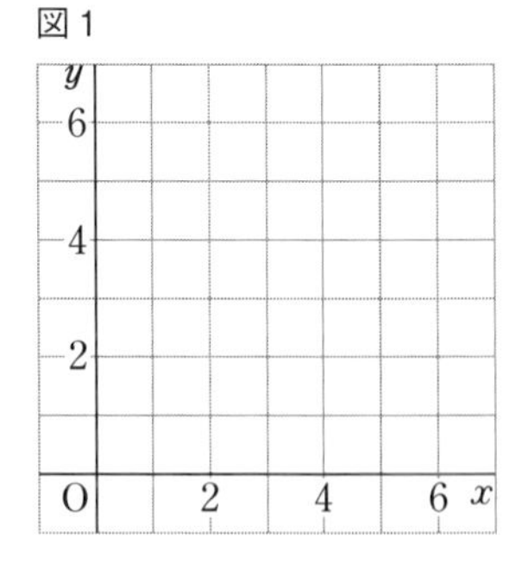

(2) 大小2つのさいころを同時に投げるとき，2点A，Bを通る直線がy軸上の点(0，1)を通る確率を求めなさい。

(3) 次に，x軸上の点(4，0)をPとし，△AOPと△APBについて考える。図2は，大小2つのさいころを同時に投げて，大きいさいころの出た目の数が4，小さいさいころの出た目の数が5であるときを示している。

このとき，次の①，②に答えなさい。ただし，座標の1目もりを1cmとする。

①△AOPと△APBの面積の和を，文字a，bを使った式で表しなさい。

②△AOPと△APBの面積の和が，12cm^{2}となるさいころの目の出方はどんな場合があるか，a，bの値の組を求め，〔a，b〕の形式ですべての場合を示しなさい。

図2

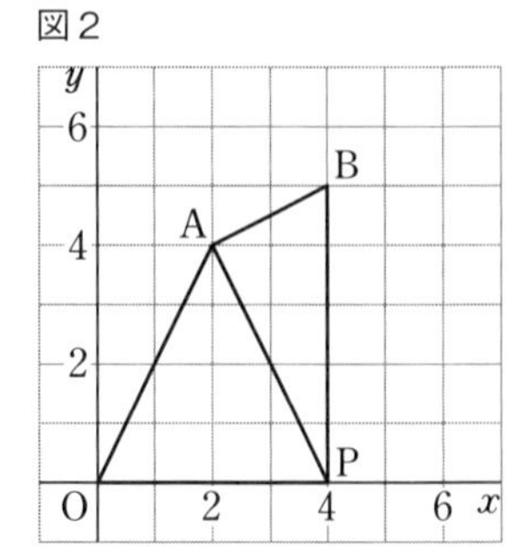

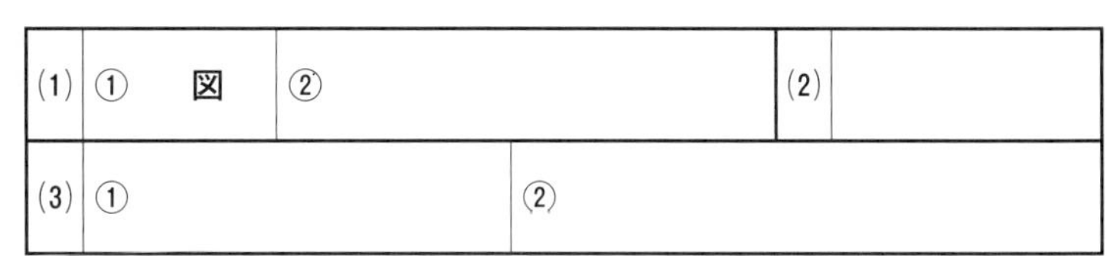

(1)	①　図	②	(2)	
(3)	①	②		

②

□ 編集協力　㈱プラウ 21（坂口義興・岡田ひなの）　内田完司　鳥居竜三

□ 本文デザイン　小川純（オガワデザイン）　南彩乃（細山田デザイン事務所）

□ 図版作成　㈱プラウ 21

シグマベスト

実力アップ問題集

中 3 数学

編　者　文英堂編集部

発行者　益井英郎

印刷所　中村印刷株式会社

発行所　株式会社文英堂

〒601-8121　京都市南区上鳥羽大物町28

〒162-0832　東京都新宿区岩戸町17

（代表）03-3269-4231

●落丁・乱丁はおとりかえします。

ΣBEST シグマベスト

実力アップ問題集

EXERCISE BOOK | MATHEMATICS

解答・解説

中３数学

文英堂

1章 多項式

❶ 多項式の計算

p.6〜7 基礎問題の答え

1 (1) $15x^2+5xy$ (2) $-14ab+12b^2$
(3) $10a^2-6ab$ (4) $3a^2b-\frac{1}{2}ab^2$
(5) $\frac{5}{3}a^3b+\frac{5}{4}a^2b^2-\frac{5}{2}a^2b$
(6) $-2x^4y^2+2x^3y^3+8x^2y^4-10xy^5$

解説 負の数や式をかけるとき，符号（ふごう）をまちがえないように注意する。
(2) $(7a-6b)\times(-2b)=7a\times(-2b)-6b\times(-2b)$
$=-14ab+12b^2$
途中の式は省略して暗算してもよい。
参考 累乗（るいじょう）の指数のついた式の計算では，
$a^m\times a^n=a^{m+n}$ 例 $a^3\times a^2=a^{3+2}=a^5$
$(a^m)^n=a^{mn}$ 例 $(a^3)^2=a^{3\times2}=a^6$
$(ab)^n=a^nb^n$ 例 $(ab^3)^2=a^2(b^3)^2=a^2b^6$
が成り立つ。

2 (1) $5a-2$ (2) $-4x+16y$ (3) $-24x+3$
(4) $6x+3$ (5) $8m^2-4m+12$
(6) $-x^2-\frac{xy}{3}+\frac{y^2}{2}$

解説 (1) $(10a^2-4a)\div2a=\frac{10a^2}{2a}-\frac{4a}{2a}=5a-2$
(2) も同様にできる。**わる式の係数が分数のものは，逆数のかけ算に直すと計算ミスが少ない。**
(3) $(-8x^2+x)\div\frac{1}{3}x=(-8x^2+x)\times\frac{3}{x}$
$=-8x^2\times\frac{3}{x}+x\times\frac{3}{x}=-24x+3$
(6) $(6x^3y+2x^2y^2-3xy^3)\div(-6xy)$
$=-\frac{6x^3y}{6xy}-\frac{2x^2y^2}{6xy}+\frac{3xy^3}{6xy}=-x^2-\frac{xy}{3}+\frac{y^2}{2}$
参考 **$a^m\div a^n$ の計算では，**
$m>n$ のとき　$a^m\div a^n=a^{m-n}$
$m=n$ のとき　$a^m\div a^n=1$
$m<n$ のとき　$a^m\div a^n=\frac{1}{a^{n-m}}$
が成り立つ。

3 (1) x^2-2x-3 (2) $y^2+4y-12$
(3) $-x^2+11x-30$ (4) $2a^2-7a-15$
(5) $a^2+ab-2b^2$ (6) $4x^2+4xy-3y^2$
(7) $-12a^2+5a+3$ (8) $16y^2-24yz+5z^2$

解説 $(a+b)(c+d)=ac+ad+bc+bd$ を使って展開（てんかい）し，同類項をまとめて簡単にする。
(1)〜(3)は，
$(x+a)(x+b)=x^2+(a+b)x+ab$
を使ってもよい。このとき，(3)では
$(5-x)(x-6)=-(x-5)(x-6)$
$=-(x^2-11x+30)=-x^2+11x-30$

4 (1) $x^2+10x+24$ (2) $x^2-4x-21$
(3) $a^2+5a-24$ (4) $y^2-18y+80$
(5) $z^2+z-\frac{3}{4}$ (6) $b^2-\frac{1}{6}b-\frac{1}{6}$

解説 (5) $\left(z+\frac{3}{2}\right)\left(z-\frac{1}{2}\right)=z^2+\left(\frac{3}{2}-\frac{1}{2}\right)z-\frac{3}{2}\times\frac{1}{2}$
$=z^2+z-\frac{3}{4}$
(6) $\left(b-\frac{1}{2}\right)\left(b+\frac{1}{3}\right)=b^2+\left(-\frac{1}{2}+\frac{1}{3}\right)b-\frac{1}{2}\times\frac{1}{3}$
$=b^2-\frac{1}{6}b-\frac{1}{6}$

5 (1) $4x^2+12x+9$ (2) $36x^2-12x+1$
(3) $4t^2+4t+1$ (4) $9x^2+12xy+4y^2$
(5) $\frac{4}{9}x^2+8x+36$ (6) $\frac{x^2}{9}-\frac{xy}{3}+\frac{y^2}{4}$

解説 (3) $(-2t-1)^2=\{-(2t+1)\}^2=(2t+1)^2$
$=4t^2+4t+1$
(5) $\left(\frac{2}{3}x+6\right)^2=\left(\frac{2}{3}x\right)^2+2\times\left(\frac{2}{3}x\right)\times6+6^2$
$=\frac{4}{9}x^2+8x+36$
(6) $\left(\frac{x}{3}-\frac{y}{2}\right)^2=\left(\frac{x}{3}\right)^2-2\times\left(\frac{x}{3}\right)\times\left(\frac{y}{2}\right)+\left(\frac{y}{2}\right)^2$
$=\frac{x^2}{9}-\frac{xy}{3}+\frac{y^2}{4}$

6 (1) a^2-36 (2) $-x^2+49$ (3) $-x^2+9$
(4) $16x^2-1$ (5) $36x^2-49y^2$ (6) $\frac{1}{81}x^2-16$

解説 (2) $(x+7)(7-x)=-(x+7)(x-7)$
$=-(x^2-49)=-x^2+49$
(3) $(-x+3)(x+3)=-(x-3)(x+3)$
$=-(x^2-9)=-x^2+9$

7 (1) $a^2+2ab+b^2-2ac-2bc+c^2$
(2) $x^2+2xy+y^2-9$

解説 (1) $(a+b-c)^2$
$=(A-c)^2=A^2-2Ac+c^2$ 　$a+b=A$
$=(a+b)^2-2(a+b)c+c^2$ 　$A=a+b$
$=a^2+2ab+b^2-2ac-2bc+c^2$
別解 $(a+b-c)^2=\{(a+b)-c\}^2$
$=(a+b)^2-2(a+b)c+c^2$
としてもよい。
(2) $(x+y+3)(x+y-3)$
$=\{(x+y)+3\}\{(x+y)-3\}$
$=(x+y)^2-3^2=x^2+2xy+y^2-9$

p.8〜9 標準問題の答え

1 (1) $6x^2+10x-4$ (2) $6a^2+7a+2$
(3) $-x^2+13x-42$
(4) $-8a^3+22a^2-27a+18$
(5) x^3-y^3 (6) $-5x^3-45x^2-90x$

解説 分配法則を用いて展開(てんかい)する。
(4) $(-2a+3)(4a^2-5a+6)$
$=-2a(4a^2-5a+6)+3(4a^2-5a+6)$
(5) $(x^2+xy+y^2)(x-y)$
$=(x^2+xy+y^2)x-(x^2+xy+y^2)y$

2 (1) $a^2-\frac{3}{2}a-1$ (2) $x^2-\frac{1}{12}x-\frac{1}{12}$
(3) $a^2b^2-4ab-21$ (4) y^4+21y^2-100
(5) $y^2+12yz+36z^2$ (6) $9a^2-24ab+16b^2$
(7) $4x^2-9y^2$ (8) $\frac{1}{16}a^2-\frac{1}{9}b^2$

解説 式の形を見てどの乗法公式を用いるか決める。
(1) $\left(a+\frac{1}{2}\right)(a-2)=a^2+\left(\frac{1}{2}-2\right)a-\frac{1}{2}\times 2$
$=a^2-\frac{3}{2}a-1$
(3) $(ab+3)(ab-7)=(ab)^2+(3-7)ab-21$
$=a^2b^2-4ab-21$
(4) $(y^2-4)(y^2+25)=(y^2)^2+(-4+25)y^3-100$
$=y^4+21y^2-100$

3 (1) $x^2+2xy+y^2+4x+4y+4$
(2) $a^2-2ab+b^2+a-b-2$
(3) $9a^2-6ab+b^2-4$
(4) $x^4+2x^3+3x^2+2x-3$

解説 (1) $(x+y+2)^2$
$=(A+2)^2=A^2+4A+4$ 　$x+y=A$
$=(x+y)^2+4(x+y)+4$ 　$A=x+y$
$=x^2+2xy+y^2+4x+4y+4$
(2) $(a-b+2)(a-b-1)$ 　$a-b=A$
$=(A+2)(A-1)$
$=A^2+A-2$ 　$A=a-b$
$=(a-b)^2+(a-b)-2$
$=a^2-2ab+b^2+a-b-2$
A とおくかわりに，式を1つのものとみて展開してもよい。
(3) $(3a-b+2)(3a-b-2)$
$=\{(3a-b)+2\}\{(3a-b)-2\}$
$=(3a-b)^2-2^2=9a^2-6ab+b^2-4$
(4) $(x^2+x+3)(x^2+x-1)$
$=\{(x^2+x)+3\}\{(x^2+x)-1\}$
$=(x^2+x)^2+2(x^2+x)-3$
$=x^4+2x^3+x^2+2x^2+2x-3$
$=x^4+2x^3+3x^2+2x-3$

4 (1) $-6x+13$ (2) $3a^2-4ab+5b^2$
(3) $3xy-8y^2$

解説 ＿＿の部分のかっこは必ずつけるようにして，計算ミスのないようにする。
(1) $(x-3)^2-(x+2)(x-2)$
$=x^2-6x+9-\underline{(x^2-4)}=-6x+13$
(2) $(2a-b)^2-(a+2b)(a-2b)$
$=4a^2-4ab+b^2-\underline{(a^2-4b^2)}$
$=3a^2-4ab+5b^2$
(3) $(3x-4y)(3x+y)-(3x-2y)^2$
$=(3x)^2+(-4y+y)(3x)-4y^2-\underline{(9x^2-12xy+4y^2)}$
$=9x^2-9xy-4y^2-9x^2+12xy-4y^2$
$=3xy-8y^2$

5 (1) -1 (2) 73

解説 (1) 展開して a^3 の項になるのは，どれとどれをかけた場合かを考える。
$(2a^2-a+3)(3a^2+a+4)$
a^3 の項の係数は，$2\times1-1\times3=-1$
(2) $(x-3)^2(4x^2-5x+7)$
$=(x^2-6x+9)(4x^2-5x+7)$
x^2 の項の係数は，$7+30+36=73$

6 (1) $4xy$ (2) $A=-1$, $B=1$

解説 (1) □ $=(x+y)^2-(x-y)^2$

$=x^2+2xy+y^2-(x^2-2xy+y^2)=4xy$

参考 $(x+y)^2-(x-y)^2=4xy$

$(x+y)^2+(x-y)^2=2(x^2+y^2)$

は公式と同じように覚えておくとよい。

また，この問題の式

$(x+y)^2-4xy=(x-y)^2$

$(x-y)^2+4xy=(x+y)^2$

も，式の値(あたい)の計算などによく利用される。

(2) $(x+1)^2+A(x+1)+B$

$=x^2+(A+2)x+A+B+1$

これと，x^2+x+1 が等しいので

$A+2=1$, $A+B+1=1$ ⟶ $A=-1$, $B=1$

7 (1) $4ab-4b$ (2) 3

解説 (1) $A^2-B^2=(a+b-1)^2-(a-b-1)^2$

$=(a-1+b)^2-(a-1-b)^2$

$a-1=M$ とおきかえると

$A^2-B^2=(M+b)^2-(M-b)^2=4bM$

$=4b(a-1)=4ab-4b$

(2) $(x-y)^2=x^2+y^2-2xy=9-2\times 3=3$

❷ 因数分解

p.12〜13 基礎問題の答え

1 (1) $ab(2-c)$ (2) $4y(2x-1)$

(3) $-3x(xy-2)$ (4) $-12a^2(a+1)$

解説 (3) $-3x^2y+6x=-(3x^2y-6x)=-3x(xy-2)$

(4) $-12a^3-12a^2=-(12a^3+12a^2)=-12a^2(a+1)$

2 (1) $(x+3y)(x-3y)$ (2) $(2x+5)(2x-5)$

(3) $(ab+8c)(ab-8c)$

(4) $(4xy+7)(4xy-7)$

解説 (3) $a^2b^2-64c^2=(ab)^2-(8c)^2$

3 (1) $(x+7)^2$ (2) $(2x+3)^2$

(3) $(x+0.3)^2$ (4) $(5x+0.6)^2$

解説 (2) $4x^2+12x+9=(2x)^2+2\times(2x)\times 3+3^2$

(3) $x^2+0.6x+0.09=x^2+2\times x\times 0.3+0.3^2$

(4) $25x^2+6x+0.36=(5x)^2+2\times(5x)\times 0.6+0.6^2$

4 (1) $(x-9)^2$ (2) $(3x-10)^2$

(3) $(x-0.7)^2$ (4) $(5x-1.2)^2$

解説 **3** と同じように考える。

(4) $25x^2-12x+1.44=(5x)^2-2\times(5x)\times 1.2+1.2^2$

5 (1) $(x+3)(x+7)$ (2) $(a-6)(a+2)$

(3) $(y+9)(y-4)$ (4) $(z-4)(z+3)$

(5) $(p-12)(p-2)$ (6) $(r-36)(r+1)$

解説 **3 つの項をもつ 2 次式の因数(いんすう)分解では，定数項を 2 数の積に分け，その 2 数の和が 1 次の項の係数となる 2 数を見つける。**

(4) $z^2-z-12=z^2+(-4+3)z+(-4)\times 3$

(5) $p^2-14p+24=p^2+(-12-2)p+(-12)\times(-2)$

(6) $r^2-35r-36=r^2+(-36+1)r+(-36)\times 1$

6 (1) $5(x+3)(x-3)$ (2) $a(a-7)^2$

(3) $(x-7)(x+2)$ (4) $(x+2)(x-2)$

解説 **共通因数があればくくり出し，かっこの中に残った式が因数分解できれば因数分解する。**

(1) $5x^2-45=5(x^2-9)=5(x^2-3^2)$

(2) $a^3-14a^2+49a=a(a^2-14a+49)$

$=a(a^2-2\times a\times 7+7^2)$

式を展開(てんかい)して整理してから因数分解する。

(3) $(x-2)^2-(x-2)-20$

$=x^2-4x+4-x+2-20$

$=x^2-5x-14=(x-7)(x+2)$

別解 $x-2=A$ とおいてもよい。

(4) $x(2x+5)-(x+1)(x+4)$

$=2x^2+5x-(x^2+5x+4)$

$=x^2-4=(x+2)(x-2)$

7 (1) ㋐ 22 ㋑ 11

(2) ㋐ 4 ㋑ 2 ㋒ 3 (3) ㋐ 4 ㋑ 6

解説 (1) 左辺の定数項より，

右辺$=(x-11)^2=x^2-22x+121$

(2) 左辺の定数項より，右辺$=(\square r-3)^2$

1 次の項は，$-12r=-6\times\square r$ から，□は 2

右辺$=(2r-3)^2=4r^2-12r+9$

(3)は (左辺の定数項)=(右辺の定数項) から，右辺を決め，次に左辺を決める。

8 (1) 例 $(2m+3)^2-(2m+1)^2=8m+8$

$=8(m+1)$

$m+1$ が整数より，連続する 2 つの奇数(きすう)の 2 乗の差は，8 の倍数になる。

(2) 例 連続する2つの整数を n, $n+1$ とする。
$(n+1)^2-n^2=2n+1=n+(n+1)$
よって，連続する2つの整数の2乗の差は，その2つの数の和に等しい。

p.14～15 標準問題の答え

1 (1) $xy(a+b)$ (2) $4ab(2c-3d)$
(3) $x(a+b+c)$ (4) $-x(x^2+2x-1)$
(5) $3ax(3x+2y)$ (6) $a(ab+ac+bc)$

解説 各項に共通な因数（いんすう）は，共通因数としてくくり出せる。
(4) $x-2x^2-x^3=x(1-2x-x^2)=-x(x^2+2x-1)$
これ以上因数分解できない。

2 (1) $\left(\frac{3}{4}x+\frac{1}{2}y\right)\left(\frac{3}{4}x-\frac{1}{2}y\right)$
(2) $(5a+7bc)(5a-7bc)$
(3) $(0.1x+0.4y)(0.1x-0.4y)$
(4) $(x^2+y^2)(x+y)(x-y)$
(5) $(a^4+1)(a^2+1)(a+1)(a-1)$
(6) $2a\left(a+\frac{1}{2}\right)\left(a-\frac{1}{2}\right)$

解説 (1) $\frac{9}{16}x^2-\frac{1}{4}y^2=\left(\frac{3}{4}x\right)^2-\left(\frac{1}{2}y\right)^2$
$=\left(\frac{3}{4}x+\frac{1}{2}y\right)\left(\frac{3}{4}x-\frac{1}{2}y\right)$
(3) $0.01x^2-0.16y^2=(0.1x)^2-(0.4y)^2$
$=(0.1x+0.4y)(0.1x-0.4y)$
(4) $x^4-y^4=(x^2)^2-(y^2)^2$
$=(x^2+y^2)(x^2-y^2)$
$=(x^2+y^2)(x+y)(x-y)$
(5) $a^8-1=(a^4)^2-1=(a^4+1)(a^4-1)$
$=(a^4+1)(a^2+1)(a^2-1)$
$=(a^4+1)(a^2+1)(a+1)(a-1)$
(6) $2a^3-\frac{1}{2}a=2a\left(a^2-\frac{1}{4}\right)$
かっこの中をさらに因数分解する。
$=2a\left(a+\frac{1}{2}\right)\left(a-\frac{1}{2}\right)$
別解 $2a^3-\frac{1}{2}a=\frac{1}{2}a(4a^2-1)$
$=\frac{1}{2}a(2a+1)(2a-1)$ としてもよい。

3 (1) $-(2x-5)^2$ (2) $2(x-2)^2$
(3) $2(3a-2)^2$ (4) $(a+2b)^2$ (5) $m(x+7n)^2$
(6) $2a(b+4)^2$ (7) $\left(a-\frac{1}{a}\right)^2$ (8) $a(x+y)^2$

解説 くふうして公式を用いる。
(1) $-4x^2+20x-25=-(4x^2-20x+25)$
(2) $2x^2-8x+8=2(x^2-4x+4)$
(3) $8-24a+18a^2=2(9a^2-12a+4)$
(4) $a^2+4ab+4b^2=a^2+2\times a\times(2b)+(2b)^2$
(5) $mx^2+14mnx+49mn^2=m(x^2+14nx+49n^2)$
$=m\{x^2+2\times x\times(7n)+(7n)^2\}$
(6) $2ab^2+16ab+32a=2a(b^2+8b+16)$
(7) $a^2-2+\frac{1}{a^2}=a^2-2\times a\times\frac{1}{a}+\left(\frac{1}{a}\right)^2=\left(a-\frac{1}{a}\right)^2$
(8) $a(x^2+y^2)+2axy$
$=a(x^2+2xy+y^2)=a(x+y)^2$

4 (1) $2a(x+4)(x-1)$ (2) $2a(a-6)(a+2)$
(3) $(xy-4)(xy-1)$ (4) $2c^2(a+b)(a+2b)$

解説 くふうして公式を用いる。
(1) $2ax^2+6ax-8a=2a(x^2+3x-4)$
(2) $2a^3-8a^2-24a=2a(a^2-4a-12)$
(3) $x^2y^2-5xy+4$
$=A^2-5A+4=(A-4)(A-1)$ 　 $xy=A$
$=(xy-4)(xy-1)$ 　 $A=xy$
(4) $2a^2c^2+6abc^2+4b^2c^2$
$=2c^2(a^2+3ab+2b^2)$
$=2c^2\{a^2+(b+2b)a+b\times 2b\}$
$=2c^2(a+b)(a+2b)$

5 (1) $a(2a-5)$ (2) $(x+3)(x-8)$
(3) $(x-2)(x-5)$

解説 それぞれの式を展開（てんかい）して整理すると，
(1) $(a-1)(a-4)+(a+2)(a-2)=2a^2-5a$
(2) $(2x+1)(x-3)-(x+2)(x-2)-25$
$=x^2-5x-24$
(3) $(3x+1)(x-4)-2(x-1)^2+16=x^2-7x+10$

6 (1) $m=6$, $n=4$ (2) $m=24$, $n=1$

解説 $mn=24$ で，m, n は $m>n$ の正の整数だから，
$(m, n)=(24, 1)$, $(12, 2)$, $(8, 3)$, $(6, 4)$
(1) $a=m+n$ であるから，和が最小になるのは，
$(m, n)=(6, 4)$
(2) 和が最大になるのは，$(m, n)=(24, 1)$

7 (1) **2つの底面の面積の和**

(2) 例 **2つの円柱の全表面積の和は**

$$2\pi b^2+2\pi ab+2\pi a^2+2\pi ab$$
$$=2\pi(a^2+2ab+b^2)=2\pi(a+b)^2$$

解説 (1) 2つの底面の面積の和は $2\pi a^2$ で，側面積は，$2\pi ab$ だから，差は，$2\pi a^2-2\pi ab=2\pi a(a-b)$

$a>b$ より，$a-b>0$ である。

8 (1) 例 **n を整数として奇数（きすう）は $2n+1$ と表される。**

$$(2n+1)^2=4n^2+4n+1=2(2n^2+2n)+1$$

よって，奇数の2乗は奇数である。

(2) 例 **連続する2つの整数を n，$n+1$ とすると，**

$$(n+1)^2-n^2=2n+1$$

よって，連続する2つの整数の2乗の差は奇数である。

p.16～17 実力アップ問題の答え

1 (1) $10x^2+9x-9$ (2) $a^2-3a-18$

(3) $-4x^2+49$ (4) $9x^2-6x-35$

(5) $x^2-8x+16$ (6) $4y^2+20y+25$

(7) x^3+y^3 (8) $a^2-2ac+c^2-b^2$

2 (1) a^2+4 (2) $x+1$ (3) $8y$

(4) $2y^2-6xy$

3 (1) $8m(a-2b)$ (2) $(p+4q)(p-4q)$

(3) $(y+6)(y-1)$ (4) $4(x+3)(x-2)$

(5) $(3x+5)^2$ (6) $2(x-4)^2$

(7) $4(5a+b)(5a-b)$ (8) $\left(a+\frac{3}{2}\right)^2$

4 (1) $(x+10)(x-9)$ (2) $(x-5)(x-8)$

(3) $4y(x-5)(x-6)$ (4) $(x-4)(x-5)$

5 (1) ① 4600 ② 20032 (2) 5000

(3) 73

6 $m=15$，$n=90$

7 $\frac{9}{4}$ 倍

8 4と5と6

解説 **1** 乗法公式が使えるものは公式を利用し，そうでないものは分配法則を用いて展開（てんかい）する。

(8) かっこ内の文字で，a と c は同符号（ふごう），b は異符号。同符号のものどうしと異符号のものどうしをまとめる。

$(a+b-c)(a-b-c)$

$=\{(a-c)+b\}\{(a-c)-b\}=(a-c)^2-b^2$

2 積の部分を展開して，加減を行えばよい。

(2) $(x+2)(x+1)-(x+1)^2$

$=x^2+3x+2-(x^2+2x+1)=x+1$

(3) $(2y+1)^2-(2y-1)^2$

$=4y^2+4y+1-(4y^2-4y+1)=8y$

(4) $(3x-y)^2-(3x+y)(3x-y)$

$=9x^2-6xy+y^2-(9x^2-y^2)=2y^2-6xy$

3 共通因数（いんすう）があればまずくくり出し，さらに因数分解できるものは因数分解する。

(4) $4x^2+4x-24=4(x^2+x-6)=4(x+3)(x-2)$

(6) $2x^2-16x+32=2(x^2-8x+16)=2(x-4)^2$

(7) $100a^2-4b^2=4(25a^2-b^2)=4(5a+b)(5a-b)$

(8) $a^2+3a+\frac{9}{4}=a^2+2\times\frac{3}{2}a+\left(\frac{3}{2}\right)^2=\left(a+\frac{3}{2}\right)^2$

4 (2) $(x-3)^2-7(x-3)+10$

$=x^2-6x+9-7x+21+10=x^2-13x+40$

$=(x-5)(x-8)$

(3) $120y+4yx^2-44xy=4y(30+x^2-11x)$

$=4y(x^2-11x+30)=4y(x-5)(x-6)$

(4) $(x-2)^2-5x+16=x^2-4x+4-5x+16$

$=x^2-9x+20=(x-4)(x-5)$

5 (1) ① $73^2-27^2=(73+27)\times(73-27)$

$=100\times46$

② $96^2+104^2=(100-4)^2+(100+4)^2$

$=2(100^2+4^2)=2\times10016$

(2) $2x^2-24x+72=2(x^2-12x+36)$

$=2(x-6)^2=2\times(56-6)^2=2\times2500$

(3) $x^2+y^2=(x+y)^2-2xy=5^2-2\times(-24)$

6 540に最も小さい自然数 m をかけて，2乗の数を作ると，どんな自然数 n の2乗になるかということである。540を素因数分解して考えると，

$2^2\times3^2\times3\times5\times m=n^2$ だから，$m=15$ とすると，

$n^2=2^2\times3^2\times15^2=90^2$ より，$n=90$

7 Aの正方形の1辺の長さを a，Bの正方形の1辺の長さを b とすると，Cの土地の面積は

$(a+b)^2-a^2-b^2=2ab$

Aの土地の面積はCの土地の面積の $\frac{1}{3}$ だから，

$a^2=\frac{2ab}{3}$ → ($a\neq0$ より) $b=\frac{3}{2}a$

→ $b^2=\left(\frac{3}{2}a\right)^2=\frac{9}{4}a^2$

8 連続する3つの整数を $n-1$，n，$n+1$ とすると，

$(n+1)^2=n(n-1)+16$

整理すると　$3n-15=0$

よって，$n=5$　3つの数は，4，5，6

定期テスト対策

❶式の展開や因数分解では，むやみに計算せず，式の形の特徴をうまく利用すること。
❶式の扱(あつか)いに慣れるには，基本問題をくり返し練習するとよい。

2章 平方根

❸ 平方根

p.20～21 基礎問題の答え

1 (1) 121 の平方根(へいほうこん)は ±11 である。
(2) $\sqrt{36}=6$ である。
(3) $\sqrt{(-3)^2}=3$ である。
(4) $(-\sqrt{5})^2=5$ である。

解説 (1) 正の数の平方根は正と負の 2 つある。11 のところを，11 と −11，あるいは ±11 に直す。
(2) $\sqrt{36}$ は正の数である。$\sqrt{36}=6$
(3) $\sqrt{(-3)^2}=\sqrt{9}=\sqrt{3^2}=3$
(4) 負の数は 2 乗すると正の数になる。
$(-\sqrt{5})^2=(\sqrt{5})^2=5$

2 (1) 8　(2) −0.4　(3) 5　(4) ±36

解説 (1) $\sqrt{64}=\sqrt{8^2}=8$
(2) $-\sqrt{0.16}=-\sqrt{0.4^2}=-0.4$
(3) $\sqrt{(-5)^2}=\sqrt{5^2}=5$

3 (1) ±12　(2) ±16　(3) ±0.9　(4) ±1.1
(5) $\pm\sqrt{0.3}$　(6) $\pm\sqrt{2.5}$　(7) ±20　(8) ±80
(9) $\pm\frac{4}{3}$　(10) $\pm\frac{7}{3}$

解説 (1) $144=12^2$　(2) $256=16^2$　(4) $1.21=1.1^2$
(5)，(6)は根号(こんごう)を用いて表す。
(9) $\frac{16}{9}=\left(\frac{4}{3}\right)^2$　(10) $\frac{49}{9}=\left(\frac{7}{3}\right)^2$
参考 $11^2=121$，$12^2=144$，$13^2=169$，$14^2=196$，$15^2=225$，$16^2=256$，$17^2=289$，$18^2=324$，$19^2=361$，$25^2=625$ などは覚えておくとよい。

4 (1) $5>\sqrt{20}$　(2) $\sqrt{0.1}>0.1$
(3) $-\sqrt{18}<-4$　(4) $\sqrt{\frac{5}{8}}=\frac{\sqrt{10}}{4}$
(5) $\sqrt{7}<\sqrt{8}<6$　(6) $-5<-\sqrt{7}<-\sqrt{6}$

解説 正の数どうしは，2 乗して比べるとよい。
$a>0$ のとき $a=\sqrt{a^2}$ として，根号の中の数の大小を比べてもよい。
(1) $5=\sqrt{25}>\sqrt{20}$
(2) $(\sqrt{0.1})^2=0.1$，$0.1^2=0.01$ で，$0.1>0.01$ だから，
$\sqrt{0.1}>0.1$
(3) 負の数どうしは，まず絶対値の大小を調べる。
$\sqrt{18}>4=\sqrt{16}$ だから，$-\sqrt{18}<-4$
(4) $\left(\sqrt{\frac{5}{8}}\right)^2=\frac{5}{8}$，$\left(\frac{\sqrt{10}}{4}\right)^2=\frac{10}{16}=\frac{5}{8}$
(5) $\sqrt{7}<\sqrt{8}<6=\sqrt{36}$
(6) $5=\sqrt{25}>\sqrt{7}>\sqrt{6}$ だから，
$-5<-\sqrt{7}<-\sqrt{6}$

5 (1) $\sqrt{30}$ m　(2) 5 m 48 cm

解説 (1) 正方形の 1 辺の長さを x m とすると，
$x^2=30$
x は 30 の平方根だから　$x=\pm\sqrt{30}$
ただし，正方形の辺の長さは正の数だから，正方形の 1 辺の長さは $\sqrt{30}$ m
(2) 電卓(でんたく)を利用すると $\sqrt{30}=5.477\cdots$
cm の単位まで求めるので，5.48 m＝5 m 48 cm

6 (1) $0.\dot{6}$　(2) $0.\dot{0}\dot{1}$　(3) $0.\dot{7}1428\dot{5}$

解説 (1)
$$\begin{array}{r} 0.66\cdots \\ 3\overline{)2.0} \\ 18 \\ \hline 20 \\ 18 \\ \hline 20 \end{array}$$
(2)
$$\begin{array}{r} 0.0101\cdots \\ 99\overline{)1.00} \\ 99 \\ \hline 100 \\ 99 \\ \hline 1 \end{array}$$
循環(じゅんかん)する小数部分の始めと終わりの数字の上に・をつける。

7 有理数(ゆうりすう) … $\frac{2}{5}$，4，$0.\dot{1}\dot{8}$，$\frac{1}{6}$
無理数(むりすう) … $\sqrt{7}$，$-\sqrt{5}$

解説 有限小数(ゆうげんしょうすう)は有理数である。また，分数で表せると有理数である。$4=\frac{4}{1}$，$0.\dot{1}\dot{8}=\frac{2}{11}$ と表せる。
$\sqrt{7}$ は循環しない無限小数(むげんしょうすう)であるから無理数である。

p.22〜23 標準問題の答え

1 (1) ① ± 2.5　② ± 0.12　③ $\pm\frac{9}{13}$

④ $\pm\frac{7}{4}$

(2) ① 7　② 11　(3) ± 2

解説 (1) ① $6.25=\frac{625}{100}=\left(\frac{25}{10}\right)^2=2.5^2$

② $0.0144=\frac{144}{10000}=\left(\frac{12}{100}\right)^2=0.12^2$

参考 $62.5=\frac{625}{10}=\frac{25^2}{10}=\frac{25^2\times10}{10^2}$

$0.144=\frac{144}{1000}=\frac{12^2}{1000}=\frac{12^2\times10}{100^2}$

だから，数字の並びは同じでも，62.5 や 0.144 の平方根は限りなく続く小数になる。

(3) $\sqrt{16}=4$ であるから，$\sqrt{16}$ の平方根は，4 の平方根で ± 2 である。

2 ウ，エ

解説 ア $\sqrt{5^2}+\sqrt{(-5)^2}=5+5=10$，正しくない

イ $(-\sqrt{8})^2+8=8+8=16$，正しくない

ウ $\sqrt{100}-10=10-10=0$，正しい

エ $\sqrt{7^2}-(\sqrt{7})^2=7-7=0$，正しい

3 (1) 5 cm　(2) $\sqrt{13}$ cm

(3) 面積が 2 倍 … $\sqrt{2}$ 倍，面積が 3 倍 … $\sqrt{3}$ 倍

解説 (1) 求める円の半径を x cm とすると

$\pi x^2=3^2\pi+4^2\pi \longrightarrow x^2=3^2+4^2=9+16=25$

$x^2=25$ をみたす x は，25 の平方根だから

$x=\pm 5$　ただし，円の半径は正の数だから，

求める円の半径は 5 cm

(2) 色をつけた正方形の 1 辺の長さを x cm とすると，

$x^2=5^2-\frac{2\times3}{2}\times4 \longrightarrow x^2=13$

x は 13 の平方根だから　$x=\pm\sqrt{13}$

ただし，正方形の辺の長さは正の数だから，色をつけた正方形の 1 辺の長さは $\sqrt{13}$ cm

(3) もとにする正方形の 1 辺の長さを 1 とすると，面積は $1^2=1$　求める正方形の1辺の長さを x とすると，

面積が 2 倍のとき，$x^2=2$ より $x=\pm\sqrt{2}$

面積が 3 倍のとき，$x^2=3$ より $x=\pm\sqrt{3}$

正方形の辺の長さは正の数だから，

面積を 2 倍にするとき，辺の長さは $\sqrt{2}$ 倍

面積を 3 倍にするとき，辺の長さは $\sqrt{3}$ 倍

にすればよい。

4 (1) 0，0.03，0.4，$\frac{\sqrt{5}}{2}$，$\sqrt{2}$，$\frac{3}{2}$

(2) $-\sqrt{5}$，$-\frac{\sqrt{4}}{4}$，$-\frac{1}{3}$，$\sqrt{0.64}$，$\sqrt{1.44}$

解説 それぞれの数を 2 乗しても大小が比べられるが，$\sqrt{2}$ や $\sqrt{5}$ の近似値を用いると比べやすい。

(1) $\sqrt{2}\fallingdotseq1.414$，$\frac{\sqrt{5}}{2}\fallingdotseq\frac{2.236}{2}=1.118$

(2) $-\frac{\sqrt{4}}{4}=-\frac{2}{4}=-0.5$，$-\frac{1}{3}\fallingdotseq-0.333$

$\sqrt{0.64}=0.8$，$\sqrt{1.44}=1.2$，$-\sqrt{5}\fallingdotseq-2.236$

参考 **平方根の近似値の覚え方**

$\sqrt{2}\fallingdotseq1.41421356$ (一夜一夜に人見ごろ)

$\sqrt{3}\fallingdotseq1.7320508$ (人なみにおごれや)

$\sqrt{5}\fallingdotseq2.2360679$ (富士山ろくおうむ鳴く)

$\sqrt{6}\fallingdotseq2.44949$ (似よ，よくよく)

$\sqrt{7}\fallingdotseq2.64575$ (菜に虫いない)

5 (1) 1，2，3　(2) 7，8　(3) $a=\sqrt{20}-4$

解説 (1) $x>0$ だから，$\sqrt{x}<2$ の両辺を 2 乗しても不等号が成り立つので，$x<4$

これをみたす自然数だから，$x=1$，2，3

(2) $2.5<\sqrt{x}<3$ の各辺を 2 乗して

$6.25<x<9$　x は整数だから　$x=7$，8

(3) $4<\sqrt{20}<5$ だから，$\sqrt{20}$ の整数部分は 4 である。小数部分は，$a=\sqrt{20}-4$ となる。

6 (1) 6　(2) 6

解説 素因数分解を利用する。

(1) $96=2^5\times3=2^2\times2^2\times6=4^2\times6$

$\sqrt{96n}=\sqrt{4^2\times6\times n}$ が整数になる最小の自然数は，

$n=6$

(2) $24=2^3\times3=2^2\times6$

$\sqrt{\frac{24}{m}}=\sqrt{\frac{2^2\times6}{m}}$ を自然数にする最小の整数は，

$m=6$

7 (1) $-\sqrt{100}$，$\sqrt{0.01}$，$-\sqrt{25}$，$\sqrt{\frac{1}{36}}$

(2) 2，8，18，32，50

解説 (1) $\sqrt{10}$，$-\sqrt{0.5}$ は根号を使わないと表せない。

(2) $m=2n$ とおくと，$\sqrt{\frac{m}{8}}=\sqrt{\frac{2n}{8}}=\sqrt{\frac{n}{4}}$

n が 2 乗数のとき，これは根号を使わないで表せる数。

$\sqrt{\frac{n}{4}}<3$ の両辺を2乗して $\frac{n}{4}<9$ より
$n<36$　n は2乗数だから
$n=1,\ 4,\ 9,\ 16,\ 25$
$m=2n=2,\ 8,\ 18,\ 32,\ 50$

8 **A … $-\sqrt{16}$　B … $-\sqrt{8}$　C … 1.5**
D … $\frac{8}{3}$　E … $\sqrt{20}$

解説　$-\sqrt{16}=-4$ だから点A。点Bは負の数の $-\sqrt{8}$ が考えられる。$-\sqrt{9}<-\sqrt{8}<-\sqrt{4}$ より $-3<-\sqrt{8}<-2$ となる。
$\sqrt{16}<\sqrt{20}<\sqrt{25}$ より，$4<\sqrt{20}<5$
有理数(ゆうりすう)も無理数(むりすう)も，すべて数直線上の点として表せる。

❹ 根号をふくむ式の計算

p.26～27　基礎問題の答え

1 (1) $6\sqrt{2}$　(2) $4\sqrt{6}$　(3) $\frac{\sqrt{3}}{4}$　(4) $\frac{3\sqrt{3}}{8}$

解説　$\sqrt{k^2a}=k\sqrt{a}$ $(k>0)$ を使う。
(1) $\sqrt{72}=\sqrt{36\times2}=\sqrt{6^2\times2}=6\sqrt{2}$
(2) $\sqrt{96}=\sqrt{16\times6}=\sqrt{4^2\times6}=4\sqrt{6}$
(3) $\sqrt{\frac{3}{16}}=\frac{\sqrt{3}}{\sqrt{4^2}}=\frac{\sqrt{3}}{4}$
(4) $\sqrt{\frac{27}{64}}=\frac{\sqrt{3^2\times3}}{\sqrt{8^2}}=\frac{3\sqrt{3}}{8}$

2 (1) ① **14.14**　② **44.72**　③ **0.4472**
④ **0.1414**
(2) ① **7.070**　② **0.03161704**
③ **0.4472**　④ **0.790426**

解説　(1) 小数は分数に直し，根号(こんごう)の中をできるだけ小さな整数に変形すると $\sqrt{2}$，$\sqrt{20}$ のどちらを利用するかがわかる。
① $\sqrt{200}=\sqrt{10^2\times2}=10\sqrt{2}=10\times1.414$
② $\sqrt{2000}=\sqrt{10^2\times20}=10\sqrt{20}=10\times4.472$
③ $\sqrt{0.2}=\sqrt{\frac{2}{10}}=\sqrt{\frac{20}{100}}=\frac{\sqrt{20}}{10}=\frac{4.472}{10}$
④ $\sqrt{0.02}=\sqrt{\frac{2}{100}}=\frac{\sqrt{2}}{10}=\frac{1.414}{10}$

参考 **$\sqrt{\ }$ の中の数の小数点が2けたずれると，その数の平方根(へいほうこん)の小数点の位置が同じ方向へ1けたずれる。**

$\sqrt{0.02}=0.1414$　$\sqrt{0.20}=0.4472$
$\sqrt{2}=1.414$　$\sqrt{20}=4.472$
$\sqrt{200}=14.14$　$\sqrt{2000}=44.72$

このことを用いて，平方根の値(あたい)を求めてもよい。
(2) 根号の中の整数ができるだけ小さくなるように変形したり，$\sqrt{2}$ と $\sqrt{5}$ の積とみたりして，くふうして値を求める。分数の形のものは，分母を有理化(ゆうりか)する。
① $\sqrt{50}=\sqrt{25\times2}=5\sqrt{2}=5\times1.414=7.070$
② $\sqrt{0.001}=\sqrt{\frac{1}{1000}}=\sqrt{\frac{10}{10000}}=\frac{\sqrt{2}\sqrt{5}}{100}$
$=\frac{1.414\times2.236}{100}=0.03161704$
③ $\frac{1}{\sqrt{5}}=\frac{\sqrt{5}}{5}=\frac{2.236}{5}=0.4472$
④ $\sqrt{\frac{5}{8}}=\frac{\sqrt{5}}{2\sqrt{2}}=\frac{\sqrt{5}\sqrt{2}}{4}$
$=\frac{2.236\times1.414}{4}=0.790426$

3 (1) $6\sqrt{3}$　(2) $27\sqrt{2}$　(3) $12\sqrt{2}$　(4) $4\sqrt{2}$
(5) $\frac{\sqrt{6}}{4}$　(6) 2

解説　$\sqrt{a}\sqrt{b}=\sqrt{ab}$ や，$\sqrt{ab}=\sqrt{a}\sqrt{b}$，$\sqrt{a}\sqrt{a}=(\sqrt{a})^2=a$ であることを利用する。
(1) $\sqrt{6}\sqrt{18}=\sqrt{6}\sqrt{6}\sqrt{3}=6\sqrt{3}$
(2) $\sqrt{27}\sqrt{54}=\sqrt{27}\sqrt{27}\sqrt{2}=27\sqrt{2}$
(3) $4\sqrt{3}\times\sqrt{6}=4\sqrt{3}\sqrt{3}\sqrt{2}=12\sqrt{2}$
(4) $8\sqrt{14}\div2\sqrt{7}=\frac{8\sqrt{7}\sqrt{2}}{2\sqrt{7}}=4\sqrt{2}$
(5) $\frac{\sqrt{27}}{\sqrt{72}}=\frac{3\sqrt{3}}{6\sqrt{2}}=\frac{\sqrt{3}}{2\sqrt{2}}=\frac{\sqrt{3}\sqrt{2}}{2\times2}=\frac{\sqrt{6}}{4}$
(6) $\frac{\sqrt{60}}{\sqrt{3}\times\sqrt{5}}=\frac{\sqrt{3}\sqrt{5}\sqrt{4}}{\sqrt{3}\sqrt{5}}=2$

4 (1) 24　(2) $2\sqrt{2}$　(3) $2\sqrt{7}$　(4) $\frac{4\sqrt{5}}{5}$

解説　**3** と同様に考える。
(4) $\frac{2}{\sqrt{3}}\div\frac{1}{\sqrt{2}}\div\sqrt{\frac{5}{6}}=\frac{2}{\sqrt{3}}\times\frac{\sqrt{2}}{1}\times\frac{\sqrt{6}}{\sqrt{5}}$
$=\frac{2(\sqrt{2})^2\sqrt{3}}{\sqrt{3}\sqrt{5}}=\frac{4}{\sqrt{5}}=\frac{4\sqrt{5}}{5}$

5 (1) $5\sqrt{6}$　(2) $\sqrt{5}$　(3) $7\sqrt{3}$　(4) 0
(5) $\dfrac{2\sqrt{3}}{3}$　(6) $\dfrac{59\sqrt{2}}{10}$

解説 $\sqrt{k^2a}=k\sqrt{a}$ $(k>0)$ を使う。分数の形のものは分母を有理化して，加減を行う。
(1) $\sqrt{54}+2\sqrt{6}=3\sqrt{6}+2\sqrt{6}=5\sqrt{6}$
(2) $\sqrt{80}-3\sqrt{5}=4\sqrt{5}-3\sqrt{5}=\sqrt{5}$
(3) $\sqrt{48}+\sqrt{27}=4\sqrt{3}+3\sqrt{3}=7\sqrt{3}$
(4) $5\sqrt{6}-\sqrt{24}-\sqrt{54}$
$=5\sqrt{6}-2\sqrt{6}-3\sqrt{6}=0$
(5) $\sqrt{3}+\dfrac{1}{\sqrt{3}}-\dfrac{4}{\sqrt{12}}$
$=\sqrt{3}+\dfrac{\sqrt{3}}{3}-\dfrac{2\sqrt{3}}{3}=\dfrac{2\sqrt{3}}{3}$
(6) $\dfrac{4}{\sqrt{2}}+\sqrt{32}-\dfrac{1}{\sqrt{50}}$
$=2\sqrt{2}+4\sqrt{2}-\dfrac{\sqrt{2}}{10}=\dfrac{59\sqrt{2}}{10}$

6 (1) $3-7\sqrt{3}$　(2) $9-7\sqrt{5}$　(3) 7
(4) $1-\sqrt{10}$　(5) $23+8\sqrt{7}$　(6) 0

解説 式の展開(てんかい)と同じように考えて計算し，簡単になるものは簡単にする。
(1) $\sqrt{3}(\sqrt{3}-7)=3-7\sqrt{3}$
(2) $(\sqrt{5}-3)(3\sqrt{5}+2)$
$=3(\sqrt{5})^2+2\sqrt{5}-9\sqrt{5}-6=9-7\sqrt{5}$
(3) $(\sqrt{10}+\sqrt{3})(\sqrt{10}-\sqrt{3})$
$=(\sqrt{10})^2-(\sqrt{3})^2=10-3=7$
(4) $(\sqrt{5}+\sqrt{2})(\sqrt{5}-\sqrt{8})$
$=(\sqrt{5})^2-2\sqrt{2}\sqrt{5}+\sqrt{2}\sqrt{5}-2(\sqrt{2})^2$
$=1-\sqrt{10}$
(5) $(\sqrt{7}+4)^2$
$=(\sqrt{7})^2+8\sqrt{7}+16=23+8\sqrt{7}$
(6) $(2\sqrt{2}-\sqrt{8})^2=(2\sqrt{2}-2\sqrt{2})^2=0$

7 (1) 4　(2) 1　(3) $-8\sqrt{3}$　(4) 14

解説 (1) $x+y=(2-\sqrt{3})+(2+\sqrt{3})=4$
(2) $xy=(2-\sqrt{3})(2+\sqrt{3})=4-3=1$
(3) $x^2-y^2=(x+y)(x-y)=4\times(-2\sqrt{3})$
$=-8\sqrt{3}$
(4) $x^2+y^2=(x+y)^2-2xy=4^2-2\times1=14$

p.28～29 標準問題の答え

1 (1) $\dfrac{\sqrt{3}}{3}<\dfrac{1}{\sqrt{2}}<\sqrt{\dfrac{3}{5}}$

(2) $-1\dfrac{1}{2}<-\sqrt{2}<0.17<\dfrac{\sqrt{10}}{3}<\dfrac{\sqrt{6}}{2}<\sqrt{3}$

解説 (1) $\left(\dfrac{\sqrt{3}}{3}\right)^2=\dfrac{3}{9}=\dfrac{1}{3}$，$\left(\sqrt{\dfrac{3}{5}}\right)^2=\dfrac{3}{5}$，
$\left(\dfrac{1}{\sqrt{2}}\right)^2=\dfrac{1}{2}$　$\dfrac{1}{3}<\dfrac{1}{2}<\dfrac{3}{5}$ だから
$\dfrac{\sqrt{3}}{3}<\dfrac{1}{\sqrt{2}}<\sqrt{\dfrac{3}{5}}$
(2) 負の数は，$-1\dfrac{1}{2}=-1.5<-\sqrt{2}\fallingdotseq-1.414$
正の数は，$0.17^2=0.0289$，$(\sqrt{3})^2=3$，
$\left(\dfrac{\sqrt{6}}{2}\right)^2=\dfrac{6}{4}=1.5$，$\left(\dfrac{\sqrt{10}}{3}\right)^2=\dfrac{10}{9}=1.11\cdots$
よって，$0.17<\dfrac{\sqrt{10}}{3}<\dfrac{\sqrt{6}}{2}<\sqrt{3}$

2 (1) $7\sqrt{6}$　(2) $25\sqrt{2}$　(3) $3\sqrt{5}$　(4) -30
(5) $4\sqrt{2}$　(6) 2

解説 (1) $\sqrt{54}+\sqrt{8}\times\sqrt{12}$
$=3\sqrt{6}+4\sqrt{6}=7\sqrt{6}$
(2) $5\sqrt{2}-5\times(-\sqrt{32})$
$=5\sqrt{2}+20\sqrt{2}=25\sqrt{2}$
(3) $\sqrt{80}-\sqrt{25}\div\sqrt{5}=4\sqrt{5}-\sqrt{5}=3\sqrt{5}$
(4) $\sqrt{5}(5\sqrt{5}-4\sqrt{20}-\sqrt{3}\sqrt{15})$
$=25-40-15=-30$
(5) $\dfrac{2}{\sqrt{2}}+\dfrac{3}{\sqrt{3}}\times\sqrt{6}=\sqrt{2}+3\sqrt{2}=4\sqrt{2}$
(6) $\dfrac{\sqrt{18}-\sqrt{2}}{\sqrt{2}}=\dfrac{3\sqrt{2}-\sqrt{2}}{\sqrt{2}}=\dfrac{2\sqrt{2}}{\sqrt{2}}=2$

3 (1) -13　(2) $-8\sqrt{3}$　(3) $28-2\sqrt{2}$
(4) $31-5\sqrt{2}$　(5) 3
(6) $6+2\sqrt{2}+2\sqrt{3}+2\sqrt{6}$

解説 (1) $(2\sqrt{3}-5)(2\sqrt{3}+5)$
$=(2\sqrt{3})^2-5^2=12-25=-13$
(2) $(\sqrt{3}-2)^2-(\sqrt{3}+2)^2$
$=(\sqrt{3}-2+\sqrt{3}+2)(\sqrt{3}-2-\sqrt{3}-2)$
$=2\sqrt{3}\times(-4)=-8\sqrt{3}$
(3) $(2\sqrt{2}+1)^2+(3\sqrt{2}-1)^2$
$=8+4\sqrt{2}+1+18-6\sqrt{2}+1=28-2\sqrt{2}$
(4) $(4\sqrt{2}-1)(4\sqrt{2}+1)-5\sqrt{2}$
$=32-1-5\sqrt{2}=31-5\sqrt{2}$
(5) $(\sqrt{3}+2)^2-4(\sqrt{3}+2)+4$
$=3+4\sqrt{3}+4-4\sqrt{3}-8+4=3$
(6) $(1+\sqrt{2}+\sqrt{3})^2$
$=(1+\sqrt{2}+\sqrt{3})(1+\sqrt{2}+\sqrt{3})$
$=1+\sqrt{2}+\sqrt{3}+\sqrt{2}+2+\sqrt{6}+\sqrt{3}+\sqrt{6}+3$
$=6+2\sqrt{2}+2\sqrt{3}+2\sqrt{6}$
別解 (5) $(\sqrt{3}+2)^2-4(\sqrt{3}+2)+4$

$=\{(\sqrt{3}+2)-2\}^2=(\sqrt{3})^2=3$

(6) $(1+\sqrt{2}+\sqrt{3})^2$

$=\{1+(\sqrt{2}+\sqrt{3})\}^2$

$=1+2(\sqrt{2}+\sqrt{3})+(\sqrt{2}+\sqrt{3})^2$

$=1+2\sqrt{2}+2\sqrt{3}+2+2\sqrt{6}+3$

$=6+2\sqrt{2}+2\sqrt{3}+2\sqrt{6}$

参考 $a>0$，$b>0$ のとき，

$(\sqrt{a}+\sqrt{b})^2=a+b+2\sqrt{ab}$ である。

4 (1) $2\sqrt{2}$　(2) 3　(3) 3　(4) $\sqrt{5}$，$\sqrt{5}$

解説 □ を x として，等式を変形する。

(1) $10+\sqrt{2}x=14 \longrightarrow \sqrt{2}x=4$

$x=\dfrac{4}{\sqrt{2}}=2\sqrt{2}$

(2) $3\sqrt{2}-6\sqrt{2}\div x=\sqrt{2}$

$6\sqrt{2}\div x=2\sqrt{2}$，$x=\dfrac{6\sqrt{2}}{2\sqrt{2}}=3$

(3) $(\sqrt{5}+x)^2=14+6\sqrt{5}$

$5+x^2+2x\times\sqrt{5}=14+6\sqrt{5}$

ここで，x は整数だから，両辺を比べると，

$5+x^2=14$ ……①　$2x=6$ ……②

が成り立てばよい。②より $x=3$

$x=3$ は①もみたす。

参考 a，b，c，d が有理数のとき，

$a+b\sqrt{2}=c+d\sqrt{2}$ ならば $a=c$，$b=d$ が成り立つ。

その理由は，$(b-d)\sqrt{2}=c-a$ ……①だから，

もし，$b\neq d$ ならば，$\sqrt{2}=\dfrac{c-a}{b-d}$

$\sqrt{2}$ が有理数となって，これは不合理。

したがって，$b=d$ である。

$b=d$ のとき，①は $0=c-a \longrightarrow a=c$

(4) $(\sqrt{7}+x)(\sqrt{7}-x)=2 \longrightarrow 7-x^2=2$

$x^2=5$　x は5の正の平方根(へいほうこん)だから　$x=\sqrt{5}$

5 8

解説 与式$=\dfrac{(\sqrt{5}+\sqrt{3})^2+(\sqrt{5}-\sqrt{3})^2}{(\sqrt{5}+\sqrt{3})(\sqrt{5}-\sqrt{3})}$

$=\dfrac{8+2\sqrt{15}+8-2\sqrt{15}}{5-3}=\dfrac{16}{2}=8$

6 (1) 4　(2) $15-\sqrt{5}$　(3) 28　(4) $48\sqrt{5}$

解説 (1) $xy=(3+\sqrt{5})(3-\sqrt{5})=9-5=4$

(2) $2x+3y=2(3+\sqrt{5})+3(3-\sqrt{5})$

$=6+2\sqrt{5}+9-3\sqrt{5}=15-\sqrt{5}$

(3) $x+y=(3+\sqrt{5})+(3-\sqrt{5})=6$

$x^2+y^2=(x+y)^2-2xy=6^2-2\times4=28$

(4) $x-y=(3+\sqrt{5})-(3-\sqrt{5})=2\sqrt{5}$

$x^3y-xy^3=xy(x^2-y^2)=xy(x+y)(x-y)$

$=4\times6\times2\sqrt{5}=48\sqrt{5}$

7 (1) 13　(2) 7　(3) 5　(4) 1

解説 (1) $a^2+ab+b^2=(a+b)^2-ab$

$=(2+\sqrt{2})^2-(-7+4\sqrt{2})$

$=6+4\sqrt{2}+7-4\sqrt{2}=13$

(2) $x^2-4x+4=(x-2)^2=(2-\sqrt{7}-2)^2=7$

別解 $x=2-\sqrt{7}$ より，$x-2=-\sqrt{7}$

この両辺を2乗して　$x^2-4x+4=7$

(3) $a=1+\sqrt{2}$ より，$a-1=\sqrt{2}$

この両辺を2乗して　$a^2-2a+1=2$

$a^2-2a+4=(a^2-2a+1)+3=2+3=5$

(4) $a=\dfrac{\sqrt{5}+2}{2}$ より，$2a-2=\sqrt{5}$

この両辺を2乗して　$4a^2-8a+4=5$

$4a^2-8a=5-4=1$

8 (1) -4　(2) -10

(3) ① 2　② $3\sqrt{3}-5$　③ $140-78\sqrt{3}$

解説 (1) $2<\sqrt{5}<3$ だから，$\sqrt{5}$ の整数部分は2

小数部分 $x=\sqrt{5}-2$

$(x+5)(x-1)=(\sqrt{5}-2+5)(\sqrt{5}-2-1)$

$=(\sqrt{5}+3)(\sqrt{5}-3)=5-9=-4$

(2) $3<\sqrt{15}<4$ だから，$\sqrt{15}$ の整数部分は3

小数部分は $a=\sqrt{15}-3$

$(a-2)(a+8)=(\sqrt{15}-3-2)(\sqrt{15}-3+8)$

$=(\sqrt{15}-5)(\sqrt{15}+5)=15-25=-10$

(3) ① $3(\sqrt{3}-1)\fallingdotseq3\times(1.732-1)=2.196$

よって，整数部分 $a=2$

別解 $3\sqrt{3}=\sqrt{27}$

$5<\sqrt{27}<6$ より $3\sqrt{3}$ の整数部分は5だから，

$3\sqrt{3}-3$ の整数部分は2

② $b=3(\sqrt{3}-1)-2=3\sqrt{3}-5$

③ $a^2+2ab+3b^2=2^2+2\times2\times(3\sqrt{3}-5)$

$+3(3\sqrt{3}-5)^2=140-78\sqrt{3}$

9 $p=2$，$q=1$

解説 $x=\sqrt{3}$ だから

$x^3+px^2+qx=(\sqrt{3})^3+p(\sqrt{3})^2+q\sqrt{3}$

$=3\sqrt{3}+3p+q\sqrt{3}=(3+q)\sqrt{3}+3p$

よって，$(3+q)\sqrt{3}+3p=4\sqrt{3}+6$

p，q は整数だから，$3+q=4$，$3p=6$

よって，$p=2$，$q=1$

❺ 誤差と近似値

p.32〜33 基礎問題の答え

1 **100**

解説 小数第1位を四捨五入して3になる数は，2.5以上3.5未満であるから，商として考えられる最小の数は2.5である。$a=2.5\times40=100$

2 (1) $\boldsymbol{4595\leqq a<4605}$ (2) **5 m**

解説 (1) 10 m 未満を四捨五入するので，1 m の位が四捨五入される。
(2) 4600 m と最も離れた数値は 4595 m であり，このときの誤差の絶対値は 5 m である。

3 (1) **7，2，0** (2) $\boldsymbol{7195\leqq a<7205}$ (3) **5 g**
(4) $\boldsymbol{7.20\times10^3}$ **g**

解説 (1) 7200 の千，百，十の位の 7，2，0 は信頼できる数値である。
(4) 有効数字 7，2，0 の 7 を整数部分として小数に表すと，7.20
これが 7200 と等しくなるためには 1000 倍すればいいので，$7.20\times1000=7.20\times10^3$ (g)

4 (1) **10 m** (2) **0.1 m** (3) **10 m** (4) **1 m**

解説 (1) $4.07\times1000=4070$ (m)
このうち，4，0，7 が有効数字だから，10 m の位まで測定した値と考えられる。
(2) $2.40\times10=24.0$ (m)
このうち，2，4，0 が有効数字だから，0.1 m の位まで測定した値と考えられる。
(3) $7.6\times100=760$ (m)
このうち，7，6 が有効数字だから，10 m の位まで測定した値と考えられる。
(4) $5.23\times100=523$ (m)
このうち，5，2，3 が有効数字だから，1 m の位まで測定した値と考えられる。

5 (1) $\boldsymbol{3.84\times10^5}$ **km** (2) $\boldsymbol{1.496\times10^8}$ **km**
(3) $\boldsymbol{5.100\times10^8}$ $\mathbf{km^2}$ (4) $\boldsymbol{7.4797\times10^7}$ $\mathbf{km^2}$

解説 (1) 有効数字 3，8，4 の 3 を整数部分として小数に表すと，3.84
これが 384000 と等しくなるためには 10 万倍すればいい。10 万 $=10^5$ より，3.84×10^5 km
(2) 有効数字 1，4，9，6 の 1 を整数部分として小数に表すと，1.496
これが 149600000 と等しくなるためには 1 億倍すればいい。1 億 $=10^8$ より，1.496×10^8 km
(3) 有効数字 5，1，0，0 の 5 を整数部分として小数に表すと，5.100
これが 510000000 と等しくなるためには 1 億倍すればいいから，5.100×10^8 $\mathrm{km^2}$
(4) 有効数字 7，4，7，9，7 の 7 を整数部分として小数に表すと，7.4797
これが 74797000 と等しくなるためには 1000 万倍すればいいから，7.4797×10^7 $\mathrm{km^2}$

p.34〜35 標準問題の答え

1 (1) **1000 km** (2) $\boldsymbol{-\dfrac{1}{30}}$ (3) $\boldsymbol{3.495\leqq a<3.505}$

解説 (1) $3.00\times100000=300000$ (km)
このうち，3，0，0 が有効数字だから，1000 km の位までが正確に測定した値と考えられる。
(2) **誤差**＝**近似値**－**真の値**$=0.3-\dfrac{1}{3}=-\dfrac{1}{30}$
(3) 四捨五入して 3.50 になるとき，末尾の 0 も四捨五入して得られた値なので，小数第 3 位が四捨五入される。

2 (1) $\boldsymbol{4.80\times10^4}$ **g**
(2) ① $\boldsymbol{2.40\times10^4}$ **m** ② $\boldsymbol{2.40\times10}$ **km**
(3) ① **1 cm** ② **0.5 cm**

解説 (1) 48000 の万，千，百の位の 4，8，0 が信頼できる数値である。
有効数字 4，8，0 の 4 を整数部分として小数に表すと，4.80
これが 48000 と等しくなるためには 10000 倍すればいいので，$4.80\times10000=4.80\times10^4$ (g)

(2) 2.40×10^6 − 2400000 (cm)
① 2400000 cm = 24000 m
　24000 m = 2.40×10^4 m
② 24000 m = 24.0 km
　24.0 km = 2.40×10 km
(3) ① $1.520\times10=15.20$ (m)
末尾の 0 は 1 cm の位だから，1 cm の位まで測定できる。
② 誤差の絶対値は大きくても 1 cm の半分の 0.5 cm

3 (1) **1.0×10^6**
(2) **1.3×10^4 km**
(3) **1.1×10^9 km**

解説 (1) $1048576 \fallingdotseq 1000000$
$=1.0\times1000000$
$=1.0\times10^6$
(2) $12756.2 \fallingdotseq 13000$
$=1.3\times10000$
$=1.3\times10^4$
(3) $1079252849 \fallingdotseq 1100000000$
$=1.1\times1000000000$
$=1.1\times10^9$

4 (1) **1.075×10^{12} km^3**
(2) **1.08×10^{12} km^3**

解説 (1) 上から 2 けた未満を四捨五入して 2.2×10^{10} km^3 になる数は，2.15×10^{10} km^3 以上 2.25×10^{10} km^3 未満である。地球の体積を 50 でわった商として考えられる最小の値は 2.15×10^{10} km^3 である。地球の体積として考えられる最も小さい値は，
$2.15\times50\times10^{10}=107.5\times10^{10}=1.075\times10^{12}$ (km^3)
(2) 1.075×10^{12} の上から 3 けた未満を四捨五入すると，1.08×10^{12} が得られる。

5 **有効数字 2 けた　男子 … 51，女子 … 49**
有効数字 3 けた　男子 … 50.9，女子 … 49.1

解説 この問題のように，割合を求めるときに，わり算がわり切れずに近似値で答えざるを得ない場合がある。この場合，あらかじめ有効数字のけた数をそろえておくことが必要である。

p.36～37 **実力アップ問題の答え**

1 (1) ±15 (2) $\pm\dfrac{6}{5}$ (3) 26 (4) 12

2 (1) 10，11，12，13，14，15 (2) 2
(3) $\dfrac{1}{25}$，$\sqrt{0.04}$，0.25 (4) 6 (5) 1.7

3 (1) 26.40 (2) 83.49 (3) 0.8349 (4) 0.2640

4 4.7 cm

5 (1) $-5\sqrt{3}$ (2) $\dfrac{4\sqrt{6}}{3}$ (3) $\dfrac{\sqrt{3}}{6}$
(4) $-2\sqrt{6}$

6 (1) $-1+\sqrt{5}$ (2) 3 (3) 3 (4) $\dfrac{\sqrt{2}}{6}$

7 (1) 7 (2) $5-\sqrt{6}$ (3) $8+4\sqrt{2}$

8 (1) 2.45×10^4 g (2) 2.450×10^4 g

解説 **2** (1) $3<\sqrt{a}<4$ の各辺を 2 乗して $9<a<16$
a は整数だから，$a=10$，11，12，13，14，15
(2) $\sqrt{3}\fallingdotseq1.732$，$\sqrt{5}\fallingdotseq2.236$ だから，
$\sqrt{3}<x<\sqrt{5}$ をみたす整数は，$x=2$
別解 $\sqrt{3}<x<\sqrt{5}$ の各辺を 2 乗すると
$3<x^2<5$　整数 x の 2 乗は整数だから
$x^2=4$　x は 4 の平方根（へいほうこん）で $x=\pm2$
ただし，$\sqrt{3}<x$ だから　$x=2$
(3) $\dfrac{1}{25}=0.04$，0.25，$\sqrt{0.04}=0.2$ を比べる。
(4) $\sqrt{150n}=\sqrt{5^2\times3\times2\times n}$ より $n=6$
(5) $\sqrt{2.89}=\sqrt{\dfrac{289}{100}}=\dfrac{\sqrt{289}}{10}=\dfrac{\sqrt{17^2}}{10}=1.7$
3 (1) $\sqrt{6|97}=10\sqrt{6.97}=26.40$
(2) $\sqrt{69|70}=10\sqrt{69.7}=83.49$
(3) $\sqrt{0.|69|7}=\dfrac{1}{10}\sqrt{69.7}=0.8349$
(4) $\sqrt{0.|06|97}=\dfrac{1}{10}\sqrt{6.97}=0.2640$
4 求める正方形の 1 辺の長さを x cm とすると，
$x>0$ で，$x^2=\dfrac{5\times9}{2}$ より $x=\sqrt{\dfrac{45}{2}}=\dfrac{3\sqrt{10}}{2}$
$=\dfrac{3\times3.162}{2}=4.743 \longrightarrow 4.7$cm

5 (1) $\sqrt{27}-4\sqrt{2}\times\sqrt{6}$
$=3\sqrt{3}-8\sqrt{3}=-5\sqrt{3}$

(2) $\sqrt{96}\div\sqrt{27}\times\sqrt{3}=\dfrac{4\sqrt{6}\times\sqrt{3}}{3\sqrt{3}}=\dfrac{4\sqrt{6}}{3}$

(3) $\dfrac{2}{\sqrt{3}}-\dfrac{\sqrt{3}}{2}=\dfrac{2\sqrt{3}}{3}-\dfrac{\sqrt{3}}{2}=\dfrac{\sqrt{3}}{6}$

(4) $\dfrac{\sqrt{72}}{2\sqrt{3}}-\sqrt{54}$
$=\dfrac{\sqrt{24}}{2}-\sqrt{54}=\sqrt{6}-3\sqrt{6}=-2\sqrt{6}$

6 (1) $(\sqrt{5}-2)(\sqrt{5}+3)$
$=5+\sqrt{5}-6=-1+\sqrt{5}$

(2) $(\sqrt{2}-1)^2+\sqrt{8}=3-2\sqrt{2}+2\sqrt{2}=3$

(3) $\dfrac{\sqrt{3}}{\sqrt{2}}(\sqrt{24}-\sqrt{6})$
$=\sqrt{3}\sqrt{12}-\sqrt{3}\sqrt{3}=6-3=3$

(4) $\dfrac{\sqrt{2}-1}{\sqrt{3}}\times\dfrac{\sqrt{2}+1}{\sqrt{6}}=\dfrac{2-1}{3\sqrt{2}}=\dfrac{\sqrt{2}}{6}$

7 (1) $x-2=-\sqrt{5}$ の両辺を2乗して
$x^2-4x+4=5$，$x^2-4x+6=5+2=7$

(2) $x^2+xy+y^2=(x+y)^2-xy=(\sqrt{5})^2-\sqrt{6}$

(3) $2<\sqrt{8}<3$ より　$m=\sqrt{8}-2$
$(m+2)(m+4)=\sqrt{8}(\sqrt{8}+2)=8+4\sqrt{2}$

定期テスト対策

- 平方根の加減乗除，乗法公式を用いる計算が確実にできるように練習しておこう。
- 平方根の大小や，2や7のタイプの問題も，意味をよく理解して解けるようにしよう。

3章 2次方程式

6 2次方程式

p.40〜41 基礎問題の答え

1 (1) $x=\pm\dfrac{\sqrt{3}}{3}$　(2) $x=\pm2\sqrt{2}$
(3) $x=\dfrac{1}{2}$　(4) $x=\dfrac{2\pm3\sqrt{3}}{3}$

解説 (3) $(2x-1)^2=0$ より $2x-1=0$
(4) $(3x-2)^2=27$ より $3x-2=\pm3\sqrt{3}$

2 (1) ㋐ 4　㋑ 2　(2) ㋐ 9　㋑ 3
(3) ㋐ $\dfrac{9}{4}$　㋑ $\dfrac{3}{2}$

解説 左辺の□には，x の係数の半分の2乗，右辺の□には，x の係数の半分が入る。
2次式を○$(x+△)^2+$□の形にすることを，**平方完成する**という。

3 (1) $x=2$，-6　(2) $x=8$，-2
(3) $x=4\pm2\sqrt{5}$　(4) $x=5\pm3\sqrt{5}$
(5) $x=6\pm2\sqrt{10}$　(6) $x=3$，-9

解説 **一般に，$x^2+px+q=0$ は，**
定数項を移項して　$x^2+px=-q$
この両辺に $\left(\dfrac{p}{2}\right)^2$ を加えて因数分解する。
(1) $x^2+4x=12 \longrightarrow (x+2)^2=16$
(2) $x^2-6x=16 \longrightarrow (x-3)^2=25$
(3) $x^2-8x=4 \longrightarrow (x-4)^2=20$
(4) $x^2-10x=20 \longrightarrow (x-5)^2=45$
(5) $x^2-12x=4 \longrightarrow (x-6)^2=40$
(6) $x^2+6x=27 \longrightarrow (x+3)^2=36$

4 (1) $x=\dfrac{3\pm\sqrt{29}}{10}$　(2) $x=\dfrac{2\pm\sqrt{2}}{2}$
(3) $x=\dfrac{-3\pm\sqrt{15}}{3}$　(4) $x=1$，$-\dfrac{4}{3}$
(5) $x=1$，$\dfrac{1}{6}$　(6) $x=\dfrac{5}{2}$

解説 2次方程式 $ax^2+bx+c=0$ の解(かい)は，
$x=\dfrac{-b\pm\sqrt{b^2-4ac}}{2a}$　の公式で求められる。
(1) $5x^2-3x-1=0$ より，$a=5$，$b=-3$，$c=-1$ を解の公式に代入すると
$x=\dfrac{-(-3)\pm\sqrt{(-3)^2-4\times5\times(-1)}}{2\times5}$
$=\dfrac{3\pm\sqrt{9+20}}{10}=\dfrac{3\pm\sqrt{29}}{10}$
(2) $2x^2-4x+1=0$
$x=\dfrac{-(-4)\pm\sqrt{(-4)^2-4\times2\times1}}{2\times2}=\dfrac{4\pm\sqrt{16-8}}{4}$
$=\dfrac{4\pm2\sqrt{2}}{4}=\dfrac{2\pm\sqrt{2}}{2}$
(3) $3x^2+6x-2=0$
$x=\dfrac{-6\pm\sqrt{6^2-4\times3\times(-2)}}{2\times3}=\dfrac{-6\pm\sqrt{36+24}}{6}$
$=\dfrac{-6\pm\sqrt{60}}{6}=\dfrac{-6\pm2\sqrt{15}}{6}=\dfrac{-3\pm\sqrt{15}}{3}$

(4) $3x^2+x-4=0$

$x=\dfrac{-1\pm\sqrt{1^2-4\times3\times(-4)}}{2\times3}=\dfrac{-1\pm\sqrt{1+48}}{6}$

$=\dfrac{-1\pm\sqrt{49}}{6}=\dfrac{-1\pm7}{6}$

$x=\dfrac{-1+7}{6}=1$，$x=\dfrac{-1-7}{6}=-\dfrac{8}{6}=-\dfrac{4}{3}$

(6) $4x^2-20x+25=0$

$x=\dfrac{-(-20)\pm\sqrt{(-20)^2-4\times4\times25}}{2\times4}$

$=\dfrac{20\pm\sqrt{400-400}}{8}=\dfrac{20}{8}=\dfrac{5}{2}$

5 (1) $x=\dfrac{1}{2}$，$-\dfrac{4}{3}$　(2) $x=0$，-2

(3) $x=\pm3$　(4) $x=\pm\dfrac{5}{3}$

(5) $x=5$，-8　(6) $x=\dfrac{3}{2}$

解説 (1)は因数分解されているので，各因数を0とする x の値を求める。

(2) $x(x+2)=0$

(3) $(x+3)(x-3)=0$

(4) **$ax^2+bx+c=0$ の形に整理してから，因数分解する。**

$9x^2-25=0\longrightarrow(3x+5)(3x-5)=0$

(5) $(x-5)(x+8)=0$

(6) $(2x-3)^2=0\longrightarrow(2x-3)(2x-3)=0$

$2x-3=0$ または $2x-3=0$

解は $x=\dfrac{3}{2}$ と $x=\dfrac{3}{2}$ で同じであるので，1つの解 $x=\dfrac{3}{2}$ をもつ。この場合，同じ解が2つあるという意味で**重解**という。

6 (1) $m=4$，-1　(2) $x=\dfrac{-4\pm\sqrt{10}}{2}$

(3) $x=2\pm\sqrt{5}$　(4) $x=-5\pm\sqrt{30}$

(5) $x=-\dfrac{1}{8}$　(6) $x=2$，$-\dfrac{1}{5}$

解説 因数分解できるものは，因数分解を利用するのが簡単である。因数分解できないものは，平方完成する方法または，解の公式を使えばよい。

(1) $(m-4)(m+1)=0$

(2)～(4)は，平方完成するか解の公式を使う。

(5) $\left(x+\dfrac{1}{8}\right)^2=0$

(6)は係数が大きいので，解の公式の方が簡単。

7 (1) $a=5$　(2) $b=-1$，**他の解** … $x=-2$

解説 解の意味から，方程式に，与えられた解を代入すると，a や b についての方程式になる。

(2) x に3を代入して　$3(3+b)=6\longrightarrow b=-1$

$b=-1$ であるから，$x(x-1)=6$

$x^2-x-6=0\longrightarrow(x-3)(x+2)=0$

解は $x=3$ と $x=-2$ で，他の解は $x=-2$

p.42～45 標準問題の答え

1 (1) $x=1\pm\sqrt{3}$　(2) $x=\pm\sqrt{13}$

(3) $x=\dfrac{17}{2}$，$\dfrac{7}{2}$　(4) $x=\pm8$

(5) $x=5\pm3\sqrt{3}$　(6) $x=\dfrac{-7\pm2\sqrt{5}}{2}$

(7) $x=\pm\dfrac{2\sqrt{2}}{5}$　(8) $x=8\pm2\sqrt{3}$

(9) $x=-4\pm\sqrt{14}$　(10) $x=6\pm3\sqrt{3}$

解説 (1)，(5)，(9)，(10)は，$x^2+px+q=0$ の解き方。

つまり，(1)では，$x^2-2x-2=0$

$x^2-2x+1=2+1$

$(x-1)^2-3$

$x-1=\pm\sqrt{3}$　$x=1\pm\sqrt{3}$

(2)，(4)，(7)は，$ax^2=b$ の解き方。

つまり，(2)では，$3x^2-39=0$

$3x^2=39$

$x^2=13$

$x=\pm\sqrt{13}$

(3)，(6)，(8)は，$(x+a)^2=b$ の解き方。

つまり，(3)では，$4(x-6)^2=25$

$(x-6)^2=\dfrac{25}{4}$

$x-6=\pm\dfrac{5}{2}$　$x=6\pm\dfrac{5}{2}$

2 (1) $x=2$，$-\dfrac{1}{3}$　(2) $x=\dfrac{-2\pm\sqrt{22}}{2}$

(3) $x=\dfrac{4\pm\sqrt{37}}{7}$　(4) $x=\dfrac{2}{3}$，$\dfrac{1}{2}$

(5) $x=-\dfrac{1}{5}$，-1　(6) $x=-\dfrac{2}{3}$，-3

(7) $x=-1$，$-\dfrac{5}{2}$　(8) $x=\dfrac{-3\pm3\sqrt{17}}{8}$

(9) $x=\dfrac{-1\pm\sqrt{31}}{6}$　(10) $x=\dfrac{9\pm\sqrt{21}}{10}$

解説 (4) $6x^2-7x+2=0$

$x=\dfrac{-(-7)\pm\sqrt{(-7)^2-4\times6\times2}}{2\times6}$

$=\dfrac{7\pm\sqrt{49-48}}{12}=\dfrac{7\pm1}{12}$

$x=\dfrac{7+1}{12}=\dfrac{2}{3}$，$x=\dfrac{7-1}{12}=\dfrac{1}{2}$

(8) $4x^2+3x-9=0$

$x=\dfrac{-3\pm\sqrt{3^2-4\times4\times(-9)}}{2\times4}$

$=\dfrac{-3\pm\sqrt{9+144}}{8}=\dfrac{-3\pm\sqrt{153}}{8}=\dfrac{-3\pm3\sqrt{17}}{8}$

(9) $6x^2+2x-5=0$

$x=\dfrac{-2\pm\sqrt{2^2-4\times6\times(-5)}}{2\times6}=\dfrac{-2\pm\sqrt{4+120}}{12}$

$=\dfrac{-2\pm\sqrt{124}}{12}=\dfrac{-2\pm2\sqrt{31}}{12}=\dfrac{-1\pm\sqrt{31}}{6}$

3 (1) $x=-5,\ -8$ (2) $x=2$ (3) $x=\pm9$

(4) $x=-\dfrac{5}{2}$ (5) $x=\dfrac{2}{3}$ (6) $x=-12$

(7) $x=6,\ -9$ (8) $x=2,\ -5$

(9) $x=6,\ -4$ (10) $x=\dfrac{1}{3}$ (11) $x=7,\ -3$

(12) $x=\dfrac{3}{4}$

解説 (1) $x^2+13x+40=0$ は，たして 13，かけて 40 になる 2 数を見つける。 ⟶ $(x+5)(x+8)=0$

(2) $2x^2-8x+8=0$ は，両辺を 2 でわって，

$x^2-4x+4=0$ ⟶ $(x-2)^2=0$

(3) $x^2-81=0$ ⟶ $(x+9)(x-9)=0$

(4) $x^2+5x+\dfrac{25}{4}=0$ ⟶ $\left(x+\dfrac{5}{2}\right)^2=0$

(5) $9x^2-12x+4=0$ ⟶ $(3x-2)^2=0$

(6) $x^2+24x+144=0$ ⟶ $(x+12)^2=0$

(7) $x^2+3x=54$　54 を左辺に移項する。

$x^2+3x-54=0$ ⟶ $(x-6)(x+9)=0$

(8) $3x^2+9x-30=0$ は，両辺を 3 でわって，

$x^2+3x-10=0$ ⟶ $(x-2)(x+5)=0$

(9) $x^2=2(x+12)$

展開(てんかい)して，$ax^2+bx+c=0$ の形に整理する。

$x^2-2x-24=0$ ⟶ $(x-6)(x+4)=0$

(10) $x^2-\dfrac{2}{3}x+\dfrac{1}{9}=0$ ⟶ $\left(x-\dfrac{1}{3}\right)^2=0$

両辺に 9 をかけて，分数を整数にして考えてもよい。

$9x^2-6x+1=0$ ⟶ $(3x-1)^2=0$

(11) $(x+1)(x-5)=16$

展開して $ax^2+bx+c=0$ の形にする。

$x^2-4x-21=0$ ⟶ $(x-7)(x+3)=0$

(12) $16x^2-24x=-9$　-9 を左辺に移項する。

$16x^2-24x+9=0$ ⟶ $(4x-3)^2=0$

4 (1) $x=-4\pm\sqrt{22}$ (2) $x=8,\ 1$

(3) $x=\dfrac{-4\pm\sqrt{10}}{2}$ (4) $x=4,\ 1$

(5) $x=6,\ 2$ (6) $x=1,\ -\dfrac{7}{3}$

(7) $x=1,\ -4$ (8) $x=-1\pm\sqrt{6}$

(9) $x=2,\ \dfrac{1}{2}$ (10) $x=9,\ -2$

(11) $x=2\pm\sqrt{6}$ (12) $x=\dfrac{2}{5},\ -2$

解説 (4)，(5)，(8)，(10)，(12)は，式を $ax^2+bx+c=0$ の形に整理する。因数(いんすう)分解できるかどうかをまず考え，できなければ解(かい)の公式または 2 乗の考えを使う。

(2)，(4)，(5)，(7)，(10)は因数分解できる。

(2) $x^2-9x+8=0$ ⟶ $(x-8)(x-1)=0$

(4) $x^2-3x=2x-4$ ⟶ $x^2-5x+4=0$

⟶ $(x-4)(x-1)=0$

(5) $x^2=8x-12$ ⟶ $x^2-8x+12=0$

⟶ $(x-6)(x-2)=0$

(7) $x^2+3x-4=0$ ⟶ $(x-1)(x+4)=0$

(8) $x^2+2x=5$　$(x+1)^2=5+1$

$x+1=\pm\sqrt{6}$　$x=-1\pm\sqrt{6}$

解の公式を使うと，

$x=\dfrac{-2\pm\sqrt{2^2-4\times1\times(-5)}}{2\times1}=-1\pm\sqrt{6}$

(10) $x^2-7x=18$ ⟶ $x^2-7x-18=0$

⟶ $(x-9)(x+2)=0$

(11) 両辺に -1 をかける。

(12) $5x^2+8x=4$ ⟶ $5x^2+8x-4=0$

$x=\dfrac{-8\pm\sqrt{8^2-4\times5\times(-4)}}{2\times5}$

$=\dfrac{-8\pm\sqrt{64+80}}{10}=\dfrac{-8\pm\sqrt{144}}{10}=\dfrac{-8\pm12}{10}$

5 (1) $x=-1,\ 2$ (2) $x=3,\ -1$

(3) $x=3,\ 6$ (4) $x=5,\ -2$

(5) $x=\dfrac{7\pm\sqrt{73}}{6}$

(6) $x=-7,\ 2$ (7) $x=1,\ -3$

(8) $x=\dfrac{9\pm\sqrt{17}}{4}$ (9) $x=1$ (10) $x=-1\pm\sqrt{6}$

解説 展開して，$ax^2+bx+c=0$ の形に整理し，因数分解できるものは因数分解を利用するとよい。

(1)は因数分解されている。

(2) $x^2-2x-3=0 \longrightarrow (x-3)(x+1)=0$

(3) $x^2-9x+18=0 \longrightarrow (x-3)(x-6)=0$

(4) $x^2-3x-10=0 \longrightarrow (x-5)(x+2)=0$

(5) $3(x-1)^2=x+5$

$3x^2-6x+3-x-5=0 \quad 3x^2-7x-2=0$

$x=\dfrac{-(-7)\pm\sqrt{(-7)^2-4\times3\times(-2)}}{2\times3}$

$=\dfrac{7\pm\sqrt{49+24}}{6}$

(6) $3x^2-(2x-1)(x-2)=12$

$3x^2-(2x^2-4x-x+2)=12$

$x^2+5x-14=0 \quad (x+7)(x-2)=0$

(7) まず両辺を2でわると，$(x-3)^2=4x^2$

$x^2-6x+9=4x^2 \quad -3x^2-6x+9=0$

両辺を -3 でわると，$x^2+2x-3=0$

$(x-1)(x+3)=0$

または $(x-3)^2=4x^2 \longrightarrow x-3=\pm2x$ より

$x-3=2x$ または $x-3=-2x$ としてもよい。

(8) $-(2x-3)(x-4)=2(x-2)$

$-(2x^2-8x-3x+12)=2x-4$

$-2x^2+8x+3x-12-2x+4=0$

$-2x^2+9x-8=0 \quad 2x^2-9x+8=0$

$x=\dfrac{-(-9)\pm\sqrt{(-9)^2-4\times2\times8}}{2\times2}$

$=\dfrac{9\pm\sqrt{81-64}}{4}$

(9) $-(x-6)(x+1)=(2x+1)(x-1)+10$

$-(x^2-5x-6)=2x^2-2x+x-1+10$

$-x^2+5x+6-2x^2+x-9=0$

$-3x^2+6x-3=0$

両辺を -3 でわると，$x^2-2x+1=0 \quad (x-1)^2=0$

(10) $(2x-1)(3x+2)-3(x-2)^2=7x+1$

$6x^2+4x-3x-2-3(x^2-4x+4)-7x-1=0$

$3x^2+6x-15=0 \quad x^2+2x-5=0 \quad (x+1)^2=6$

6 (1) $x=4,\ -1$ (2) $x=1\pm\sqrt{5}$

(3) $x=2\pm\sqrt{2}$ (4) $x=10,\ -4$

(5) $x=4\pm\sqrt{19}$ (6) $x=0,\ 2$

(7) $x=\dfrac{4\pm\sqrt{34}}{3}$ (8) $x=1,\ \dfrac{4}{7}$

解説 係数に小数や分数をふくむ2次方程式は，両辺を何倍かして，係数がすべて整数の方程式 $ax^2+bx+c=0$ に変形する。複数の分数をふくむ場合は，分母の最小公倍数をかけるとよい。

(1) 12倍して $x^2-3x-4=0 \longrightarrow (x-4)(x+1)=0$

(2) 4倍して $x^2-2x-4=0 \longrightarrow$ 平方完成

(3) -6 をかけて $x^2-4x+2=0 \longrightarrow$ 平方完成

(4) 10倍して $3x^2-18x-120=0$　さらに3でわって

$x^2-6x-40=0 \longrightarrow (x-10)(x+4)=0$

(5) 15倍して $x^2-8x-3=0 \longrightarrow$ 平方完成

(6) 左辺を展開して $x^2-x+\dfrac{1}{4}=x+\dfrac{1}{4}$

$x^2-2x=0 \longrightarrow x(x-2)=0$

(7) 24倍して $3x^2-8x-6=0 \longrightarrow$ 解の公式

(8) 10倍して $7x^2-11x+4=0 \longrightarrow$ 解の公式

7 9

解説 $x=a$ が $x^2-2x-1=0$ の解より

$a^2-2a-1=0$　よって，$a^2-2a=1$

$4a^2-8a+5=4(a^2-2a)+5=4\times1+5=9$

別解 $x^2-2x-1=0$ を解いて，負の解 a を求めると，$a=1-\sqrt{2}$ となる。a の値（あたい）を $4a^2-8a+5$ に代入して $4(1-\sqrt{2})^2-8(1-\sqrt{2})+5$ を計算する。

8 (1) $m=9$，他の解 … $4-\sqrt{7}$ (2) $a=-\dfrac{1}{2}$

解説 (1) $x=4+\sqrt{7}$ が $x^2-8x+m=0$ の解より

$(4+\sqrt{7})^2-8(4+\sqrt{7})+m=0$

$16+8\sqrt{7}+7-32-8\sqrt{7}+m=0 \quad m=9$

よって $x^2-8x+9=0 \quad (x-4)^2=-9+16$

$(x-4)^2=7 \quad x-4=\pm\sqrt{7} \quad x=4\pm\sqrt{7}$ より

他の解は $4-\sqrt{7}$

参考 **一般に，2つの解が a，b である x^2 の係数が1の2次方程式は**

$(x-a)(x-b)=0$

$\longrightarrow x^2-(a+b)x+ab=0$ ……①と表せる。

これを用いると $x^2-8x+m=0$ ……②は，

①，②の係数を比べて $a+b=8$，$ab=m$

ここで1つの解は $a=4+\sqrt{7}$ だから

代入して解くと，$b=4-\sqrt{7}$

$m=ab=(4+\sqrt{7})(4-\sqrt{7})=16-7=9$

(2) $x^2-3x-4=0$ を解くと，$x=4,\ -1$

大きい方の解 $x=4$ を $x^2+ax-14=0$ に代入する。

9 (1) $m\geqq-\dfrac{1}{4}$ (2) $m=\pm16$

解説 **$(x+a)^2=b$ の形にすると，**

$b=0$ のとき，ただ1つの解をもつ

$b>0$ のとき，異なる2つの解をもつ

$b<0$ のときは解がない。

解をもつのは，$b\geqq0$ のときである。

(1) $x^2+3x=m-2 \longrightarrow \left(x+\frac{3}{2}\right)^2=m+\frac{1}{4}$

解をもつのは $m+\frac{1}{4}\geqq 0$ のときだから，

$m\geqq -\frac{1}{4}$

(2) $x^2+mx=-64 \longrightarrow \left(x+\frac{m}{2}\right)^2=\frac{m^2}{4}-64$

ただ1つの解をもつのは　$\frac{m^2}{4}-64=0$

$m^2=64\times 4 \longrightarrow m=\pm(8\times 2)=\pm 16$

別解 定数項に着目すると，平方完成して

$(x+8)^2=0$ または $(x-8)^2=0$ となる場合である。

これから m を求めてもよい。

10 (1) $p=2$，$q=-15$　(2) $x^2-2x-24=0$

(3) $a=\frac{2}{9}$

(4) $p=-6$，$q=8$　**正しい解 …** $x=2$，4

解説 (1) $x=3$，-5 が $x^2+px+q=0$ の解より

$\begin{cases} 9+3p+q=0 & \cdots\cdots ① \\ 25-5p+q=0 & \cdots\cdots ② \end{cases}$

①，②を p，q についての連立方程式とみて解くと，

$p=2$，$q=-15$

参考 (1) 因数分解の方法で解が3と -5 になる2次方程式は，$(x-3)(x+5)=0$ である。

左辺を展開して　$x^2+2x-15=0$

よって，$p=2$，$q=-15$

(2) $x=-4$，6 が $x^2+px+q=0$ の解より

$\begin{cases} 16-4p+q=0 & \cdots\cdots ① \\ 36+6p+q=0 & \cdots\cdots ② \end{cases}$

①，②を p，q についての連立方程式とみて解くと，

$p=-2$，$q=-24$

別解 解が $x=-4$，6 となる2次方程式は

$(x+4)(x-6)=0$　$x^2-2x-24=0$

(3) $x=k$，$2k$ が $x^2+x+a=0$ の解とすると，

$x=k$ のとき　$k^2+k+a=0$ ……①

$x=2k$ のとき　$(2k)^2+2k+a=0$ ……②　だから

②−①より　$3k^2+k=0$

$k(3k+1)=0$　$k=0$，$-\frac{1}{3}$

$k=0$ のとき2つの解をもたないので $k=-\frac{1}{3}$

①に代入して $a=\frac{2}{9}$

参考 (3) 解を k，$2k$ とすると，これらを解とする2次方程式は　$(x-k)(x-2k)=0$

展開して　$x^2-3kx+2k^2=0$

$x^2+x+a=0$ と比較すると

$-3k=1$ ……①　$2k^2=a$ ……②

①より k の値を求め，②に代入する。

(4) Aさんが解いた方程式は $(x-1)(x-8)=0$

左辺を展開して　$x^2-9x+8=0$　x の係数はまちがっているが，定数項は正しいので，$q=8$

Bさんが解いた方程式は　$(x+1)(x-7)=0$

左辺を展開して　$x^2-6x-7=0$

x の係数は正しいので，$p=-6$

正しい方程式は　$x^2-6x+8=0$

因数分解すると　$(x-2)(x-4)=0$

⑦ 2次方程式の利用

p.48〜49 **基礎問題の答え**

1 (1) 1275　(2) $n=100$

解説 (1) $\frac{50\times(50+1)}{2}=1275$

(2) $\frac{n(n+1)}{2}=5050 \longrightarrow n^2+n-10100=0$

$(n-100)(n+101)=0$ より $n=100$，-101

n は自然数である。

参考 $1+2+3+\cdots\cdots+n=\frac{n(n+1)}{2}$ の式は次のようにして求められる。1から n までの自然数の和を S とすると，

$S=1+\ 2\ +\ 3\ +\cdots+n$ ……①

$S=n+(n-1)+(n-2)+\cdots+1$ ……②

①+②より $2S=(n+1)\times n$　$S=\frac{n(n+1)}{2}$

2 **およそ4秒**

解説 $5t^2=80 \longrightarrow t^2=16$ より $t=\pm 4$

$t\geqq 0$ である。

3 (1) **およそ6秒後**

(2) **およそ2秒後と4秒後**

解説 (1) 地上に到達するとき，$h=0$ である。

$30t-5t^2=0 \longrightarrow t^2-6t=0$

$t(t-6)=0$ より $t=0$，6

$t=0$ は投げ上げるときであるから，落下するのはおよそ6秒後。

(2) $30t-5t^2-40 \longrightarrow t^2-6t+8=0$
$(t-2)(t-4)=0$ より　$t=2,\ 4$
(1)より $0 \leqq t \leqq 6$ だから，$t=2,\ t=4$ は適する。

4 (1) **底辺 … 10 cm，高さ … 30 cm**
(2) **底辺 … 15 cm，高さ … 20 cm**

解説 (1) 底辺の長さを x cm とすると，高さは $3x$ cm
$\dfrac{x \times 3x}{2}=150 \longrightarrow x^2=100$ より $x=\pm 10$
$x>0$ である。
(2) 底辺の長さを x cm とすると，高さは $(x+5)$ cm
$\dfrac{x(x+5)}{2}=150 \longrightarrow x^2+5x-300=0$
$(x-15)(x+20)=0$ より $x=15,\ -20$
$x>0$ である。

5 (1) **8 cm**　(2) **AE＝3 cm，AH＝6 cm**
(3) $\dfrac{\sqrt{3}}{2}$ **倍**

解説 (1) 正方形の 1 辺の長さを x cm とすると，長方形の縦の長さは，$(x-4)$ cm
横の長さは，$(x+3)$ cm より，
$(x-4)(x+3)=44 \longrightarrow x^2-x-56=0$
$(x-8)(x+7)=0$　$x>0$ より，$x=8$
(2) 4 すみの直角三角形は合同だから，
AE＝x cm とすると，AH＝$9-x$ (cm)
$\dfrac{x(9-x)}{2}\times 4+45=9^2 \longrightarrow x^2-9x+18=0$
$(x-3)(x-6)=0$ より $x=3,\ 6$
AE＜AH より　$0<x<9-x$ だから $x=3$
(3) 面積の等しい円の半径を x cm とすると
$\pi x^2=\pi a^2-\pi\left(\dfrac{a}{2}\right)^2 \longrightarrow x^2=\dfrac{3}{4}a^2$
これより $x=\pm\dfrac{\sqrt{3}}{2}a$　$x>0$ より $x=\dfrac{\sqrt{3}}{2}a$

6 (1) **R** $\left(0,\ -\dfrac{1}{2}x-3\right)$　(2) **P (4, 5)**

解説 (1) R は y 軸上の点で，OR＝PQ
点 P $\left(x,\ \dfrac{1}{2}x+3\right)$ で，R の y 座標と P の y 座標は絶対値が等しく，符号が異なる。
(2) 平行四辺形の底辺を PQ とすると，高さは OQ だから，$\left(\dfrac{1}{2}x+3\right)x=20 \longrightarrow x^2+6x-40=0$
$(x-4)(x+10)=0$ より $x=4,\ -10$
$x>0$ だから $x=4$　よって，P (4, 5)

p.50～51 標準問題の答え

1 (1) **5 と 6 と 7**　(2) **5 と 6**

解説 (1) 3 つの正の整数を $x-1,\ x,\ x+1$ とおくと，$x>1$ である。
$(x-1)^2+x^2+(x+1)^2=110 \longrightarrow x^2=36$
(2) 連続する 2 つの正の整数を $x,\ x+1$ とおくと，$x>0$ である。
$x(x+1)=x+(x+1)+19 \longrightarrow x^2-x-20=0$
$(x-5)(x+4)=0$ より $x=5,\ -4$

2 (1) **9 cm**　(2) $\boldsymbol{x=2}$　(3) **50 cm**

解説 (1) もとの正方形の 1 辺の長さを x cm とすると
$(x+3)(x-2)=84 \longrightarrow x^2+x-90=0$
$(x-9)(x+10)=0$ より $x=9,\ -10$
$x>0$ である。
(2) A から BC に垂線 AH をひくと，△ABH は直角二等辺三角形だから，BH＝AH＝x cm
台形の面積は，$\dfrac{1}{2}x^2+2x=6 \longrightarrow (x-2)(x+6)=0$
$x>0$ より，$x=2$
(3) もとの正方形の 1 辺の長さを x cm とすると
$(x+5)^2=1.21x^2 \longrightarrow x+5=\pm 1.1x$
これより $x+5=1.1x$ または $x+5=-1.1x$
ただし，$x>0$ である。
参考 $1.1^2=1.21$ だから，正方形の辺の長さが 10 % 増加すると，面積は 21 % 増加する。5 cm がもとの正方形の 1 辺の長さの 10 % にあたる。

3 **十角形**

解説 $\dfrac{n(n-3)}{2}=35 \longrightarrow n^2-3n-70=0$
$(n-10)(n+7)=0$ より $n=10,\ -7$
n は多角形の角数だから，$n \geqq 3$ の整数である。

4 (1) ① $\boldsymbol{V=-4t^2+48t}$　② $\boldsymbol{V=-24t+288}$
(2) **2 分後と** $\dfrac{26}{3}$ **分後**

解説 (1) ① EP＝$12-t$ (cm)，EQ＝$2t$ (cm)
$V=\dfrac{1}{3}\times\dfrac{(12-t)\times 2t}{2}\times 12=4t(12-t)$
$=-4t^2+48t$
② $V=\dfrac{1}{3}\times\dfrac{(12-t)\times 12}{2}\times 12=24(12-t)$
$=-24t+288$

(2) $0 \leqq t \leqq 6$ のとき，$4t(12-t)=80$

⟶ $t^2-12t+20=0$

$(t-2)(t-10)=0$ より $t=2,\ 10$

$t=10$ は適さない。

$6<t\leqq 12$ のとき，$24(12-t)=80$ より

$t=\dfrac{26}{3}$　これは適する。

5 (1) $\mathbf{P\,(9,\ 0),\ Q\,(0,\ 3)}$　(2) $\dfrac{3}{2}a^2\,\mathrm{cm}^2$

(3) ① $\dfrac{8}{3}$ **秒後と 6 秒後**　② $\dfrac{13}{3}$ **秒後**

解説 (1) P は毎秒 3 cm の速さで動くから，原点から x 軸(じく)上を正の方向に $3\times3=9$ (cm) 動く。Q は毎秒 1 cm の速さで動くから，原点から y 軸上を正の方向に $1\times3=3$ (cm) 動く。

したがって，P (9, 0)，Q (0, 3)

(2) a 秒後の P の座標は $(3a,\ 0)$，Q の座標は $(0,\ a)$ だから，$\mathrm{OP}=3a\,\mathrm{cm}$，$\mathrm{OQ}=a\,\mathrm{cm}$

したがって，$\triangle\mathrm{OPQ}=\dfrac{1}{2}\times3a\times a=\dfrac{3}{2}a^2\ (\mathrm{cm}^2)$

(3) ① 台形になるのは，1 組の辺が平行であるとき。AP と y 軸が平行なとき

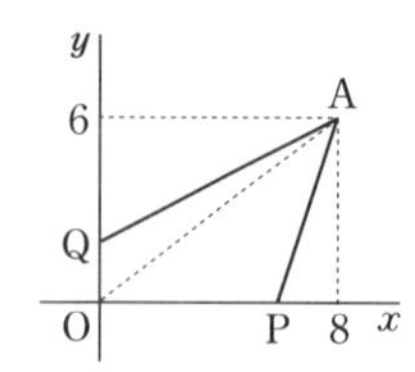

$\mathrm{OP}=3a=8$ より　$a=\dfrac{8}{3}$

AQ と x 軸が平行なとき，

$\mathrm{OQ}=a=6$　したがって，$\dfrac{8}{3}$ 秒後と 6 秒後。

② 四角形 OPAQ を，△OAP と △OAQ に分けて考える。

四角形 OPAQ $=\triangle\mathrm{OAP}+\triangle\mathrm{OAQ}$

$=\dfrac{1}{2}\times3a\times6+\dfrac{1}{2}\times a\times8$

$=9a+4a=13a\ (\mathrm{cm}^2)$

また，△OPQ の面積は $\dfrac{3}{2}a^2$ だから，

$13a=\dfrac{3}{2}a^2\times2$ ⟶ $3a^2-13a=0$

$a(3a-13)=0$ より，$a=0,\ \dfrac{13}{3}$

$a=0$ のときは除くから，$a=\dfrac{13}{3}$

p.52〜53 実力アップ問題の答え

1 (1) $x=\pm5$　(2) $x=\pm2\sqrt{2}$

(3) $x=7\pm\sqrt{5}$　(4) $x=0,\ 9$

(5) $x=\dfrac{5\pm\sqrt{7}}{2}$　(6) $x=9,\ -6$

(7) $x=9$　(8) $x=3,\ -5$

(9) $x=-\dfrac{1}{3},\ -4$　(10) $x=\dfrac{3\pm\sqrt{2}}{2}$

2 (1) $x=8,\ -1$　(2) $x=1,\ -2$

(3) $x=\dfrac{3}{5},\ -2$　(4) $x=1,\ -9$

3 (1) $a=2$　(2) $x=5$

4 (1) $(n+1)^2+(n-1)^2=24n+2$

(2) **11 と 12 と 13**

5 (1) **A (12, 0)，B (0, 8)**

(2) **P (6, 4)**　(3) **P (3, 6)，P (9, 2)**

6 **3 m**

解説 **1** (4) $x(x-9)=0$

(6) $(x-9)(x+6)=0$

(7) $(x-9)^2=0$

(8) 両辺を 3 でわると，$x^2+2x-15=0$

(10) 両辺を 4 倍すると，$4x^2-12x+7=0$

2 展開(てんかい)して整理し，因数(いんすう)分解できるものは因数分解を利用する方が簡単。

(1) $x^2-7x-8=0$ ⟶ $(x-8)(x+1)=0$

(2) $x^2+x-2=0$ ⟶ $(x-1)(x+2)=0$

(3) $5x^2+7x-6=0$　解(かい)の公式を使う。

(4) $x^2+8x-9=0$ ⟶ $(x-1)(x+9)=0$

3 (1) $x=-3$ を代入して $-3(-3-a)=15$

a について解(と)くと　$a=2$

(2) $a=2$ を代入して　$x(x-2)=15$

$x^2-2x-15=0$ ⟶ $(x+3)(x-5)=0$

$x=-3,\ 5$　$x=-3$ 以外の解は　$x=5$

4 2 次方程式をつくって解く文章題では，求めた値(あたい)が題意に適しているか調べる必要がある。

(1) まん中を n（n は整数）とすると，$n-1,\ n,\ n+1$ だから，$(n+1)^2+(n-1)^2=24n+2$

(2) (1)の式を展開して簡単にすると

$n^2-12n=0$ ⟶ $n(n-12)=0$　$n=0,\ 12$

最小の数 $n-1\geqq1$ より $n\geqq2$ だから，$n=12$

5 (1) $2x+3y=24$ で，$y=0$ とおくと，$x=12$

よって，A (12, 0)

$x=0$ とおくと $y=8$　よって，B (0, 8)

(2) $2x+3y=24$ を，y について解くと，

$y=\dfrac{24-2x}{3}$　P$\left(x,\ \dfrac{24-2x}{3}\right)$ とすると，

$x\left(\dfrac{24-2x}{3}\right)=24 \longrightarrow x^2-12x+36=0$

$(x-6)^2=0$ より $x=6$

$0<x<12$ だから，$x=6$ は適する。

(3) 長方形の面積と △OAB の面積が 3：8 のとき，

長方形の面積 $=\dfrac{3}{8}$△OAB

$x\left(\dfrac{24-2x}{3}\right)=\dfrac{12\times8}{2}\times\dfrac{3}{8}$

$x^2-12x+27=0 \longrightarrow (x-3)(x-9)=0$ より，

$x=3,\ 9$

$0<x<12$ だから $x=3$，$x=9$ は適する。

6 花壇(かだん)の幅(はば)を x m とすると

$(20-x)(30-2x)=20\times30\times0.68$

簡単にすると　$x^2-35x+96=0$

$(x-3)(x-32)=0$ より $x=3,\ 32$

$30-2x>0$ かつ $20-x>0$ より　$x=32$ は適さない。

定期テスト対策

❶ 2 次方程式の解法では複雑なものはない。いかに正確に，効率良く解くかである。

❶解の意味や文章題への応用では，解の検討を適切にできることがキーポイント。

4章 関数 $y=ax^2$

❽ 関数 $y=ax^2$

p.56〜57 **基礎問題の答え**

1 ア，式 … $y=\dfrac{\pi}{4}x^2$，比例定数 … $\dfrac{\pi}{4}$

解説 y が x の 2 乗に比例 ⇔ $y=ax^2$ である。

イは $y=3x$ なので，y は x に比例する。

ウ $\pi x^2y=20\pi$ より　$y=\dfrac{20}{x^2}$ となる。

2 (1) $y=3x^2$　(2) $y=18$

解説 (1) y は x の 2 乗に比例するから，比例定数を a とすると，$y=ax^2$

$x=4$ のとき $y=48$ であるから，$48=a\times4^2$

よって，$a=3$　したがって，$y=3x^2$

(2) $x=-2$ のとき　$y=8$ だから，$8=a\times(-2)^2$

よって，$a=2$　したがって，$y=2x^2$

$x=3$ のとき，$y=2\times3^2=18$

3 (1) $y=x^2$ … イ，$y=\dfrac{1}{2}x^2$ … ウ

(2) $y=2x^2$　(3) $y=-x^2$

解説 (1) $y=x^2$ のグラフは，$y=x^2$ に $x=1$ を代入して計算すると，$y=1$ だから，x 座標が 1 である点の y 座標を調べる。

(2) $y=ax^2$ として，通る点 $\left(\dfrac{1}{2},\ \dfrac{1}{2}\right)$ の座標を代入して，a の値(あたい)を求める。

(3) **$y=ax^2$ のグラフと x 軸(じく)について対称(たいしょう)なグラフの式は $y=-ax^2$ である。**

イ上の点 (1，1) と x 軸について対称な点の座標は (1，−1)。この点を通る放物線(ほうぶつせん)の式を求めてもよい。

4 (1) 32　(2) −16

解説 関数 $y=ax^2$ において，x が x_1 から x_2 まで増加するときの変化の割合は

変化の割合 $=\dfrac{\textbf{y の増加量}}{\textbf{x の増加量}}=\dfrac{ax_2{}^2-ax_1{}^2}{x_2-x_1}$ ……(**ア**)

$=\dfrac{a(x_2+x_1)(x_2-x_1)}{x_2-x_1}=a(x_1+x_2)$ ……(**イ**)

(**ア**)の式をしっかり覚えておく。$y=ax^2$ の場合は，(**イ**)の式に代入すると簡単である。たとえば，(1)(**ア**)の式では，$\dfrac{4\times6^2-4\times2^2}{6-2}=\dfrac{144-16}{4}=\dfrac{128}{4}=32$

(**イ**)の式を使うと，$4\times(2+6)=4\times8=32$

5 (1) $-9\leqq y\leqq-1$　(2) $0\leqq y\leqq9$

解説 グラフをかいて考えるとわかりやすい。

(1) 右の図から，y の変域は

$-9\leqq y\leqq-1$

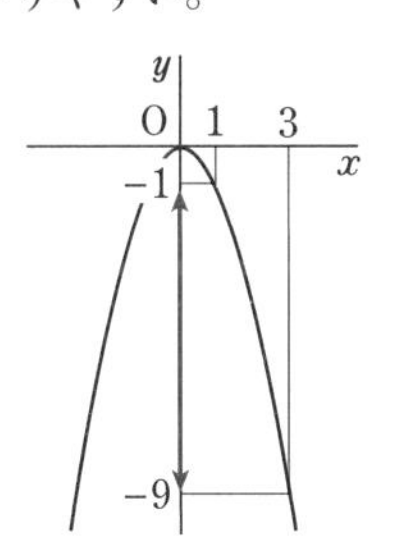

(2) $x=-2$ のとき
$y=4$, $x=3$ のとき $y=9$ なので, $4 \leqq y \leqq 9$ としたいところであるが, グラフからわかるように, $x=0$ も $-2 \leqq x \leqq 3$ の値である。
$x=0$ のとき $y=0$ となり,
y の変域は $0 \leqq y \leqq 9$ である。

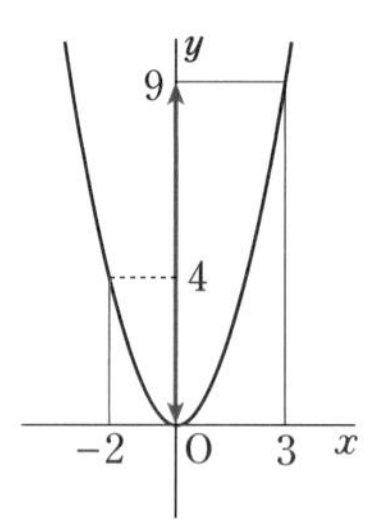

6 (1) **$(-4,\ 4)$, $(4,\ 4)$** (2) **$(0,\ 0)$, $(4,\ 4)$**
(3) **$y=-\dfrac{1}{4}x^2$**

解説 a と b の関係は, 点 $(a,\ b)$ がグラフ上の点であるから, $b=\dfrac{1}{4}a^2$ ……(**ア**)

(1) (**ア**)の式で, $b=4$ を代入すると $4=\dfrac{1}{4}a^2$
$a^2=16$ より $a=\pm 4$ $b=4$ となる点は
$(4,\ 4)$, $(-4,\ 4)$ の2つある。

(2) (**ア**)の式で, $b=a$ を代入すると $a=\dfrac{1}{4}a^2$
$a^2-4a=a(a-4)=0$ より $a=0,\ 4$
$(a,\ b)=(0,\ 0)$, $(4,\ 4)$

(3) 点 P $(a,\ b)$ と原点 O について対称な点 Q の座標を $(x,\ y)$ とすると, PQ の中点が O だから
$\dfrac{x+a}{2}=0$, $\dfrac{y+b}{2}=0$ よって, $a=-x$, $b=-y$
a と b の関係(**ア**)に代入すると
$-y=\dfrac{1}{4}(-x)^2$ よって, $y=-\dfrac{1}{4}x^2$

7 (1) **$a=\dfrac{1}{3}$** (2) **12**
(3) **右の図**

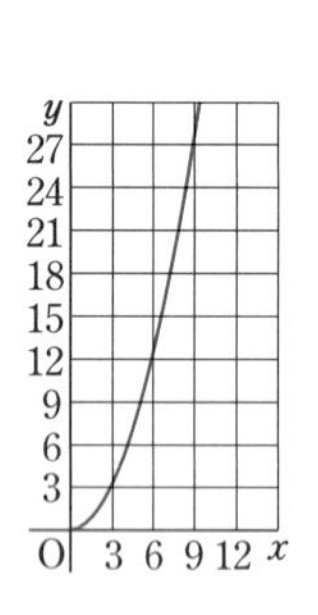

解説 (1) $y=ax^2$ に $x=3$, $y=3$ を代入して,
$3=9a$ より, $a=\dfrac{1}{3}$

(2) $y=\dfrac{1}{3}x^2$ に $x=6$ を代入して,
$y=\dfrac{1}{3}\times 6^2=12$

(3) グラフは $x \geqq 0$ の範囲(はんい)になる。

p.58〜59 標準問題の答え

1 (1) **$y=\dfrac{1}{2}x^2$**
(2) **$(0,\ 0)$, $(-2,\ 2)$**

解説 (1) y は x の2乗に比例するから, $y=ax^2$ とおくと, $x=-3$ のとき $y=\dfrac{9}{2}$ より $\dfrac{9}{2}=a\times(-3)^2$
よって, $a=\dfrac{1}{2}$ したがって, $y=\dfrac{1}{2}x^2$

(2) グラフ上の点を $(a,\ b)$ とすると, $b=\dfrac{1}{2}a^2$
$a+b=0$ より $b=-a$, $-a=\dfrac{1}{2}a^2$
$a^2+2a=0$ より $a=0,\ -2$
よって, $(a,\ b)=(0,\ 0)$, $(-2,\ 2)$

2 **$a=9$, $p=81$, $q=1$**

解説 $y=ax^2$ のグラフが A $(2,\ 36)$ を通るから
$36=a\times 2^2$ よって, $a=9$
$y=9x^2$ のグラフは B $(3,\ p)$ を通るから
$p=9\times 3^2=81$
$y=9x^2$ のグラフは C $(q,\ 9)$ を通るから
$9=9q^2$, $q=\pm 1$, $q>0$ より $q=1$

3 (1) **$a=-3$** (2) **$a=2$**

解説 関数 $y=ax^2$ の x が x_1 から x_2 まで増加するときの変化の割合は $a(x_1+x_2)$ であることを利用すると簡単。
(1) $-2(a+a+2)=8$ より $a=-3$
(2) 1次関数 $y=ax+1$ の変化の割合は a。これが, 関数 $y=-x^2$ の変化の割合と等しいから,
$a=-1\times(-3+1)=2$

4 **進んだ距離(きょり) … 45 m, 平均の速さ … 秒速 9 m**

解説 5秒後から10秒後までに進んだ距離は
$\dfrac{3}{5}\times 10^2-\dfrac{3}{5}\times 5^2=45$ (m)
平均の速さは $45\div 5=9$ より, 秒速 9 m

5 (1) **$0 \leqq y \leqq 4$** (2) **$-18 \leqq y \leqq 0$**

解説 関数 $y=ax^2$ は,
$a>0$ のとき, $x=0$ で最小値 $y=0$
$a<0$ のとき, $x=0$ で最大値 $y=0$ をとる。
(1) $x=0$ で最小値 $y=0$ をとり, y の最大値は $x=4$ のとき $y=\dfrac{1}{4}\times 4^2=4$ よって $0 \leqq y \leqq 4$

(2) $x=0$ で最大値 $y=0$ をとり，y の最小値は
$x=-3$ のとき $y=-2\times(-3)^2=-18$　よって，
$-18\leqq y\leqq 0$

6 (1) A (4, 8)　(2) $y=x+4$　(3) C (−2, 2)

解説 (1) AB=8 より，点 A の x 座標は 4
$y=\frac{1}{2}x^2$ のグラフ上の点だから，$y=\frac{1}{2}\times 4^2=8$
よって，A (4, 8)
(2) 直線 AC は D (0, 4) を通るから $y=ax+4$ と表せる。A (4, 8) を通るから　$8=4a+4$　$a=1$
よって，$y=x+4$
(3) 点 C は，$y=\frac{1}{2}x^2$ のグラフ上の点だから，C の座標を $\left(c,\ \frac{1}{2}c^2\right)$ とおくと，点 C は直線 $y=x+4$ 上にもあるので，$\frac{1}{2}c^2=c+4 \longrightarrow c^2-2c-8=0$
$(c-4)(c+2)=0$ より　$c=4,\ -2$
$c<0$ より $c=-2$　よって，C (−2, 2)

7 (1) 24　(2) A $\left(\frac{4}{3},\ \frac{16}{9}\right)$

解説 (1) 点 A は $y=x^2$ のグラフ上の点だから，A の座標は $(a,\ a^2)$ とおける。ただし，$a>0$
よって，AD=$2a$
A と B の x 座標は等しいから　B $\left(a,\ -\frac{1}{2}a^2\right)$
$AB=a^2-\left(-\frac{1}{2}a^2\right)=\frac{3}{2}a^2$
AB=6 より　$\frac{3}{2}a^2=6$　$a^2=4$　$a=\pm 2$
$a>0$ だから　$a=2$
よって，AD=2×2=4，面積は 6×4=24
(2) 正方形のとき，AB=AD より
$\frac{3}{2}a^2=2a$　$3a^2-4a=0$　$a(3a-4)=0$
よって　$a=0,\ \frac{4}{3}$　$a>0$ だから　$a=\frac{4}{3}$
よって，A の座標は $\left(\frac{4}{3},\ \frac{16}{9}\right)$

8 (1) $y=1.2x^2$　(2) 54000 N

解説 (1) $y=ax^2$ とおくと，$1.2=a\times 1^2$
(2) $y=1.2x^2$ で，$x=30$ のとき
$y=1.2\times 30^2=1080$，$1080\times 50=54000$ (N)

⑨ いろいろな関数

p.62～63 基礎問題の答え

1 (1)

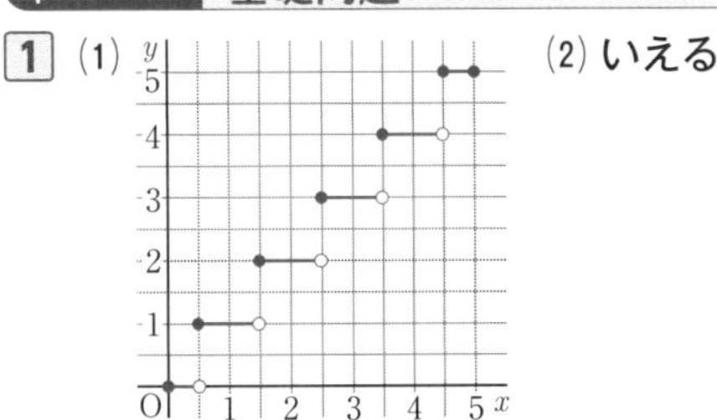

(2) いえる

解説 (1)「●」はふくむ，「○」はふくまないことを表している。$0\leqq x<0.5$ のとき $y=0$ となる。
(2) $y=ax^2$ のグラフのように連続していないが，x の値（あたい）を決めると，それに対応する y の値がただ 1 つに決まるので，y は x の関数といえる。

2 (1) 1200 円　(2) 10 m³ より多く，20 m³ 以下

解説 水道の使用量が x m³ のときの料金を y 円とするとき，x と y の関係は下のようなグラフになる。

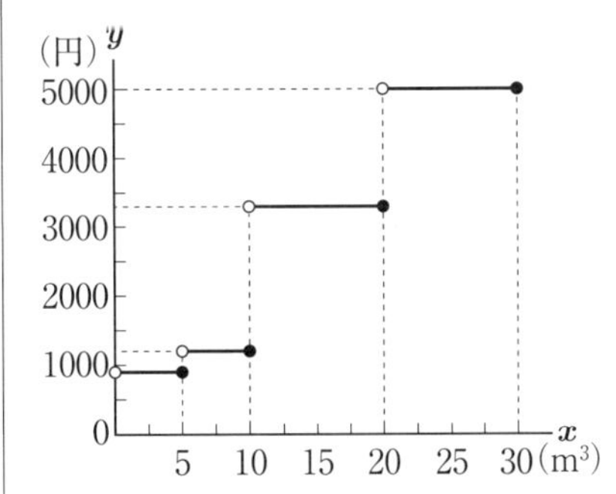

(1) グラフより，$x=9$ のとき，$y=1200$ なので，料金は 1200 円。
(2) グラフより，$10<x\leqq 20$ のとき，$y=3300$ 円なので，水道の使用量の範囲（はんい）は 10 m³ より多く，20 m³ 以下。

3 (1) $\frac{9}{2}$　(2) $a=\frac{1}{2}$　(3) B (2, 2)

解説 (1) 直線 $y=-\frac{1}{2}x+3$ に，$x=-3$ を代入して，
$y=-\frac{1}{2}\times(-3)+3=\frac{9}{2}$
(2) $y=ax^2$ に $x=-3$，$y=\frac{9}{2}$ を代入して，
$\frac{9}{2}=a(-3)^2$ より，$a=\frac{1}{2}$

(3) $y=\frac{1}{2}x^2$ と $y=-\frac{1}{2}x+3$ を連立して，

$\frac{1}{2}x^2=-\frac{1}{2}x+3$，$x^2=-x+6$，

$x^2+x-6=0$，$(x+3)(x-2)=0$，$x=-3$，2

より，点Bの x 座標は2

$y=\frac{1}{2}x^2$ の式に $x=2$ を代入して，$y=2$

したがって，B(2，2)

4 (1) $a=-2$　(2) $y=4x-6$　(3) $2\sqrt{3}$

解説 (1) $y=ax^2$ に，$x=-3$，$y=-18$ を代入して，

$-18=a\times(-3)^2$ より $a=-2$

(2) 点Qは $y=-2x^2$ のグラフ上の点だから，y 座標は $y=-2\times1^2=-2$ ⟶ Q(1，-2)

直線PQの式を $y=mx+n$ とおくと

P(-3，-18) を通るから，$-18=-3m+n$

Q(1，-2) を通るから，$-2=m+n$

連立方程式として解(と)くと，$m=4$，$n=-6$

(3) PQの方程式 $y=4x-6$ より R(0，-6)

$y=-2x^2$ で，$y=-6$ となる x は $-6=-2x^2$

より $x=\pm\sqrt{3}$

よって，S($-\sqrt{3}$，-6)，

T($\sqrt{3}$，-6) だから，ST$=2\sqrt{3}$

5 (1) $a=\frac{3}{2}$　(2) $y=\frac{3}{2}x+135$

(3) $\left(-9,\ \frac{243}{2}\right)$

解説 (1) 点Aは放物線上の点だから，Aの座標をグラフの式に代入して，

$150=a\times10^2$　$a=\frac{150}{100}=\frac{3}{2}$

(2) ℓ は傾(かたむ)きが $\frac{3}{2}$ で，点Aはこの直線上にあるから，

ℓ の式を $y=\frac{3}{2}x+b$ とおいてAの座標を代入すると，$150=\frac{3}{2}\times10+b$　$b=135$

よって，$y=\frac{3}{2}x+135$

(3) $y=\frac{3}{2}x^2$ と $y=\frac{3}{2}x+135$ を連立して，

$\frac{3}{2}x^2=\frac{3}{2}x+135$，$x^2=x+90$，

$x^2-x-90=0$，$(x+9)(x-10)=0$，$x=-9$，10

より，点Bの x 座標は -9　$y=\frac{3}{2}x^2$ の式に $x=-9$ を代入して，$y=\frac{243}{2}$　したがって，B$\left(-9,\ \frac{243}{2}\right)$

p.64～65 標準問題の答え

1 (1) いえる　(2) 1000円　(3) 6時間

解説 x 時間駐車したときの駐車料金を y 円とすると，x と y の関係は下のようなグラフになる。

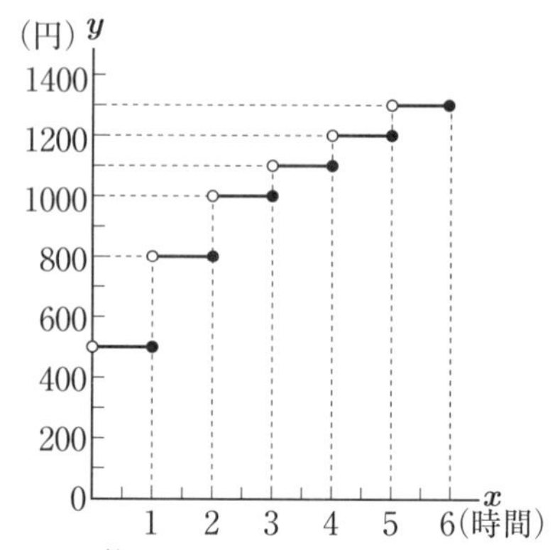

(1) x の値(あたい)が決まると，y の値が1つ決まるので，y は x の関数である。

(2) グラフより，駐車時間が2時間30分のとき，$2<x\leqq3$ なので，$y=1000$

(3) グラフより，$5<x\leqq6$ のとき，$y=1300$ であるから，6時間まで駐車できる。

2 例 **料金はデータ使用量が6GBより多く20GB以下の場合は，A社のほうが安いが，6GBまでと20GBより多く30GB以下の場合には，B社のほうが安くなる。**

解説 (1) グラフは次のようになる。

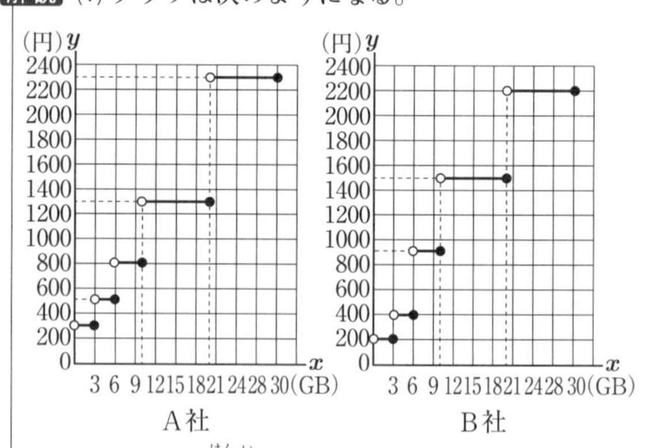

グラフから x の範囲(はんい)別に y の値を比べる。

3 (1) $4\,\mathrm{cm}^2$

(2) $y=x^2\ (0\leqq x\leqq3)$，$y=3x\ (3\leqq x\leqq8)$

(3) $12\,\mathrm{cm}^2$

解説 (1) 2 秒後，AP＝4 cm，AQ＝2 cm だから，

$\frac{1}{2}\times4\times2=4\ (\mathrm{cm}^2)$

(2) 点 P は，出発してから 3 秒後に点 B を通り，8 秒後に点 C に着く。また，点 Q は出発してから辺 AD 上だけを動き，8 秒後に点 D に着く。

$0\leqq x\leqq3$ のとき，点 P は辺 AB 上，点 Q は辺 AD 上にあり，AP＝$2x$，AQ＝x だから，

$y=\frac{1}{2}\times2x\times x=x^2$

$3\leqq x\leqq8$ のとき，点 P は辺 BC 上にあるから，△APQ は底辺を AQ とすると高さは 6 cm である。

したがって面積は，$y=\frac{1}{2}\times x\times6=3x$

(3) AP＝PQ となるのは，右の図のように点 P が BC 上にあるときである。このとき，△APQ は二等辺三角形であるから，P から AQ にひいた垂線は AQ を 2 等分するので，BP＝$\frac{1}{2}$AQ＝$\frac{1}{2}x$

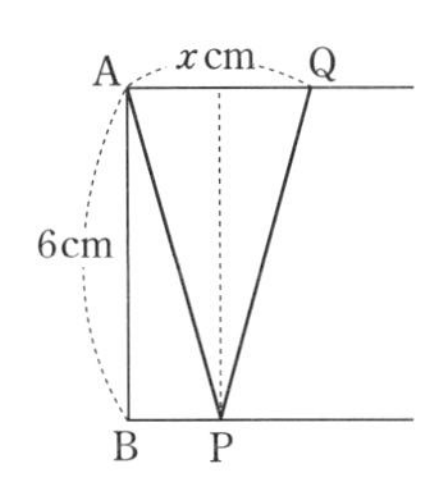

また，BP＝(AB＋BP)－AB＝$2x-6$

よって，$\frac{1}{2}x=2x-6$　$x=4$

(2)より，$y=3\times4=12\ (\mathrm{cm}^2)$

4 (1) $y=-2x+10$　(2) 2　(3) 6　(4) $\frac{10}{3}$

解説 (1) 直線の式を $y=ax+b$ とおくと

(1，8) を通るから　$8=a+b$

(4，2) を通るから　$2=4a+b$

これを a，b について解く。

(2) C の y 座標は 2 だから，$\frac{1}{2}x^2=2\longrightarrow x^2=4$

$x\geqq0$ だから　$x=2$

(3) EC∥AB のとき，△ABC＝△ABE となるから，C を通り AB と平行な直線の式を求める。

$y=-2x+b$ とおくと，C (2，2) を通るから，

$2=-2\times2+b$ より $b=6$

(4) 直線 OB の式は　$y=\frac{1}{2}x$

P の x 座標は，$\frac{1}{2}x^2=\frac{1}{2}x\longrightarrow x(x-1)=0$

$x>0$ だから $x=1$　P$\left(1,\ \frac{1}{2}\right)$

Q (0，y) とすると，

△PBQ＝△OBQ－△OPQ

$=\frac{1}{2}\times y\times4-\frac{1}{2}\times y\times1=\frac{3}{2}y$

D の x 座標は，$0=-2x+10$ より $x=5$

△BOD＝$\frac{1}{2}\times5\times2=5$　$\frac{3}{2}y=5$ より　$y=\frac{10}{3}$

p.66～67 実力アップ問題の答え

1 (1) $y=2x^2$　(2) $y=32$

2 (1) ① 15　② －12
(2) ① $3\leqq y\leqq48$　② $0\leqq y\leqq27$

3 (1) ウ　(2) ア，ウ
(3) ウ，エ　(4) オ

4 (1) $a=-3$　(2) $b=-48$　(3) 5 と －5

5 (1) $b=a^2$　(2) $y=2x^2$　(3) $y=\frac{1}{2}x^2$

6 (1) $a=\frac{1}{2}$　(2) E (4，8)

7 (1) $a=\frac{1}{4}$　(2) A (－4，4)，B (6，9)
(3) $b=6$　(4) 30

解説 **1** (1) $y=ax^2$ とすると，$8=a\times(-2)^2$

(2) $y=2x^2$ だから，$y=2\times4^2=32$

2 (1) $y=ax^2$ の x_1 から x_2 まで増加するときの変化の割合は $a(x_1+x_2)$ を用いるとよい。

① $3\times(1+4)=15$　② $3\times(-3-1)=-12$

(2) ①では，x の両端(りょうたん)の値(あたい)に対応する y の値が y の変域の両端になるが，②では，$x=0$ のとき最小値 $y=0$ をとる。また，$x=-3$ に対応する y の値(あたい)が最大値となる。

3 **ア**～**オ**のグラフをかいて考えるとよい。

(1) $x<0$，$x>0$ のそれぞれで，x が増加すると y も増加するものは**ウ**だけである。

(2) 1 次関数の変化の割合はつねに一定である。

(3) $x>0$ のとき $y>0$，$x<0$ のとき $y<0$ となるものは，**ウ**と**エ**

(4) $x=0$ を境として，y が増加から減少に変わるものは**オ**だけ。

4 (1) 点 $(2,\ -12)$ を通るから，$-12=a\times2^2$

(2) $y=-3x^2$ で，$b=-3\times(-4)^2$

(3) $-75=-3x^2$ より $x^2=25$，$x=\pm5$

5 (1) P $(a,\ b)$ は $y=x^2$ のグラフ上の点だから，

$b=a^2$

(2) M $(x,\ y)$ とおくと，M は OP の中点だから，

$x=\dfrac{a}{2}$，$y=\dfrac{b}{2}$　よって，$a=2x$，$b=2y$

$b=a^2$ に代入して　$2y=(2x)^2$ より　$y=2x^2$

(3) N $(x,\ y)$ とおくと，P は ON の中点だから

$a=\dfrac{x}{2}$，$b=\dfrac{y}{2}$ を，$b=a^2$ に代入して　$y=\dfrac{1}{2}x^2$

6 (1) 点 D と C，A と B は y 軸について対称だから，

C $(2,\ 6)$，DC$=2\times2=4$ より

A $(-2,\ 2)$，B $(2,\ 2)$

B はグラフ上の点より　$2=a\times2^2$

(2) 直線 AC の傾きは 1 だから，$y=x+b$ とおくと，

A を通るから　$2=-2+b$ より $b=4$

交点 E の x 座標は $\dfrac{1}{2}x^2=x+4$ の解。

$x^2-2x-8=0 \longrightarrow (x+2)(x-4)=0$

$x=-2,\ 4$　E の x 座標は正で，E $(4,\ 8)$

7 (1) $y=ax^2$ は点 $(2,\ 1)$ を通るから，$x=2$，

$y=1$ を代入して，$1=a\times2^2$ によって，$a=\dfrac{1}{4}$

(2) A $\left(t,\ \dfrac{1}{4}t^2\right)$，B $\left(t+10,\ \dfrac{1}{4}(t+10)^2\right)$ とおく。

直線 AB の傾きは $\dfrac{1}{2}$ だから，

$\dfrac{\frac{1}{4}(t+10)^2-\frac{1}{4}t^2}{(t+10)-t}=\dfrac{1}{2}$　$\dfrac{5t+25}{10}=\dfrac{1}{2}$　$t=-4$

よって，A $(-4,\ 4)$，B $(6,\ 9)$

(3) $y=\dfrac{1}{2}x+b$ は，A $(-4,\ 4)$ を通るから

$4=\dfrac{1}{2}\times(-4)+b$　よって，$b=6$

(4) 直線 AB と y 軸との交点を C とすると，C $(0,\ 6)$

このとき，$\triangle$OAB$=\triangle$OAC$+\triangle$OBC

$=\dfrac{1}{2}\times6\times4+\dfrac{1}{2}\times6\times6=30$

定期テスト対策

- 2 乗に比例する関数の式，変化の割合，x と y の変域などをチェックしておこう。
- **放物線と直線の交点や，座標平面上の図形の面積がよく出る。面積の求め方も理解しておこう。**

5章 相似な図形

⑩ 相似な図形

p.70～71 基礎問題の答え

1 (1) **2 倍**　(2) **等しい**　(3) **2 : 1**

解説 作図から，四角形 ABCD と A′B′C′D′ は，O を相似の中心として相似の位置にある。したがって，

四角形 ABCD∽四角形 A′B′C′D′

(1)，(3) OA′＝2OA であるから，相似比は

OA′ : OA＝2OA : OA＝2 : 1

対応する線分の長さの比は等しいので，

A′B′ : AB＝2 : 1 ⟶ A′B′＝2AB

(2) 対応する角の大きさは等しい。

2 (1) **右の図**

(2) **3 : 2**

(3) $\dfrac{15}{2}$ **cm**

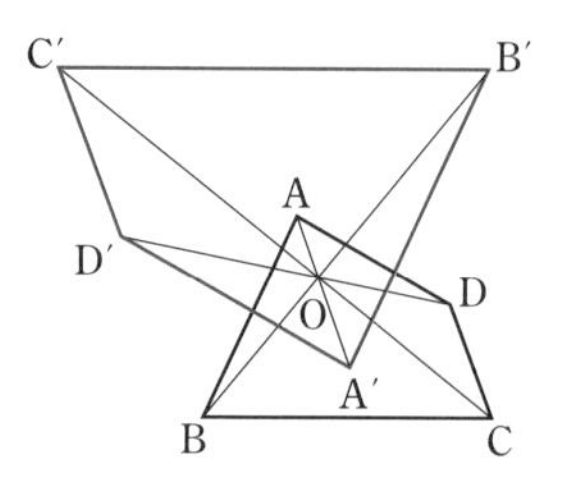

解説 (1) 頂点 B と O を通る直線をひき，O について反対側に，OB : OB′＝2 : 3 となる点 B′ をとる。C′，D′ についても同様にとって，四角形 A′B′C′D′ をかく。

相似の位置にある図形では，対応する線分は平行になる。このことを用いて，A′ を通って AB に平行な直線をひき，直線 OB との交点を B′ としてもよい。

C′，D′ についても同様。

(2) OA : OA′＝2 : 3 より OA′ : OA＝3 : 2

相似比は 3 : 2

(3) A′B′＝AB$\times\dfrac{3}{2}=5\times\dfrac{3}{2}=\dfrac{15}{2}$ (cm)

3 **①と③と⑦ … 2 組の角がそれぞれ等しい。**

②と⑨ … 2 組の辺の比とその間の角がそれぞれ等しい。（または，2 組の角がそれぞれ等しい。）

④と⑥ … 2 組の辺の比とその間の角がそれぞれ等しい。

解説 相似な三角形の組を選ぶときは，よく似た形のものを選び出し，三角形の相似条件にあてはまるかどうかを調べる。

①は1辺の長さと2つの角がわかっているが，辺の長さは関係なく，2つの角がそれぞれ等しいものは相似になる。残りの1つの角を計算で求めると
$180°-(60°+45°)=75°$
したがって，③と⑦が①と相似。
②は二等辺三角形で，頂角が50°である。したがって，底角は $\dfrac{180°-50°}{2}=65°$
⑤，⑨が二等辺三角形であるが，底角が65°の⑨と相似である。
④，⑥，⑧は1つの角が40°で，それをはさむ2辺がわかっている。対応する辺の比を調べると，
$3:3.6=30:36=5:6$ だから，④と⑥は相似
$2:2.5=4:5\neq5:6$ だから，④と⑧は相似でない。

4 $x=1.56$，$y=3$，$z=2.25$

解説 相似な図形の対応する辺の比は等しいことを用いる。対応する辺は三角形の形で決める。
$x:2.6=1.2:2 \longrightarrow x=0.6\times2.6=1.56$
$y:2=4.5:3 \longrightarrow y=1.5\times2=3$
$z:3=1.5:2 \longrightarrow z=\dfrac{4.5}{2}=2.25$

5 例 **△AEFと△DFCで**
∠A＝∠D＝90° ……①，∠EFC＝∠B＝90°
△AEFのFでの外角と内角の関係から，
∠AEF＋∠A＝∠EFC＋∠DFC
ゆえに，∠AEF＝∠DFC ……②
①，②より，2組の角がそれぞれ等しいから，
△AEF∽△DFC

解説 △AEFのFでの外角に着目する。

6 (1) 例 **△ABC∽△DEFだから，対応する角は等しく，∠B＝∠E ……①**
△ABHと△DEIで，
仮定より　∠H＝∠I＝90° ……②
①，②より，2組の角がそれぞれ等しいから，△ABH∽△DEI
(2) 例 **△ABH∽△DEIだから，対応する辺の比は等しく，**
AB：DE＝AH：DI
→AB×DI＝AH×DE

解説 (1) △ABC∽△DEFより∠B＝∠Eである。

7 **約170 m**

解説 AC＝15 cm，BC＝8 cm，∠C＝90°の直角三角形をかいて，ABの長さを測ると約17 cmだから，
$17\div\dfrac{1}{1000}=17000\,(\mathrm{cm})$

p.72～73 標準問題の答え

1 (1) **△AFD，△CDE**
(2) 例 **△BFEと△AFDで，∠Fは共通 ……①**
BE∥ADより，同位角は等しいから，
∠EBF＝∠DAF ……②
①，②より，2組の角がそれぞれ等しいから，△BFE∽△AFD
△BFEと△CDEで，対頂角は等しいから，
∠BEF＝∠CED ……③
BF∥DCより，錯角(さっかく)は等しいから，
∠FBE＝∠DCE ……④
③，④より，2組の角がそれぞれ等しいから，△BFE∽△CDE
(3) **3：2**

解説 (1)，(2) ▱ABCDで考えているので，AD∥BC，AF∥DC，また，Eで交わる2直線の対頂角も考える。
(3) 平行四辺形だから，AB＝DCである。

2 例 **△DBFと△FCEで**
∠B＝∠C＝60° ……①，∠DFE＝∠A＝60°
∠DFC＝∠BDF＋∠B＝∠DFE＋∠CFE
ゆえに，∠BDF＝∠CFE ……②
①，②より，2組の角がそれぞれ等しいから
△DBF∽△FCE

解説 正三角形の3つの角はどれも60°であるから，∠B＝∠Cはすぐにわかる。
∠DFE＝∠A＝60°だから，△DBFのFでの外角を考えて，∠BDF＝∠CFEを導く。

3 (1) **PQ＝5 cm，QB＝4 cm**
(2) $\mathbf{\dfrac{1}{5000}}$　(3) **約10 cm**　(4) **約500 m**
(5) **PB…約390 m，AQ…約480 m**

解説 (1)，(2) AP＝300 mを，6 cmで表すから，
縮尺は，$\dfrac{6}{30000}=\dfrac{1}{5000}$
$PQ=250\times\dfrac{1}{5000}\,(\mathrm{m})=\dfrac{25000}{5000}\,(\mathrm{cm})=5\,(\mathrm{cm})$
$QB=200\times\dfrac{1}{5000}\,(\mathrm{m})=\dfrac{20000}{5000}\,(\mathrm{cm})=4\,(\mathrm{cm})$

(3) 縮図をかき（図省略），ABの長さを測ると，
AB≒10.0cm

(4) $10 \div \frac{1}{5000}$ (cm)＝50000 (cm)＝500 (m)

(5) PB≒7.8cm

$7.8 \div \frac{1}{5000}$ (cm)＝39000 (cm)＝390 (m)

AQ≒9.5cm

$9.5 \div \frac{1}{5000}$ (cm)＝47500 (cm)＝475 (m)

≒480 (m)

参考 AP，PQ，QBの実際の距離（きょり）は，300m，250m，200mで，10mの位まで正確に測っていると考えられる。AQの実際の距離を，縮図をかいて求めたときも，四捨五入して，10mの位まで測ったものとそろえておく。

4 (1) 36°　(2) $-1+\sqrt{5}$ (cm)

解説 (1) AB＝ACで，∠ABC＝2∠Aだから，
∠ACB＝2∠A
よって，∠A＋2∠A＋2∠A＝180° ⟶ ∠A＝36°
(2) △BCD，△DABは二等辺三角形で，
BC＝BD＝AD＝2cm，CD＝xとすると，
△ABC∽△BCDであるから，
AC：BD＝BC：CD ⟶ $(x+2):2=2:x$
よって，$x(x+2)=4$　$x^2+2x-4=0$

5 **例 △BPMと△BANで，∠Bは共通……①**
△MBC≡△NABより
∠BMP＝∠BNA……②
①，②より，2組の角がそれぞれ等しいから，
△BPM∽△BAN

解説 △BPMと△BANで，∠Bは共通である。もう1組の角は，△MBC≡△NABが明らかなので，これから求めるとよい。

6 (1) **59°**
(2) **例 △FDEと△ABCで**
(1)より∠DEF＝∠BCA＝59°……①
∠FDE＝90°－(90°－60°)＝60°だから
∠FDE＝∠ABC＝60°……②
①，②より，2組の角がそれぞれ等しいから，△FDE∽△ABC

解説 (1) ∠DEF＝90°－∠FEC＝90°－(90°－59°)
＝59°
(2) FD⊥ABならば，∠FDE＝90°－∠EDB
＝90°－(90°－60°)＝60°
したがって，△FDEと△ABCは，2組の角がそれぞれ等しいから，相似（そうじ）である。

7 (1) **例 △ABFと△DBEで**
∠ABF＝∠DBE，∠BAF＝∠BDE＝90°
2組の角がそれぞれ等しいから，
△ABF∽△DBE
(2) **例 △ABEと△CBFで**
∠ABE＝∠CBF……①
(1)より△ABF∽△DBEだから
∠AFB＝∠DEB
∠AEB＝180°－∠DEB
∠CFB＝180°－∠AFB
ゆえに，∠AEB＝∠CFB……②
①，②より，2組の角がそれぞれ等しいから，△ABE∽△CBF

解説 (2) (1)で△ABF∽△DBEだから
∠AFB＝∠DEBである。
∠AEB＝180°－∠DEB，∠CFB＝180°－∠AFB
よって，∠AEB＝∠CFBが得られる。

⑪ 平行線と比

p.76〜77 基礎問題の答え

1 (1) **例 △ADEと△ABCで，∠Aは共通**
DE∥BCより，同位角は等しいから，
∠ADE＝∠ABC
よって，2組の角がそれぞれ等しいから，
△ADE∽△ABC
対応する辺の比は等しいから，
AD：AB＝AE：AC＝DE：BC
(2) **㋐ ∠DBF　㋑ ∠BDF　㋒ AE　㋓ EC**

解説 (1) △ADE∽△ABCを証明して，対応する辺の比をつくればよい。

2 (1) **$x=3.6$，$y=2.4$**
(2) **$x=1.9$，$y=4$**　(3) **$x=1.68$，$y=4.5$**

解説 (1) $x:6=3:5$ ⟶ $5x=18$ ⟶ $x=3.6$
$y=6-x$

(2) $x:5.7=1.6:(1.6+3.2)$，$2:y=1.6:3.2$
(3) $x:2.8=3:5$，$2.7:y=3:5$

3 **5：4**

解説 FE∥BC だから，
FE：DC＝AE：AC＝1：2 より，$FE=\frac{1}{2}DC$
BD：DC＝2：5 より，$BD=\frac{2}{5}DC$
よって，$FE:BD=\frac{1}{2}:\frac{2}{5}=5:4$

4 (1) 例 **BD をひくと，△ABD で，E，H は 2 辺の中点だから，中点連結定理により**
EH∥BD，$EH=\frac{1}{2}BD$ ……①
△CBD で F，G は 2 辺の中点だから
FG∥BD，$FG=\frac{1}{2}BD$ ……②
①，②より，EH∥FG，EH＝FG
1 組の対辺が等しくて，平行だから，四角形 EFGH は平行四辺形である。
(2) **ひし形 … AC＝BD，長方形 … AC⊥BD**
正方形 … AC＝BD，AC⊥BD

解説 (1) 対角線 BD をひいて，中点連結定理を用いると，EH∥FG，EH＝FG が得られる。
(2) EH∥FG∥BD，EF∥HG∥AC なので，対角線 BD と AC の条件として考える。

5 **23°**

解説 △ABC において，BD＝DC，AE＝EC だから，中点連結定理により，DE∥BA
$\angle x$ の頂点を F とする。平行線の錯角(さっかく)は等しいから，
$\angle x=\angle ABF$
△ABC の内角の和は 180° だから，
∠ABC＝180°－(85°＋32°)＝63°
よって，∠ABF＝63°－40°＝23°
したがって，$\angle x=23°$

6 (1) **5 cm** (2) **16 倍**

解説 (1) 四角形 AEGD も平行四辺形だから，
EG＝AD＝6 cm
また，EH∥BF より，EH：BF＝AE：AB＝1：3
BF＝6÷2＝3 (cm) だから，EH＝1 cm
よって，HG＝EG－EH＝6－1＝5 (cm)
(2) A から EH にひいた垂線を AI，C から GH にひいた垂線を CJ とすると，
AI：CJ＝AE：EB＝1：2 より，CJ＝2AI
△AEH の面積は，$\frac{1}{2}\times EH\times AI=\frac{1}{2}AI$
台形 HFCG の面積は，
$\frac{1}{2}\times(FC+HG)\times CJ=\frac{1}{2}\times(3+5)\times 2AI=8AI$
よって，四角形 HFCG の面積は，△AEH の面積の 16 倍。

p.78～79 標準問題の答え

1 例 **C を通り DA と平行な直線と BA の延長(えんちょう)との交点を E とすると，錯角(さっかく)，同位角が等しいから，**

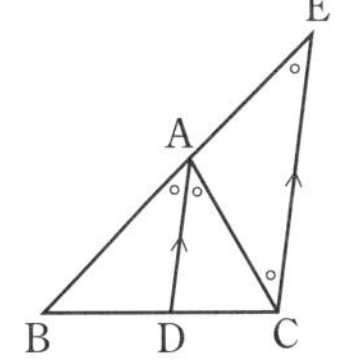

∠ACE＝∠CAD
∠AEC＝∠BAD
仮定より，∠BAD＝∠CAD
だから，∠ACE＝∠AEC
△ACE は AC＝AE の二等辺三角形。
これと，DA∥CE より，
AB：AC＝AB：AE＝BD：DC

解説 三角形と比の定理が使えるようにくふうする。
BA の延長上に AE＝AC となる点 E をとり，二等辺三角形 ACE を作ると，
∠ACE＝∠AEC，∠BAC＝2∠ACE
より，∠DAC＝∠ACE　AD∥EC
このように考えてもよい。

2 (1) **2：3** (2) **2 cm** (3) **3.8 cm**

解説 AD∥EF∥BC であるから
(1) AG：GC＝AE：EB＝2：3
(2) EG：BC＝AE：AB より EG：5＝2：5
→ EG＝2
(3) GF：AD＝CG：CA より GF：3＝3：5
→ GF＝1.8
EF＝EG＋GF＝2＋1.8＝3.8

3 例 **AB の中点を M とする。**
△ABC で，中点連結定理により
MQ∥BC，$MQ=\frac{1}{2}BC$
△BAD で，中点連結定理により
MP∥AD，$MP=\frac{1}{2}AD$
AD∥BC により，MP∥BC となり，M を通

り BC に平行な直線はただ 1 つであるから，MPQ は 1 直線。
ゆえに，PQ＝MQ－MP
$$=\frac{1}{2}BC-\frac{1}{2}AD=\frac{1}{2}(BC-AD)$$

解説 AB の中点を M とすると，中点連結定理より，$MQ=\frac{1}{2}BC$，$MP=\frac{1}{2}AD$ はすぐに求められる。
PQ の長さを MQ－MP で求めるためには，MPQ が 1 直線でなければならない。
MQ∥BC，MP∥AD∥BC を用いて，このことを示しておく。

4 例 **M を通り BP に平行な直線と AC の交点を Q とすると，△CBP で M は CB の中点であるから，Q は CP の中点。**
△AMQ で，NP∥MQ で，N は AM の中点であるから，P は AQ の中点。よって，P，Q は AC を 3 等分するので，PC＝2AP

解説 三角形の 1 辺の中点を通り他の 1 辺に平行な直線は，残りの辺の中点を通ることを利用する。
別解 PC の中点を Q とすると，中点連結定理により MQ∥BP である。したがって，△AMQ において，NP∥MQ で，N は AM の中点であるから，P は AQ の中点である。
というように証明してもよい。

5 $x=2$

解説 D，F はそれぞれ AE，AC の中点だから，中点連結定理により，DF∥EC ……① EC＝$2x$ ……②
また，E は BD の中点であり，①より，EG∥DF
よって，三角形と比の定理より，
$EG=\frac{1}{2}DF=\frac{1}{2}x$ ……③
②，③を EC－EG＝3 に代入して，
$2x-\frac{1}{2}x=3$ これを解いて，$x=2$

6 11：4

解説 点 D を通り辺 BC に平行な直線と，辺 AC の延長との交点を G とする。
平行線と線分の比の関係より，
AC：CG＝AB：BD＝5：2 よって，$AC=\frac{5}{2}CG$
EC：CG＝FE：DF＝2：3 よって，$EC=\frac{2}{3}CG$
したがって，AE：EC＝(AC－EC)：EC
$=\left(\frac{5}{2}CG-\frac{2}{3}CG\right):\frac{2}{3}CG$
$=\left(\frac{5}{2}-\frac{2}{3}\right)CG:\frac{2}{3}CG=\frac{11}{6}:\frac{2}{3}=11:4$

7 例 **△OBC で，D，E は OB，OC の中点だから，中点連結定理により，$DE=\frac{1}{2}BC$**
△ADE で，M，N は AD，AE の中点だから
$MN=\frac{1}{2}DE=\frac{1}{4}BC$

解説 どの三角形で中点連結定理を用いるとよいかを考える。

8 (1) 3：5 (2) $\frac{9}{80}$ 倍

解説 (1) 四角形 ABCD は平行四辺形であるから，AB∥DC，AB＝DC である。よって，
PQ：QD＝AP：DC＝3：(3＋2)＝3：5
(2) △APD で，PQ：QD＝3：5 より
$\triangle APQ=\frac{3}{8}\triangle APD$
AP：PB＝3：2 だから，
$\triangle APD=▱ABCD\times\frac{1}{2}\times\frac{3}{5}=\frac{3}{10}▱ABCD$
ゆえに，$\triangle APQ=\frac{3}{8}\times\frac{3}{10}▱ABCD$
$=\frac{9}{80}▱ABCD$

⑫ 相似な図形の面積と体積

p.82～83 基礎問題の答え

1 (1) 9 cm (2) 5：3 (3) 25：9

解説 △ABC∽△ADE で，相似比（そうじひ）は
AB：AD＝10：6＝5：3
(1) BC：DE＝5：3 より，
15：DE＝5：3 ⟶ DE＝9 (cm)
(2) 相似な平面図形の周の長さの比は，相似比に等しい。
(3) 相似な平面図形の面積比は，相似比の 2 乗に等しい。相似比は 5：3 だから，面積比は $5^2:3^2=25:9$

2 (1) 例 **(証明) △ODA と △OBC で，**
AD∥BC より，錯角（さっかく）は等しいから，
∠ODA＝∠OBC，∠OAD＝∠OCB

2 組の角がそれぞれ等しいから，
$\triangle ODA \backsim \triangle OBC$
相似比 … 2 : 3

(2) **$24\,cm^2$**　(3) **$36\,cm^2$**

解説 (1) DA : BC＝12 : 18＝2 : 3
(2) △ODA と △OBC で，面積比は $2^2 : 3^2 = 4 : 9$ だから，
△ODA : 54＝4 : 9 ⟶ △ODA＝24 (cm^2)
(3) $\triangle ODA \backsim \triangle OBC$ で，相似比が 2 : 3 だから，
OA : OC＝2 : 3
△OAB と △OBC はそれぞれ OA，OC を底辺とすると高さが等しいから
△OAB : 54＝2 : 3 ⟶ △OAB＝36 (cm^2)

3 (1) **$\frac{25}{16}$ 倍**　(2) **$\frac{25}{9}$ 倍**

解説 (1) $\triangle ABC \backsim \triangle ACD$ で，相似比は
BC : CD＝15 : 12＝5 : 4 だから，面積比は
$5^2 : 4^2 = 25 : 16$
(2) △ABC＝△ACD＋△CBD だから，(1)より，
△ABC : △CBD＝25 : (25−16)＝25 : 9

4 (1) 例 **△AEF と △ABC で，**
∠EAF＝∠BAC　(共通) ……①
また，平行な 2 平面に 1 つの平面が交わるとき，2 つの交線は平行になるので，
EF∥BC
よって，同位角は等しいから，
∠AEF＝∠ABC ……②
①，②より，2 組の角がそれぞれ等しいから，$\triangle AEF \backsim \triangle ABC$

(2) 例 **△ABC で，EF∥BC であるから，**
$$\frac{EF}{BC}=\frac{AE}{AB}=\frac{AF}{AC} \text{ ……①}$$
同様に △ABD で，EG∥BD，
△ACD で，FG∥CD であるから
$$\frac{EG}{BD}=\frac{AE}{AB},\ \frac{FG}{CD}=\frac{AF}{AC} \text{ ……②}$$
①，②より　$\frac{EF}{BC}=\frac{EG}{BD}=\frac{FG}{CD}$
3 組の辺の比がすべて等しいから，
$\triangle EFG \backsim \triangle BCD$

(3) **9 : 25**　(4) **$\frac{27}{125}$ 倍**

解説 (3) 三角錐(さんかくすい) AEFG と三角錐 ABCD は相似で相似比は AE : AB＝3 : 5
相似な立体の表面積の比は，相似比の 2 乗に等しい。
$3^2 : 5^2 = 9 : 25$
(4) 相似な立体の体積比は，相似比の 3 乗に等しい。
$3^3 : 5^3 = 27 : 125$

5 (1) **$360\pi\,cm^2$**　(2) **$672\pi\,cm^3$**

解説 切り取った部分と，もとの円錐(えんすい)の相似比は 1 : 2
(1) 側面積は，側面になるおうぎ形の $1-\frac{1}{2^2}=\frac{3}{4}$ (倍)
で，おうぎ形の弧(こ)の長さは $2\pi \times 12 = 24\pi$ (cm)
だから，$\frac{1}{2} \times 24\pi \times 20 \times \frac{3}{4} = 180\pi$ (cm^2)
表面積は $180\pi + \pi \times 12^2 + \pi \times 6^2 = 360\pi$ (cm^2)
(2) 体積は，もとの円錐の $1-\frac{1}{2^3}=\frac{7}{8}$ (倍)で
$\frac{1}{3}\pi \times 12^2 \times 16 \times \frac{7}{8} = 672\pi$ (cm^3)

6 **$728\,cm^3$**

解説 容積は　$104 \times \frac{2^3}{1} = 832$ (cm^3)
832−104＝728 (cm^3)
別解 水の入る部分は水の体積の
$\left(1-\frac{1}{8}\right) \div \frac{1}{8} = 7$ (倍)　$104 \times 7 = 728$ (cm^3)

p.84〜85 標準問題の答え

1 (1) **$\frac{3}{2}$ 倍**　(2) **$8\,cm^2$**

解説 (1) $\triangle ABC \backsim \triangle DEF$ で，相似比(そうじひ)は 2 : 3 だから，
周の長さは $\frac{3}{2}$ 倍。
(2) △ABC と △DEF の面積比は $2^2 : 3^2 = 4 : 9$ だから，△ABC : 18＝4 : 9 ⟶ △ABC＝$8\,cm^2$

2 **$y=\frac{5}{4}x$**

解説 $\triangle APQ \backsim \triangle ACB$ で相似比は 2 : 3
$x : (x+y) = 2^2 : 3^2 \longrightarrow 4(x+y) = 9x$
$4y = 5x$ より $y=\frac{5}{4}x$

3 **$8\,cm^2$**

解説 △AMB＝△DMC＝$20\,cm^2$ より
△CMB＝70−20＝50 (cm^2)
また，△AMB と △CMB は辺 AM と辺 CM を底辺とすると高さが等しいから

AM : CM＝20 : 50＝2 : 5
△AMD∽△CMB で，相似比が 2 : 5 だから，
△AMD : △CMB＝2^2 : 5^2
△AMD : 50＝4 : 25 ⟶ △AMD＝8 cm^2

4 (1) **35°** (2) **3 : 7**

解説 (1) AB∥FC より，錯角(さっかく)は等しいから，
∠BFC＝∠ABF＝70°÷2＝35°
(2) △ABE∽△CFB∽△DFE だから
△ABE : △CFB : △DFE
＝3^2 : 5^2 : $(5-3)^2$＝9 : 25 : 4
△ABE : 台形 EBCD＝9 : (25−4)＝3 : 7

5 (1) **ア … 4 cm，イ … 8 cm**
(2) **P … 32π cm^3，Q … 224π cm^3**
R … 608π cm^3

解説 (1) P の円錐(えんすい)ともとの円錐は相似で，相似比は 1 : 3 だから，底面**ア**の半径ともとの円錐の半径の比も 1 : 3　よって，1 : 3＝x : 12 ⟶ x＝4 (cm)
同様にして，P と Q を合わせた円錐の半径ともとの円錐の半径の比は 2 : 3 だから，2 : 3＝x : 12 ⟶ x＝8 (cm)
(2) P の円錐ともとの円錐の体積比は，
1^3 : 3^3＝1 : 27 だから，
1 : 27＝x : 864π ⟶ x＝32π (cm^3)
P と Q を合わせた円錐ともとの円錐の体積比は
2^3 : 3^3＝8 : 27 だから，
8 : 27＝x : 864π ⟶ x＝256π (cm^3)
よって，Q の体積は　256π−32π＝224π (cm^3)
R の体積は，864π−256π＝608π (cm^3)
別解 P の円錐，P と Q を合わせた円錐，もとの円錐は相似で相似比は 1 : 2 : 3 だから，体積比は
1^3 : 2^3 : 3^3＝1 : 8 : 27
よって，P と Q と R の体積比は
1 : (8−1) : (27−8)＝1 : 7 : 19 だから，
P の体積は，$864\pi\times\frac{1}{1+7+19}$＝32π ($cm^3$)
Q の体積は，$864\pi\times\frac{7}{1+7+19}$＝224π ($cm^3$)
R の体積は，$864\pi\times\frac{19}{1+7+19}$＝608π ($cm^3$)

6 (1) $\frac{1}{4}$ **倍** (2) $\frac{1}{8}$ **倍** (3) **63 cm^3**

解説 (1) 三角錐 P-DQR と P-HEG は相似で，
相似比は 1 : 2 だから，△DQR の面積は，
△HEG の面積の $\left(\frac{1}{2}\right)^2$ 倍。
(2) 相似比が 1 : 2 だから，三角錐 P-DQR の体積は，
三角錐 P-HEG の体積の $\left(\frac{1}{2}\right)^3$ 倍。
(3) 三角錐台の体積は三角錐 P-HEG の体積の
$1-\frac{1}{8}=\frac{7}{8}$ (倍)　$\frac{1}{3}\times\frac{1}{2}\times6^2\times12\times\frac{7}{8}$＝63 ($cm^3$)

7 **19 秒後**

解説 現在の水の量とあとで入る水の量の比は，円錐の相似比が 2 : 3 だから　2^3 : (3^3-2^3)＝8 : 19
かかる時間を x 秒とすると，時間は水の量に比例するから，8 : x＝8 : 19　これより　x＝19

6章 円

⑬ 円周角の定理

p.88〜89 **基礎問題の答え**

1 (1) **∠x＝120°** (2) **∠x＝100°**
(3) **∠x＝60°，∠y＝60°**
(4) **∠x＝70°，∠y＝30°**

解説 (1) ∠x＝60°×2＝120°
(2) ∠x＝(360°−160°)÷2＝100°
(3) ∠x＝30°×2＝60°
∠y＝(180°−60°)÷2＝60°
(4) ∠y＝(100°−40°)÷2＝30°
∠x＝100°−∠y＝100°−30°＝70°

2 (1) **38°** (2) ① **80°** ② **66°** ③ **44°**

解説 (1) ∠CBD＝∠CAD＝$\frac{1}{2}$∠A
＝(180°−34°−70°)÷2＝38°
(2) ① ∠B＝∠D＝50° より ∠x＝30°＋50°＝80°
② B と E を結ぶと，∠BED＝∠BCD＝24°
∠AEB＝90° だから，∠x＝90°−24°＝66°
③ ∠ADB＝∠ACB＝34°
∠BAC＝∠BDC＝64°
∠x＝180°−(64°＋38°＋34°)＝44°

3 (1) **28°** (2) **34°** (3) **62°**

解説 (1) $\overset{\frown}{AC}=\overset{\frown}{CD}$ だから，$\angle CAD=\angle ABC=28^\circ$

(2) 半円の弧に対する円周角は 90°

$\angle DAB=180^\circ-(90^\circ+28^\circ\times 2)=34^\circ$

(3) $\angle CAD=28^\circ$，$\angle ACB=90^\circ$ から，

$\angle AEC=180^\circ-(90^\circ+28^\circ)=62^\circ$

4 (1) **45°** (2) **30°**

解説 (1) $\angle ADB=90^\circ$ だから，$\angle DBA=45^\circ$

(2) $\angle CDA=\angle CBA=45^\circ-15^\circ=30^\circ$

5 (1) **70°** (2) **35°**

解説 (1) $\angle BCD=90^\circ$ だから，$\angle BDC=90^\circ-20^\circ=70^\circ$

(2) $\overset{\frown}{AB}=\overset{\frown}{AC}$ だから，$\angle ACB=\angle ABC$

$\angle BAC=\angle BDC=70^\circ$

$\angle ABC=(180^\circ-70^\circ)\div 2=55^\circ$

$\angle ABD=55^\circ-20^\circ=35^\circ$

6 (1) **30°** (2) **80°** (3) **25°**

解説 等しい弧に対する円周角は等しい。

(1) $\overset{\frown}{BC}=\overset{\frown}{DE}$ より，$\angle BAC=\angle DFE$

(2) $\overset{\frown}{AB}=\overset{\frown}{CD}$ より，$\overset{\frown}{CD}$ に対する円周角は 40° だから，$\frac{1}{2}\angle COD=40^\circ$　$\angle COD=80^\circ$

(3) $\angle ADB=\frac{1}{2}\angle AOB=50^\circ$

弧の長さは，その弧に対する円周角の大きさに比例するから，$\overset{\frown}{AB}=2\overset{\frown}{BC}$ より，$\angle ADB=2\angle BDC$

よって，$\angle BDC=25^\circ$

7 $\angle x=65^\circ$，$\angle y=35^\circ$

解説 直線 CD に対して 2 点 A，B が同じ側にあり，$\angle CAD=\angle CBD$ だから，4 点 A，B，C，D は 1 つの円周上にある。よって，$\angle x=\angle BDC=65^\circ$

$\angle y=\angle ADB=35^\circ$

p.90〜91 標準問題の答え

1 (1) $x=110$ (2) $x=28$ (3) $x=12$

解説 (1) A と O を結ぶと，△OAB と △OAC は二等辺三角形だから，$\angle OAB=25^\circ$，$\angle OAC=30^\circ$

したがって，$\angle BOC=2\angle BAC$

$=2(25^\circ+30^\circ)=110^\circ$

(2) C と O を結ぶと，

$\angle BOC+\angle COD+\angle DOE=180^\circ$

$\angle BOC=2\angle BEC=64^\circ$，$\angle DOE=2\angle DCE=60^\circ$

より，$\angle COD=180^\circ-(64^\circ+60^\circ)=56^\circ$

したがって，$\angle CAD=\frac{1}{2}\angle COD=28^\circ$

(3) $\overset{\frown}{CD}$ に対する円周角は，$\frac{1}{2}\angle COD=54^\circ$ だから，

$18:54=4:x \longrightarrow x=12$

2 4π **cm**

解説 △APD で，$\angle DAC+\angle ADB=45^\circ$

よって，$\overset{\frown}{AB}$，$\overset{\frown}{CD}$ に対する円周角の和が 45° となり，中心角の和は 90°

だから，その長さの和は　$2\pi\times 8\times\frac{90}{360}=4\pi$ (cm)

3 (1) **57°** (2) **60°**

解説 (1) $\angle D=90^\circ$ だから，$\angle B=90^\circ-24^\circ=66^\circ$

OC∥BD より，$\angle AOC=66^\circ$

△AOC は二等辺三角形だから，

$\angle OCA=(180^\circ-66^\circ)\div 2=57^\circ$

(2) $\overset{\frown}{AC}:\overset{\frown}{CB}=2:1$ より　$\overset{\frown}{AC}=\frac{2}{3}\overset{\frown}{AB}$

よって，$\angle AOC=180^\circ\times\frac{2}{3}=120^\circ$

$\angle ABC=120^\circ\div 2=60^\circ$

4 **67.5°**

解説 点 A をふくまない $\overset{\frown}{BC}$ の中心角を求めると，

$\angle BOC=360^\circ\times\frac{3}{3+5}=135^\circ$

よって，$\angle BAC=\frac{1}{2}\angle BOC=67.5^\circ$

5 **59°**

解説 $\overset{\frown}{PA}+\overset{\frown}{AR}+\overset{\frown}{CQ}$ は円周の半分だから，それぞれの弧に対する円周角の和は 90° になる。

$\angle PQR+\angle CAQ=90^\circ$ だから，

$\angle CAQ=\frac{1}{2}\angle BAC=31^\circ$ より

$\angle PQR=90^\circ-31^\circ=59^\circ$

6 例 **直線 BC に対して 2 点 A，D が同じ側にあり，∠BAC＝∠BDC だから，4 点 A，B，C，D は 1 つの円周上にある。**

したがって，∠DAC＝∠DBC，∠ABD＝∠ACD

仮定より，∠ABD＝∠DBC だから，

∠DAC＝∠ACD

△DAC で 2 つの底角が等しいから，△DAC は二等辺三角形である。

7 (1) 例 **直線BCに対して2点D，Eが同じ側にあり，∠BDC＝∠CEB＝90°であるから，4点B，C，D，Eは1つの円周上にある。**

(2) **右の図**

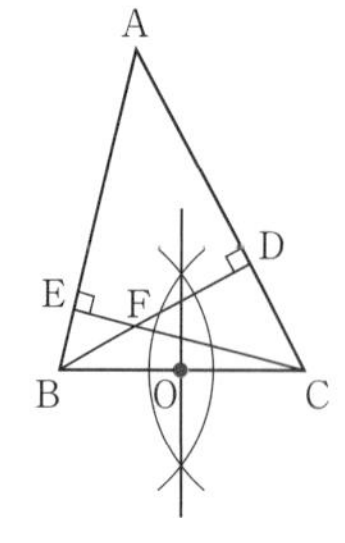

解説 (2) ∠BDC＝∠CEB＝90°で，円周角が直角だから，BCは求める円の直径になる。円の中心Oは，線分BCを2等分する点になる。

8 60°

解説 点CとDを結ぶ。∠DCGは$\overset{\frown}{DE}$に対する円周角だから，∠DCG＝360°×$\frac{1}{6}$×$\frac{1}{2}$＝30°

∠CDGは$\overset{\frown}{CF}$に対する円周角だから，

∠CDG＝360°×$\frac{3}{6}$×$\frac{1}{2}$＝90°

ゆえに，∠CGD＝180°－(30°＋90°)＝60°

⑭ 円の性質の利用

p.94～95 **基礎問題の答え**

1 例 **右の図**

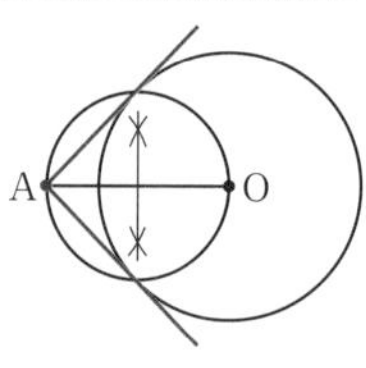

解説 線分AOを直径とする円と円Oとの交点が接点となる。円の中心Oからの距離(きょり)が2cmであれば，Aの位置はどこでもよい。

2 34°

解説 ∠BOA＝90°－22°＝68°

△OBCは，OB＝OCの二等辺三角形だから，

∠x＝68°÷2＝34°

3 25°

解説 点Aからの接線APとAQは長さが等しいから，△APQは二等辺三角形である。したがって，

∠APQ＝$\frac{180°-50°}{2}$＝65°

∠OPA＝90°だから，∠x＝90°－65°＝25°

4 △ABP∽△DCP，△ADP∽△BCP

解説 1つの弧(こ)に対する円周角の大きさはすべて等しいことから，相似(そうじ)な三角形の組が2組あることがわかる。

5 (1) x＝6　(2) x＝3　(3) x＝15

解説 (1) △ABP∽△DCPだから，

4：x＝6：9 ⟶ x＝6

(2) △ABP∽△DCPだから，

6：x＝10：5 ⟶ x＝3

(3) △ADP∽△BCPだから，

x：9＝20：12 ⟶ x＝15

6 例 **△ABHと△ACDで，**
$\overset{\frown}{AD}$に対する円周角だから，
∠ABH＝∠ACD ……①
半円の弧に対する円周角だから，
∠ADC＝90°
仮定より，AH⊥BDだから，
∠AHB＝90°
よって，∠AHB＝∠ADC＝90° ……②
①，②より，2組の角がそれぞれ等しいから，
△ABH∽△ACD

7 例 **△ABCと△AEBで，**
共通な角だから，∠CAB＝∠BAE ……①
$\overset{\frown}{AB}$に対する円周角だから，
∠ACB＝∠ADB
仮定より△ABDは二等辺三角形だから，
∠ADB＝∠ABE
よって，∠ACB＝∠ABE ……②
①，②より，2組の角がそれぞれ等しいから，
△ABC∽△AEB

8 例 **△ABEと△BDEで，**
共通な角だから，∠BEA＝∠DEB ……①
仮定より，∠EAB＝∠EAC
$\overset{\frown}{EC}$に対する円周角だから，
∠EAC＝∠EBD
よって，∠EAB＝∠EBD ……②
①，②より，2組の角がそれぞれ等しいから，
△ABE∽△BDE

p.96～97 標準問題の答え

1 (1) 62°　(2) 9 cm

解説 (1) ∠BAC＝360°－(90°＋118°＋90°)＝62°
(2) 円外の1点から円にひいた2つの接線の長さは等しい。よって，AR＝AP＝5 (cm)
CQ＝11－BQ＝11－BP＝11－7＝4 (cm)
CR＝CQだから，AC＝AR＋CR＝5＋4＝9 (cm)

2 例 △BCDと△BEFで，
円Oの $\overset{\frown}{\mathrm{AB}}$ に対する円周角だから，
∠BCD＝∠BEF ……①
円O′の $\overset{\frown}{\mathrm{AB}}$ に対する円周角だから，
∠BDC＝∠BFE ……②
①，②より，2組の角がそれぞれ等しいから，
△BCD∽△BEF

3 例 △ABCと△DEBで，
$\overset{\frown}{\mathrm{BC}}$ に対する円周角だから，
∠CAB＝∠BDE ……①
$\overset{\frown}{\mathrm{AB}}$ に対する円周角だから，
∠ACB＝∠ADB
仮定より，AD∥BEだから錯角は等しい。
∠ADB＝∠DBE
よって，∠ACB＝∠DBE ……②
①，②より，2組の角がそれぞれ等しいから，
△ABC∽△DEB

4 例 Cをふくむ $\overset{\frown}{\mathrm{BD}}$ に対する中心角を $\angle x$，Aをふくむ $\overset{\frown}{\mathrm{BD}}$ に対する中心角を $\angle y$ とすると，

$\angle \mathrm{BAD}=\frac{1}{2}\angle x$，$\angle \mathrm{BCD}=\frac{1}{2}\angle y$

したがって，

$$\angle \mathrm{BAD}+\angle \mathrm{BCD}=\frac{1}{2}\angle x+\frac{1}{2}\angle y$$
$$=\frac{1}{2}(\angle x+\angle y)$$

$\angle x+\angle y=360°$ だから，

$$\angle \mathrm{BAD}+\angle \mathrm{BCD}=\frac{1}{2}\times 360°=180°$$

5 例 直径ADと点Aにおける接線は垂直に交わるので，∠DAT＝90°だから，
∠BAT＝90°－∠BAD ……①
半円の弧に対する円周角だから，∠ACD＝90°
よって，∠ACB＝90°－∠BCD ……②
$\overset{\frown}{\mathrm{BD}}$ に対する円周角だから，
∠BAD＝∠BCD ……③
①～③より，∠BAT＝∠ACB

6 (1) 例 △ABDと△ADFで，
共通な角だから，∠DAB＝∠FAD ……①
半円の弧に対する円周角だから，∠ADB＝90°
仮定より，∠AFD＝90°
よって，∠ADB＝∠AFD＝90° ……②
①，②より，2組の角がそれぞれ等しいから，
△ABD∽△ADF

(2) 例 △ABDと△EBDで，
BDは共通 ……①
仮定より，
∠ABD＝∠EBD ……②
(1)より∠ADB＝90°だから，
∠EDB＝180°－∠ADB＝90°
よって，∠ADB＝∠EDB＝90° ……③
①～③より，1辺とその両端の角がそれぞれ等しいから，△ABD≡△EBD
よって，AD＝ED ……④
また，仮定よりCG＝EG ……⑤
点AとCを結ぶと，④，⑤より
DG∥AC　(中点連結定理)
同位角は等しいから，∠EGD＝∠GCA
半円の弧に対する円周角だから，∠ACB＝90°
より，∠GCA＝180°－∠ACB＝90°
よって，∠EGD＝∠GCA＝90° ……⑥
△ADFと△EDGで，
⑥と仮定より，∠AFD＝∠EGD＝90°
△ABD≡△EBDだから，
AD＝ED，∠DAF＝∠DEG
直角三角形で，斜辺と1つの鋭角がそれぞれ等しいから，
△ADF≡△EDG

7 例 PQは円Oの接線だから，∠OPQ＝90°
半円の弧に対する円周角だから，∠APB＝90°
よって，∠APO＝90°－∠OPB
＝∠BPQ

8 例 円Oの半径だから，OC＝OE
よって，△OCEは二等辺三角形だから，
∠OCE＝∠OEC
つまり，∠OCF＝∠DEC ……①
$\overset{\frown}{\mathrm{CD}}$ の円周角だから，∠DEC＝∠DBC
つまり，∠DEC＝∠GBD ……②
①，②より，∠OCF＝∠GBD ……③
仮定より，∠AOC＝2∠BOD ……④

円周角の定理より，

$\angle ABC=\frac{1}{2}\angle AOC=\angle BOD$

したがって，$\angle DGB=\angle BOG+\angle GBO$

$=\angle BOD+\angle ABC$

$=2\angle BOD$ ……⑤

④，⑤より，$\angle AOC=\angle DGB$

すなわち，$\angle FOC=\angle DGB$ ……⑥

△CFO と △BDG で，③，⑥より，2 組の角がそれぞれ等しいから，△CFO∽△BDG

p.98～99 実力アップ問題の答え

1 ㋐と㋕…2 組の辺の比とその間の角がそれぞれ等しい。
㋑と㋔…2 組の角がそれぞれ等しい。
㋒と㋖…3 組の辺の比がすべて等しい。
㋓と㋗…2 組の角がそれぞれ等しい。

2 (1) $x=18$ cm，$y=12.8$ cm
(2) $x=12$ cm

3 (1) 4：9　(2) 16：21

4 20°

5 40°

6 例 △ABD と △DCF で
$\angle B=\angle C=60°$，$\angle ADE=60°$
$\angle ADC=\angle BAD+60°=60°+\angle CDF$
ゆえに，$\angle BAD=\angle CDF$
2 組の角がそれぞれ等しいから，
△ABD∽△DCF

7 (1) 152°　(2) 14°

8 (1) 4：3　(2) 17.5 倍

解説 **1** 形が同じで，三角形の相似(そうじ)条件にあてはまるものを見つける。

2 (1) $x:12=21:14$
$y:32=14:(14+21)$
(2) AB∥PQ∥CD だから
BP：PC＝21：28＝3：4　$x:28=3:(3+4)$

3 (1) △BGF∽△DEF で相似比は 2：3
よって，△BGF：△DEF＝$2^2:3^2$
(2) △DEF∽△DAB で相似比は 3：5 だから
四角形 ABFE＝$\left\{1-\left(\frac{3}{5}\right)^2\right\}$△DAB
△BGF∽△BCD で相似比は 2：5 だから
四角形 FGCD＝$\left\{1-\left(\frac{2}{5}\right)^2\right\}$△BCD
△DAB＝△BCD だから
四角形 ABFE：四角形 FGCD
$=\frac{16}{25}:\frac{21}{25}=16:21$

4 △ABD で，$\angle BAD=130°-75°=55°$
円周角の定理より
$\angle BOC=2\angle BAD=55°\times 2=110°$
△ODC において，$\angle OCD=130°-110°=20°$

5 $\overset{\frown}{CD}$ に対する円周角だから
$\angle CAD=\angle CBD=25°$
$\overset{\frown}{BC}$ に対する円周角だから，
$\angle BDC=\angle BAC=60°$ より，
$\angle ECD=60°+25°=85°$
よって，△ACE において
$25°+(\angle ACD+85°)+30°=180°$ より
$\angle ACD=40°$

6 △ABC，△ADE が正三角形だから，
$\angle B=\angle C=60°$，$\angle ADE=60°$
△ABD の D における外角を 2 通りに表して，
$\angle BAD=\angle CDF$ をいう。

7 (1) 中点連結定理により，MP∥AB，PN∥DC である。
$\angle MPN=\angle MPD+\angle DPN$
$=20°+(180°-48°)=152°$
(2) 中点連結定理により，MP，PN はそれぞれ AB，DC の半分で，AB＝CD であるから，
△MPN は PM＝PN の二等辺三角形となり，
$\angle PNM=\frac{180°-152°}{2}=14°$

8 (1) 四角形 ABCD は平行四辺形だから，
AB∥DC，AB＝DC
AE：EB＝2：3 だから
AE：DC＝2：(2＋3)＝2：5
よって，AF：FC＝2：5
ゆえに，AF：FG＝$2:\left(5-\frac{7}{2}\right)=4:3$
(2) EF：FD＝2：5 だから
$\triangle AEF=\frac{2}{7}\triangle AED=\frac{2}{7}\times\left(\frac{1}{2}\times\frac{2}{5}\square ABCD\right)$
$=\frac{2}{35}\square ABCD$　35÷2＝17.5(倍)

定期テスト対策

❶相似と比では，証明問題も計算問題もよく練習しておく。中点連結定理も大切。

❶円周角の定理をよく理解し，うまく利用できるようにしておく。

7章 三平方の定理

⑮三平方の定理

p.102〜103 基礎問題の答え

1 (1) $34\,\mathrm{cm}^2$ (2) 下の図

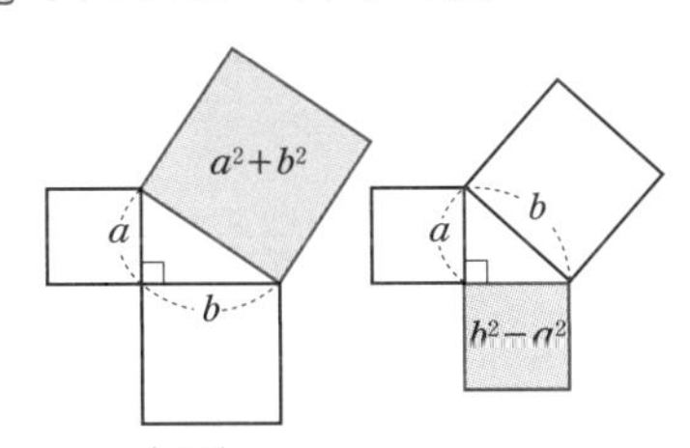

解説 (1) 斜辺（しゃへん）の長さを x cm とする。
三平方の定理により，$x^2=3^2+5^2=34$

2 (1) 10 (2) 5 (3) $\sqrt{3}\,a$ (4) $\sqrt{39}$

解説 (1) $x^2=6^2+8^2=100$，$x=\sqrt{100}=10$
(2) $x^2=13^2-12^2=25$，$x=\sqrt{25}=5$
(3) $x^2=(2a)^2-a^2=3a^2$，$x=\sqrt{3a^2}=\sqrt{3}\,a$
(4) $x^2=(2\sqrt{3})^2+(3\sqrt{3})^2=39$，$x=\sqrt{39}$

3 $\mathrm{AB}=2\sqrt{6}$，$\mathrm{BC}=3\sqrt{2}-\sqrt{6}$

解説 直角の頂点をDとすると，△ADC は直角二等辺三角形だから，　$\mathrm{AD}=\mathrm{CD}=\dfrac{\mathrm{AC}}{\sqrt{2}}=\dfrac{6}{\sqrt{2}}=3\sqrt{2}$
$\angle\mathrm{DAB}=\angle\mathrm{DAC}-\angle\mathrm{BAC}=45°-15°=30°$
より，△ABD は，30°，60°の直角三角形だから，
$\mathrm{AB}=\dfrac{2}{\sqrt{3}}\mathrm{AD}=\dfrac{2}{\sqrt{3}}\times3\sqrt{2}=2\sqrt{6}$
また，$\mathrm{DB}=\dfrac{1}{2}\mathrm{AB}=\dfrac{1}{2}\times2\sqrt{6}=\sqrt{6}$ より，
$\mathrm{BC}=\mathrm{DC}-\mathrm{DB}=3\sqrt{2}-\sqrt{6}$

4 (1) 例 $(x+1)^2=x^2+2x+1$，
$(x-1)^2=x^2-2x+1$，$(2\sqrt{x})^2=4x$ より $(x+1)^2=(x-1)^2+(2\sqrt{x})^2$ が成り立つので，この三角形は長さが $x+1$ の辺を斜辺とする直角三角形である。
(2) 例 $(a^2+1)^2=a^4+2a^2+1$，
$(a^2-1)^2=a^4-2a^2+1$，$(2a)^2=4a^2$ より $(a^2+1)^2=(a^2-1)^2+(2a)^2$ が成り立つので，この三角形は直角三角形である。

解説 三角形の3辺の長さが a，b，c のとき，$a^2+b^2=c^2$ が成り立てば，三角形は直角三角形であることを用いて説明する。
参考 (2)の3辺の長さを表す式で，
$a=2$ とすると，3辺の長さは5，3，4
$a=3$ とすると，3辺の長さは10，8，6
$a=4$ とすると，3辺の長さは17，15，8　が得られる。

5 (1) $3\sqrt{3}$，$3\sqrt{5}$ (2) $x=3$

解説 (1) 他の1辺の長さを x とする。
斜辺の長さが6のとき，
$3^2+x^2=6^2 \longrightarrow x^2=27$　$x>0$ だから，$x=3\sqrt{3}$
斜辺の長さが x のとき，
$3^2+6^2=x^2 \longrightarrow x^2=45$　$x>0$ だから，$x=3\sqrt{5}$
(2) 各辺を x cm ずつ長くして直角三角形にするには，
$(7+x)^2=(5+x)^2+(3+x)^2$ ……① となればよい。
①の式を展開して整理すると，
$x^2+2x-15=0 \longrightarrow (x+5)(x-3)=0$
よって，$x=-5$，3
直角三角形の3辺の長さは正の数だから，$x=3$

6 2：1

解説 △ABC で，∠B＝60°だから，
∠ABD＝∠BAD＝30°　よって，AD＝BD
△DBC で，∠B＝30°，∠D＝60°より，
BD：DC＝2：1　よって，AD：DC＝2：1

7 (1) 右の図 (2) 8通り

解説 (1) 面積が $10\,\mathrm{cm}^2$ の正方形の1辺の長さは，
$\sqrt{10}=\sqrt{1^2+3^2}$ (cm)
よって，直角をはさむ2辺の長さが1cm，3cm の直角三角形の斜辺が1辺となる正方形を図示すればよい。
(2) 1辺の長さが，1cm，2cm，3cm，4cm，
$\sqrt{1^2+1^2}=\sqrt{2}$ cm，$\sqrt{1^2+2^2}=\sqrt{5}$ cm，

$\sqrt{1^2+3^2}=\sqrt{10}$ cm，$\sqrt{2^2+2^2}=2\sqrt{2}$ cm
の正方形ができる。
これらの正方形の面積はすべて異なるから，8 通り。

p.104～105 標準問題の答え

1 例 **四角形 ABCD の中の 4 つの三角形はすべて直角三角形だから，三平方の定理により**
$AB^2=AH^2+BH^2$，$CD^2=CH^2+DH^2$
$BC^2=BH^2+CH^2$，$DA^2=DH^2+AH^2$
AB^2+CD^2，BC^2+DA^2 はどちらも，
$AH^2+BH^2+CH^2+DH^2$ となるから，
$AB^2+CD^2=BC^2+DA^2$

2 (1) ① **105°**　② **30°**　③ **2 cm**
④ **$2\sqrt{3}+2$ (cm)**　⑤ **$2\sqrt{3}+2$ (cm^2)**
(2) **$3\pi-9$ (cm^2)**

解説 (1) △AHC は直角二等辺三角形で，
∠CAH＝45°，AH＝CH＝2 cm …③
△BHA は直角三角形で辺の比が 2：4＝1：2
したがって，∠BAH＝60°，∠B＝30° …②
BH＝$2\sqrt{3}$ cm
これらより
∠A＝∠BAH＋∠CAH＝60°＋45°＝105° …①
BC＝BH＋CH＝$2\sqrt{3}+2$ (cm) …④
$\triangle ABC=\dfrac{1}{2}\times(2\sqrt{3}+2)\times 2$
$=2\sqrt{3}+2$ (cm^2) …⑤
(2) C から AB に垂線 CH をひくと，CH＝3 cm
$\pi\times 6^2\times\dfrac{30}{360}-\dfrac{1}{2}\times 6\times 3=3\pi-9$ (cm^2)

3 **$\dfrac{8\sqrt{2}}{3}$ cm**

解説 AC と BD の交点を E とし，AE＝x cm とする。
AC⊥BD より，$AB^2-AE^2=BC^2-EC^2$
$4-x^2=9-(3-x)^2 \longrightarrow 6x=4 \quad x=\dfrac{2}{3}$
よって，$BE=\sqrt{AB^2-AE^2}=\sqrt{2^2-\left(\dfrac{2}{3}\right)^2}$
$=\dfrac{4\sqrt{2}}{3}$ (cm)
ゆえに，$BD=2BE=\dfrac{8\sqrt{2}}{3}$ (cm)

4 (1) **$x=9$**　(2) **$x=2\sqrt{6}$**

解説 (1) 右の図のように，A，B，C，D と記号をつけると，△ABC において，

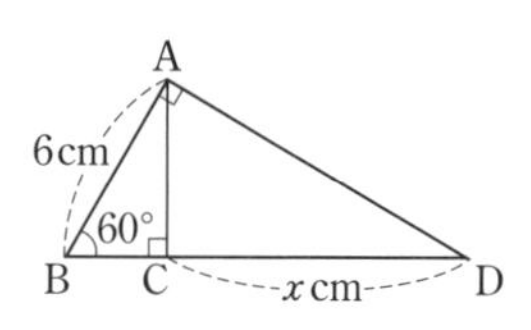

AB：AC＝2：$\sqrt{3}$
より，$AC=\dfrac{\sqrt{3}}{2}AB=3\sqrt{3}$ (cm)
よって，△ACD において，AC：CD＝1：$\sqrt{3}$ より，
$CD=x=\sqrt{3}\,AC=\sqrt{3}\times 3\sqrt{3}=9$ (cm)
(2) 右の図のように，A，B，C，D と記号をつけると，
△ACD において，

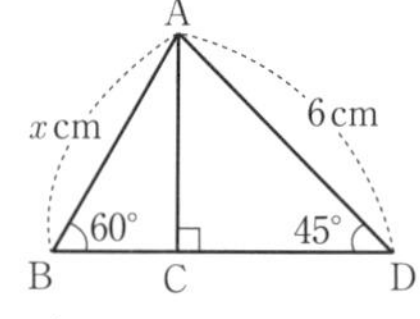

AC：AD＝1：$\sqrt{2}$ より，
$AC=\dfrac{1}{\sqrt{2}}AD=\dfrac{6}{\sqrt{2}}=3\sqrt{2}$ (cm)
よって，△ABC において，AB：AC＝2：$\sqrt{3}$
より，$AB=x=\dfrac{2}{\sqrt{3}}AC=\dfrac{2}{\sqrt{3}}\times 3\sqrt{2}=2\sqrt{6}$ (cm)

5 **$\dfrac{9\sqrt{3}+9\sqrt{2}}{2}$**

解説 △ABC は，30°，60°，90° の直角三角形だから，
BC：AC：AB＝1：$\sqrt{3}$：2
よって，$BC=\dfrac{1}{2}AB$
$=\dfrac{1}{2}\times 6=3$
$AC=\dfrac{\sqrt{3}}{2}AB=\dfrac{\sqrt{3}}{2}\times 6=3\sqrt{3}$
△ACD で，三平方の定理により，DC＝$3\sqrt{2}$
四角形 ABCD＝△ABC＋△ACD
$=\dfrac{1}{2}\times 3\times 3\sqrt{3}+\dfrac{1}{2}\times 3\sqrt{2}\times 3=\dfrac{9(\sqrt{3}+\sqrt{2})}{2}$

6 **13 cm**

解説 AB＞BC＞AC より，
斜辺(しゃへん)は AB である。
AB＝x cm とすると，
BC＝AB－1
$=x-1$ (cm)
また，AC＝BC－7＝$x-1-7=x-8$ (cm)
三平方の定理より，$AB^2=BC^2+AC^2$ だから，
$x^2=(x-1)^2+(x-8)^2 \longrightarrow x^2-18x+65=0$
$(x-13)(x-5)=0$ より，$x=13$，5
$AC=x-8>0$　より，$x=13$

7 $\dfrac{16\sqrt{3}}{3}$ **cm²**

解説 右の図のように記号をつけると，

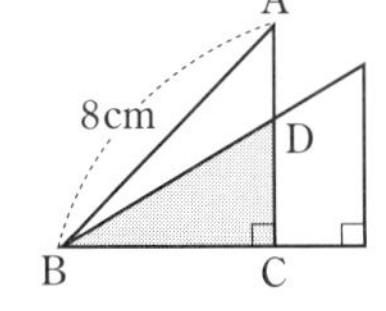

$BC=\dfrac{1}{\sqrt{2}}AB=\dfrac{8}{\sqrt{2}}$

$=4\sqrt{2}$ (cm)

$DC=\dfrac{1}{\sqrt{3}}BC=\dfrac{4\sqrt{2}}{\sqrt{3}}=\dfrac{4\sqrt{6}}{3}$ (cm)

よって，面積は，$\dfrac{1}{2}\times4\sqrt{2}\times\dfrac{4\sqrt{6}}{3}=\dfrac{16\sqrt{3}}{3}$ (cm²)

⑯ 三平方の定理の利用

p.108～109 基礎問題の答え

1 (1) $h=\sqrt{5}$ **cm，面積 … $2\sqrt{5}$ cm²**

(2) $a=5$ **cm，** $h=2.4$ **cm**

解説 (1) 二等辺三角形の頂点から底辺にひいた垂線は，底辺を2等分するので，

$h=\sqrt{3^2-2^2}=\sqrt{5}$ (cm)

面積 … $\dfrac{1}{2}\times4\times\sqrt{5}=2\sqrt{5}$ (cm²)

(2) $a=\sqrt{3^2+4^2}=5$ (cm)

この直角三角形の面積から

$\dfrac{1}{2}\times5\times h=\dfrac{1}{2}\times3\times4 \longrightarrow h=\dfrac{12}{5}=2.4$ (cm)

2 (1) $18\sqrt{3}$ **cm²** (2) **28 cm²** (3) $6\sqrt{3}$ **cm²**

解説 (1) 右の図のように，1辺の長さが6cmの正三角形を2つ合わせた形のひし形だから，正三角形の高さは，$\dfrac{\sqrt{3}}{2}\times6=3\sqrt{3}$ (cm) より，

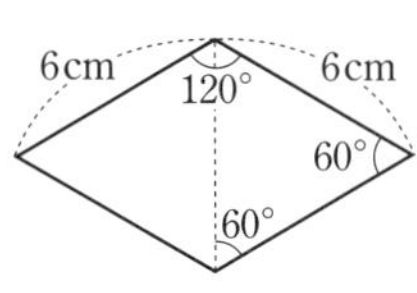

$2\times\dfrac{1}{2}\times6\times3\sqrt{3}=18\sqrt{3}$ (cm²)

(2) 右の図のようにA，B，C，Dと記号をつけ，Aから辺BCに垂線AHをひくと，

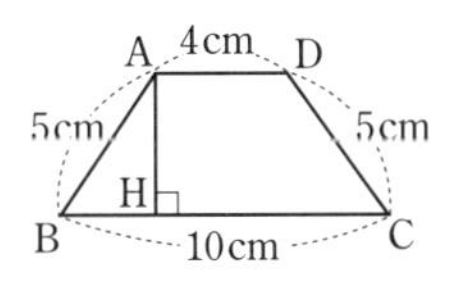

$BH=(10-4)\div2=3$ (cm)

△ABHにおいて，三平方の定理により，

$AH^2=AB^2-BH^2=5^2-3^2=16$

$AH>0$ から，$AH=\sqrt{16}=4$ cm

よって，台形の面積は，$\dfrac{1}{2}\times(4+10)\times4=28$ (cm²)

(3) 図1のように，正六角形は，6つの合同な正三角形でできており，正三角形の1辺の長さは，正六角形の1辺の長さに等しい。

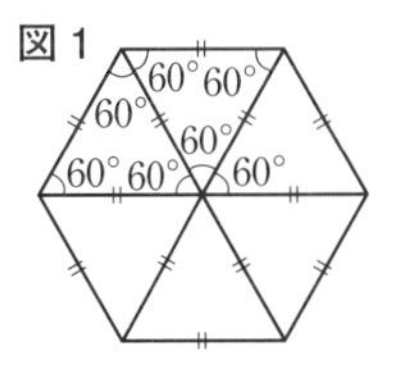

また，図2のように，1辺の長さが2cmの正三角形ABCの頂点Aから辺BCに垂線AMをひくと，

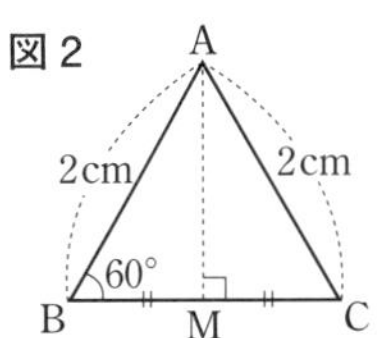

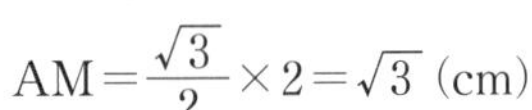

$AM=\dfrac{\sqrt{3}}{2}\times2=\sqrt{3}$ (cm)

よって，$\triangle ABC=\dfrac{1}{2}\times2\times\sqrt{3}=\sqrt{3}$ (cm²)

1辺の長さが2cmの正六角形の面積は，

$6\times\sqrt{3}=6\sqrt{3}$ (cm²)

3 $1:\sqrt{2}$

解説 AC上で，点Bが重なる点をB′とする。このとき，BE=hとすると，B′E=h

正方形の1辺の長さをaとすると，直角二等辺三角形ABCにおいて，

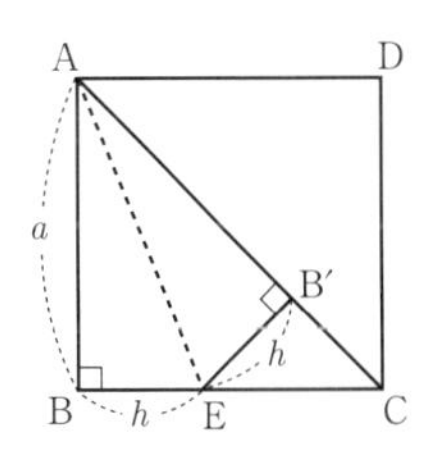

$AC=\sqrt{2}\,a$ だから，

$\triangle ABE:\triangle AEC=\dfrac{1}{2}ah:\dfrac{1}{2}\times\sqrt{2}\,ah$

$=1:\sqrt{2}$

4 $\dfrac{14}{3}$ **cm**

解説 AD=x cmとすると，

DB=$6-x$ (cm)

ACは円Oの直径だから，

∠ADC=90°

△CADにおいて，三平方の定理より，

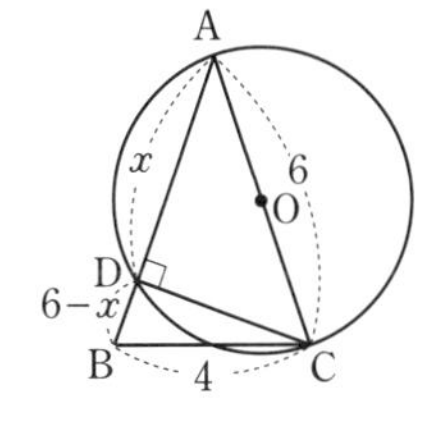

$CD^2=6^2-x^2$ ……①

△CBDにおいて，三平方の定理より，

$CD^2=4^2-(6-x)^2$ ……②

①，②より，

$6^2-x^2=4^2-(6-x)^2$

$\longrightarrow 12x=56$

$x=\dfrac{14}{3}$ (cm)

5 (1) $AB=\sqrt{41}$ (2) $CD=\sqrt{26}$

解説 2点P$(x_1,\ y_1)$，Q$(x_2,\ y_2)$の間の距離(きょり)は
PQ$=\sqrt{(x_2-x_1)^2+(y_2-y_1)^2}$を用いる。

6 $100\pi\ \mathrm{cm}^3$

解説 高さ$=\sqrt{13^2-5^2}=12$ (cm)
体積$=\dfrac{1}{3}\times\pi\times5^2\times12=100\pi$ (cm^3)

7 (1) $36\ \mathrm{cm}^3$ (2) $18\sqrt{3}\ \mathrm{cm}^2$ (3) $2\sqrt{3}$ cm

解説 (1) 底面が△ABD, 高さAEの三角錐(さんかくすい)と考えると,
体積$=\dfrac{1}{3}\times\dfrac{6^2}{2}\times6=36$ (cm^3)
(2) 正方形の対角線だから,
BD$=$DE$=$EB$=6\sqrt{2}$ cm
ここで，1辺の長さがaの正三角形の面積を考える。
特別な角の直角三角形の辺の比より，高さは
$\dfrac{\sqrt{3}}{2}a$だから，面積は$\dfrac{1}{2}\times a\times\dfrac{\sqrt{3}}{2}a=\dfrac{\sqrt{3}}{4}a^2$
△BDEは，1辺の長さが$6\sqrt{2}$の正三角形だから
△BDE$=\dfrac{\sqrt{3}}{4}\times(6\sqrt{2})^2=18\sqrt{3}$ (cm^2)
(3) 求める垂線の長さを$h$cmとすると，体積より
$\dfrac{1}{3}\times18\sqrt{3}\times h=36 \longrightarrow h=\dfrac{36}{6\sqrt{3}}=2\sqrt{3}$ (cm)
参考 1辺の長さがaの正三角形では,
高さ$=\dfrac{\sqrt{3}}{2}a$，面積$=\dfrac{\sqrt{3}}{4}a^2$ である。

p.110～111 標準問題の答え

1 (1) A$(4,\ 0)$，B$(0,\ 3)$ (2) 5 (3) $\dfrac{12}{5}$

解説 (1) $y=-\dfrac{3}{4}x+3$で，$y=0$とすると,
$0=-\dfrac{3}{4}x+3$より，$x=4$ ゆえに，A$(4,\ 0)$
また，$y=-\dfrac{3}{4}x+3$の切片は3だから，B$(0,\ 3)$
(2) OA$=4$，OB$=3$だから，三平方の定理より,
AB$=\sqrt{4^2+3^2}=5$
(3) △OAB$=\dfrac{1}{2}\times$OA$\times$OB$=\dfrac{1}{2}\times4\times3=6$
また，点Hは接点より，OH⊥ABだから,
△OAB$=\dfrac{1}{2}\times$AB$\times$OH$=\dfrac{1}{2}\times5\times$OH$=\dfrac{5}{2}$OH
ゆえに，$\dfrac{5}{2}$OH$=6$より，OH$=\dfrac{12}{5}$

2 $\dfrac{16\sqrt{2}}{3}\pi\ \mathrm{cm}^3$

解説 展開図を組み立てると，右の図のような円錐(えんすい)ができる。円錐の高さを$h$cmとすると，三平方の定理により,

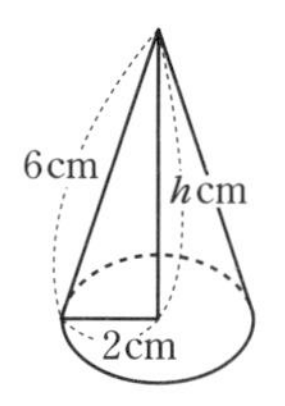

$h^2=6^2-2^2=32$
$h>0$より，$h=\sqrt{32}=4\sqrt{2}$
よって求める体積は,
$\dfrac{1}{3}\times\pi\times2^2\times4\sqrt{2}=\dfrac{16\sqrt{2}}{3}\pi$ (cm^3)

3 (1) AC$=$CP$=6\sqrt{3}$ cm (2) $18\sqrt{3}-6\pi$ (cm^2)

解説 (1) △OACは二等辺三角形だから，∠COB$=60°$
CPは接線だから∠OCP$=90°$で，∠CPA$=30°$となるから，△CAPは二等辺三角形である。
△COPは鋭角(えいかく)が30°，60°の直角三角形だから,
AC$=$CP$=6\sqrt{3}$ cm
(2) ∠COB$=60°$より，おうぎ形COBの面積は,
円Oの面積の6分の1である。
図形CBPは△COPからおうぎ形COBを取り除いたものだから，求める面積は,
$\dfrac{1}{2}\times6\times6\sqrt{3}-\dfrac{1}{6}\times\pi\times6^2=18\sqrt{3}-6\pi$ (cm^2)

4 $\sqrt{39}$ cm

解説 ADの中点をFとすると，求める高さはOからEFにひいた垂線OHの長さである。

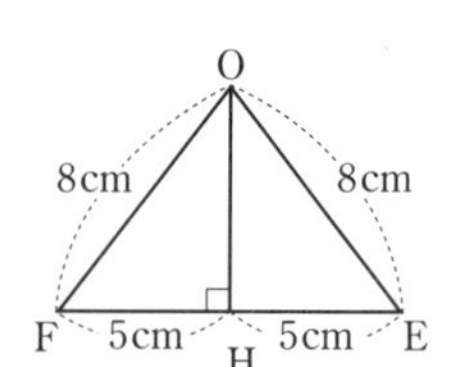

△OEFは，OE$=$OF$=8$cm，EF$=10$cmの二等辺三角形だから，HはEFの中点となる。
ここで，三平方の定理より,
OH$=\sqrt{\mathrm{OE}^2-\mathrm{HE}^2}=\sqrt{8^2-5^2}=\sqrt{39}$ (cm)

5 (1) $35-x$ (cm)
(2) (ア) 15，20 (イ) 16，19

解説 (1) 縦の長さ＋横の長さ$=70\div2=35$より,
縦の長さは，$35-x$ (cm)
(2) (ア) 三平方の定理より,
$(35-x)^2+x^2=25^2 \longrightarrow x^2-35x+300=0$
$(x-15)(x-20)=0$ $x=15,\ 20$
(イ) 容器の底面の横の長さは,
$x-7\times2=x-14$ (cm)
縦の長さは,

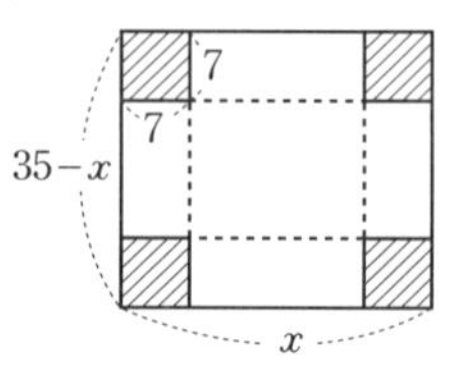

$35-x-7\times2=21-x$ (cm)
また，高さは 7 cm の直方体となるから，
$7(x-14)(21-x)=70 \longrightarrow x^2-35x+304=0$
$(x-16)(x-19)=0 \quad x=16,\ 19$

6 (1) $\sqrt{70}$ **cm** (2) **APG＝10 cm，BP＝$\frac{15}{4}$ cm**

解説 (1) $AG=\sqrt{6^2+5^2+3^2}=\sqrt{70}$ (cm)
(2) 右の図のような展開図で，
糸 APG は直線となるから，
$APG=\sqrt{8^2+6^2}=10$ (cm)
また，△ABP と △AFG で
BP∥FG であるから，
BP：FG＝AB：AF

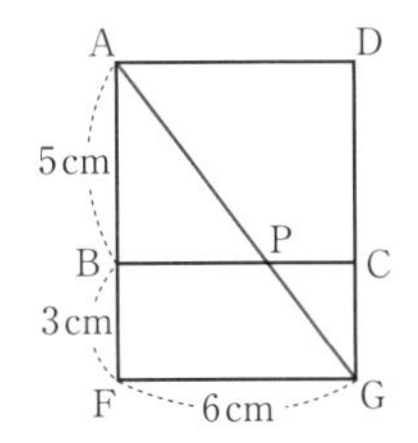

BP：6＝5：8 より　$BP=\frac{6\times5}{8}=\frac{15}{4}$ (cm)

7 (1) **底面の半径 … 3 cm，高さ … $3\sqrt{3}$ cm，**
容積 … $9\sqrt{3}\pi$ cm^3 (2) $\sqrt{3}$ **cm**

解説 (1) 底面の半径を r cm とすると，
(半円の弧の長さ)＝(底面の円周の長さ)の関係より，
$2\pi\times6\times\frac{1}{2}=2\pi r \rightarrow r=3$ (cm)
高さは $\sqrt{6^2-3^2}=3\sqrt{3}$ (cm)
容積は　$\frac{1}{3}\pi\times3^2\times3\sqrt{3}=9\sqrt{3}\pi$ (cm^3)
(2) 球の中心をふくむ平面で
の断面は，右の図のような正
三角形と円で，円は正三角形
に内接している。
球の半径を x cm とすると，
正三角形の面積より，

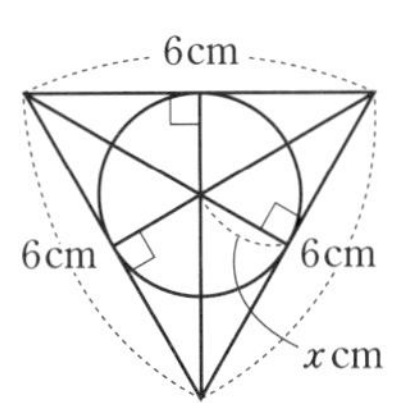

$\frac{1}{2}\times6x\times3=\frac{1}{2}\times6\times3\sqrt{3} \longrightarrow x=\sqrt{3}$ (cm)

8章 標本調査

17 標本調査

p.114～115 基礎問題の答え

1 (1) **標本調査** (2) **全数調査** (3) **標本調査**

解説 全数調査を行うと多くの手間や時間，費用がかかる場合や，工場の製品の良否を調べるのに製品をこわすおそれがある場合には，標本調査が行われる。

2 (1) **母集団 … 1 日に製造する 4500 個の LED 電球**
標本 … 検査した 50 個の LED 電球
(2) **50**

解説 標本調査のために取り出した資料の個数を，標本の大きさという。

3 **イ**

解説 **ア**では，早起きの人にかたよってしまう。**ウ**では，年代にかたよりが出てしまう。実際の出口調査でも，**イ**のように一定の間隔の時間ごとに通る人を調査するとかたよりが出にくい。

4 **およそ 450 個**

解説 無作為に抽出した 50 個の球根のうちの花の咲かなかった球根の割合と，出荷した 7500 個の球根のうちの花の咲かない球根の割合は同じと考えて，7500 個の球根のうち，花の咲かない球根が x 個あるとすると，
$3:50=x:7500 \quad 50x=22500 \quad x=450$

5 (1) **母集団 … 湖に生息するすべてのブラックバス**
標本 … 2 度目に捕獲した 35 匹のブラックバス
(2) **およそ 200 匹**

解説 母集団を湖に生息するすべてのブラックバスとし，標本を 2 度目に捕獲した 35 匹のブラックバスとすると，印をつけたブラックバスの割合は，標本と母集団でほぼ等しいと考えられる。
湖に生息するすべてのブラックバスを x 匹とすると，
$7:35=40:x \quad 7x=1400 \quad x=200$

6 **およそ 210 粒**

解説 母集団を，黒ゴマと白ゴマを混ぜた袋の中全体のゴマとし，標本を，取り出した 48 粒のゴマとすると，黒ゴマの割合は，標本と母集団でほぼ等しいと考えられる。
袋の中に入っている白ゴマの数を x 粒とすると，
$6:48=30:(x+30) \quad 6x+180=1440$
$6x=1260 \quad x=210$

p.116〜117 標準問題の答え

1 (1) **標本調査** (2) **全数調査** (3) **全数調査**

2 **ア，オ**

解説 500 をこえる数や 000 になったときは，その数は除外して，042 や 005 のときは，42 や 5 とする。

3 **イ**

解説 現在の抽出方法の，最初に製造する 20 個を選ぶやり方では，機械の調子などによりかたよりがあると考えられるので，一定の時間をあけて，定期的に製品のなかから抽出したほうがかたよりがないと考えられる。

4 (1) **2 個** (2) **およそ 1520 個**

解説 (1) 22.3 mm 以上 22.7 mm 以下ならば規格に合うので，それ以外の 22.9 mm，22.2 mm が不良品となる。
(2) 母集団を，1 日に生産される 7600 個の製品とし，(1)で抽出した 10 個を標本とすると，不良品の割合は，標本と母集団でほぼ等しいと考えられる。
7600 個の製品のうち，不良品の数を x 個とすると，
$2:10=x:7600$　$10x=15200$　$x=1520$

5 (1) **およそ 16240 世帯**
(2) **およそ 12320 世帯**

解説 (1) $56000\times\dfrac{116}{400}=16240$
(2) $56000\times\dfrac{88}{400}=12320$

6 **およそ 33000 粒**

解説 母集団を 1 kg の米 1 袋に入ったすべての米とし，標本を 2 度目に袋から取り出した 395 粒の米とすると，印をつけた米の割合は，標本と母集団でほぼ等しいと考えられる。
1 kg の米 1 袋の中にある米の粒を x 粒とすると，
$3:395=250:x$　$3x=98750$　$x=32916.66\cdots$
これを上から 2 けたまでの概数で表すと，33000

p.118〜119 実力アップ問題の答え

1 $144\pi\ \text{cm}^2$

2 $\sqrt{51}$ cm

3 $15\sqrt{3}$ m

4 (1) $12\sqrt{2}\ \text{cm}^2$ (2) $\dfrac{9\sqrt{3}}{2}-\dfrac{3\pi}{2}\ (\text{cm}^2)$

5 (1) $50\ \text{cm}^2$
(2) 例 **右の図**

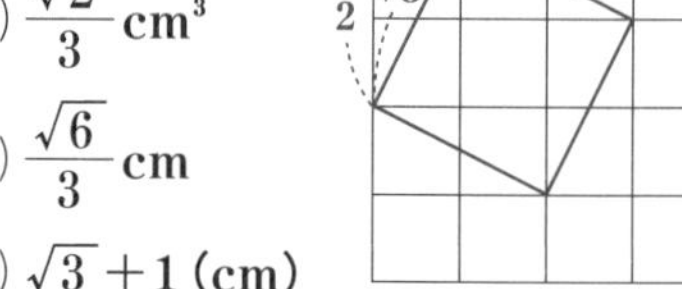

6 (1) $\dfrac{\sqrt{2}}{3}\ \text{cm}^3$
(2) $\dfrac{\sqrt{6}}{3}$ cm

7 (1) $\sqrt{3}+1$ (cm)
(2) $\dfrac{3+\sqrt{3}}{2}\ \text{cm}^2$ (3) $\dfrac{3+\sqrt{3}}{2}$ cm

8 **およそ 65 個**

解説 **2** O を通り AB に平行な直線と O′B の延長の交点を C とすると，四角形 OABC は長方形で，△OO′C は直角三角形になる。
$\text{AB}=\text{OC}=\sqrt{10^2-7^2}=\sqrt{51}$ (cm)
3 △ABC，△ABH は 2 つの鋭角が 30°，60° の直角三角形である。よって，
AB＝30 m，BH＝15 m，AH＝$15\sqrt{3}$ m
4 (1) △OPC は直角三角形だから
$\text{CP}=\sqrt{9^2-3^2}=\sqrt{72}=6\sqrt{2}$ (cm)
P から AC に垂線 PH をひくと，
△OPH∽△OCP だから
PH : CP＝OP : OC
$\text{PH}:6\sqrt{2}=3:9$ ⟶ $\text{PH}=2\sqrt{2}$ (cm)
$\triangle\text{PAC}=\dfrac{1}{2}\times12\times2\sqrt{2}=12\sqrt{2}\ (\text{cm}^2)$
(2) OC : OP＝6 : 3＝2 : 1 だから，
△OPC は鋭角が 30°，60° の直角三角形で，
∠POB＝60°
図形 PBC＝△POC－おうぎ形 POB
$=\dfrac{1}{2}\times3\times3\sqrt{3}-\pi\times3^2\times\dfrac{60}{360}$
$=\dfrac{9\sqrt{3}}{2}-\dfrac{3\pi}{2}\ (\text{cm}^2)$
5 (1) 長方形の縦の長さを x cm，横の長さを y cm とおいて，周の長さについて式をつくると，
$2(x+y)=30$　よって，$x+y=15$ …①
対角線の長さについて式をつくると，
$x^2+y^2=(5\sqrt{5})^2$　よって，$x^2+y^2=125$ …②
①より，$y=15-x$　これを②に代入して，

$x^2+(15-x)^2=125$

$\longrightarrow x^2+225-30x+x^2=125$

$x^2-15x+50=0 \quad (x-5)(x-10)=0$

よって，$x=5$，10

$x=5$ のとき，$y=15-5=10$，

$x=10$ のとき，$y=15-10=5$ となるから，

条件を満たす長方形の 2 辺の長さは，5 cm と 10 cm である。

したがって，長方形の面積は，$5\times10=50\,(\text{cm}^2)$

(2) 面積が 5 cm² の正方形の 1 辺の長さを x cm とすると，

$x^2=5$ より，$x=\sqrt{5}$ (cm)

2 辺の長さが 1 cm，2 cm の直角三角形の斜辺(しゃへん)の長さは $\sqrt{5}$ cm であるから，図のように，3 辺の長さが 1 cm，2 cm，$\sqrt{5}$ cm の直角三角形を利用して作図する。

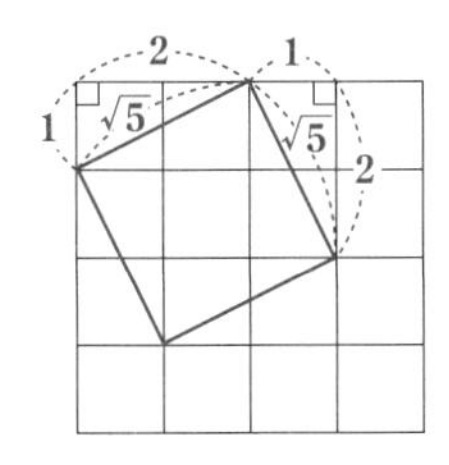

6 (1) 直角三角形の斜辺と他の 1 辺がそれぞれ等しいから，

$\triangle AOB \equiv \triangle AOC \equiv \triangle BOC$

よって，AO＝BO＝CO より，これらの三角形は直角二等辺三角形である。ゆえに，

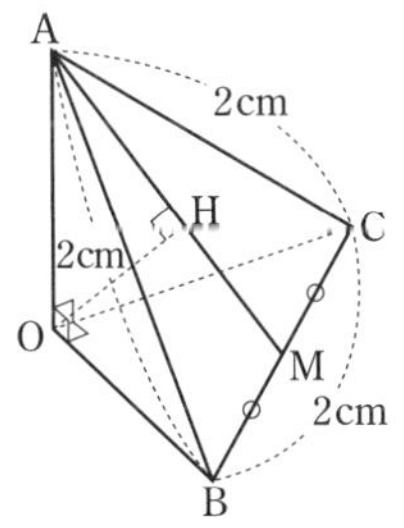

$AO=BO=CO=\dfrac{1}{\sqrt{2}}AB=\dfrac{2}{\sqrt{2}}=\sqrt{2}$ (cm)

よって，三角錐(さんかくすい) OABC の体積は，

$\dfrac{1}{3}\times\dfrac{1}{2}\times\sqrt{2}\times\sqrt{2}\times\sqrt{2}=\dfrac{\sqrt{2}}{3}\,(\text{cm}^3)$

(2) △ABC は正三角形だから，AM⊥BC で，

$AM=\dfrac{\sqrt{3}}{2}AB=\dfrac{2\sqrt{3}}{2}=\sqrt{3}$ (cm)

よって，三角錐 OABC の体積は，

$\dfrac{1}{3}\times(\triangle ABC\text{ の面積})\times OH$

$=\dfrac{1}{3}\times\dfrac{1}{2}\times2\times\sqrt{3}\times OH=\dfrac{\sqrt{3}}{3}OH$

これが $\dfrac{\sqrt{2}}{3}$ に等しいから，

$\dfrac{\sqrt{3}}{3}OH=\dfrac{\sqrt{2}}{3} \quad OH=\dfrac{\sqrt{2}}{\sqrt{3}}=\dfrac{\sqrt{6}}{3}$ (cm)

7 (1) △AHC は直角二等辺三角形だから

$AH:CH:AC=1:1:\sqrt{2}$

$AC=\sqrt{6}$ より，

$AH=CH=\sqrt{3}$ cm

また，△CBH は 60° の角をもつ直角三角形だから，

$BC:BH:CH=2:1:\sqrt{3}$

BC＝2 より，BH＝1

よって，

$AB=AH+BH$

$=\sqrt{3}+1$ (cm)

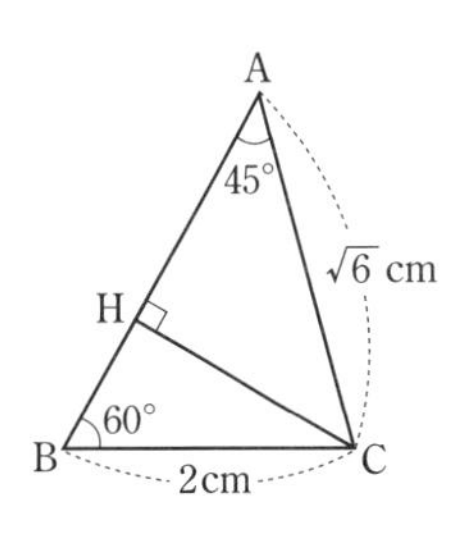

(2) △ABC の面積は，

$\dfrac{1}{2}\times AB\times CH=\dfrac{(\sqrt{3}+1)\times\sqrt{3}}{2}$

$=\dfrac{3+\sqrt{3}}{2}\,(\text{cm}^2)$

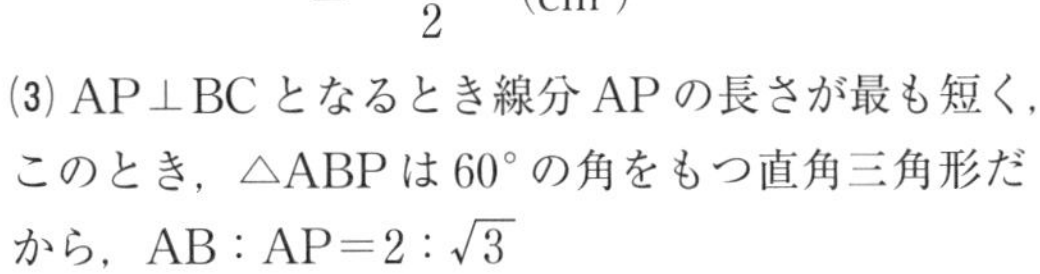

(3) AP⊥BC となるとき線分 AP の長さが最も短く，このとき，△ABP は 60° の角をもつ直角三角形だから，$AB:AP=2:\sqrt{3}$

よって，

$AP=\dfrac{\sqrt{3}}{2}AB=\dfrac{\sqrt{3}(\sqrt{3}+1)}{2}=\dfrac{3+\sqrt{3}}{2}$ (cm)

8 母集団(ぼしゅうだん)を，オレンジのピンポン玉と白いピンポン玉を混ぜた段ボール箱の中全体のピンポン玉とし，標本(ひょうほん)を取り出した 17 個のピンポン玉とすると，オレンジのピンポン玉の割合は，標本と母集団でほぼ等しいと考えられる。

白いピンポン玉の数を x 個とすると，

$4:17=20:(x+20) \quad 4x+80=340$

$4x=260 \quad x=65$

定期テスト対策

❶問題の図の中に，3 つの角がそれぞれ 30°，60°，90° の三角形，または 45°，45°，90° の三角形が見つけられれば，**特別な直角三角形の辺の比**を利用できるので，つねに注意する。

❶標本調査は，母集団から取り出した一部に印をつけてもとに戻(もど)すやり方と，母集団とは別に目印のあるものを母集団に加えるやり方の 2 種類がある。それぞれ，比例式がちがってくるので注意する。

p.120〜123 第1回 模擬テストの答え

1 (1) 13　(2) $\dfrac{a+17}{12}$

(3) $-8x+5$　(4) $11-\sqrt{2}$

2 (1) $x=10$　(2) 40　(3) $x=\dfrac{7\pm\sqrt{41}}{2}$

(4) 83個　(5) $a=-2$

3 (1) $5.6x$ 円

(2) 牛肉 … 600円，豚肉(ぶたにく) … 250円

4 (1) $\dfrac{1}{12}$　(2) $\dfrac{7}{18}$

5 例 右の図

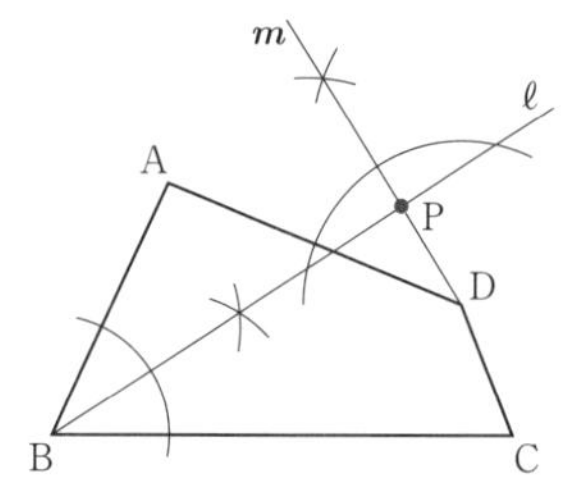

6 $700\,\mathrm{cm}^3$

7 (1) $a=-1$，$b=9$　(2) $y=2x+3$

(3) $\left(\dfrac{9}{2},\ 0\right)$

8 (1) $\sqrt{2}$ cm　(2) $3\,\mathrm{cm}^2$　(3) $\dfrac{4\sqrt{2}}{3}$ cm

9 (1) ア…BAE　イ…90

ウ…1組の辺とその両端(りょうたん)の角

(2) 例 △BCG と △ECD において，

弧(こ) AC に対する円周角は等しいから，

∠CBG＝∠CED ……①

EB∥CG より錯角(さっかく)は等しいから，

∠BCG＝∠CBE ……②

弧 CE に対する円周角は等しいから，

∠CBE＝∠CAE ……③

線分 AE は ∠CAB の二等分線だから，

∠CAE＝∠BAE ……④

弧 BE に対する円周角は等しいから，

∠BAE＝∠ECD ……⑤

②，③，④，⑤より，

∠BCG＝∠ECD ……⑥

①，⑥より，2組の角がそれぞれ等しいので，△BCG∽△ECD

(3) ① $4\sqrt{2}$ cm　② $\dfrac{40}{21}$ cm

解説 **1** (1) $7-2\times(-3)=7+6=13$

(2) $\dfrac{3a+1}{4}-\dfrac{4a-7}{6}=\dfrac{3(3a+1)-2(4a-7)}{12}$

$=\dfrac{9a+3-8a+14}{12}=\dfrac{a+17}{12}$

(3) $(24x^2y-15xy)\div(-3xy)$

$=(24x^2y-15xy)\times\left(-\dfrac{1}{3xy}\right)$

$=-\dfrac{24x^2y}{3xy}+\dfrac{15xy}{3xy}=-8x+5$

(4) $(3\sqrt{2}-1)(2\sqrt{2}+1)-\dfrac{4}{\sqrt{2}}$

$=12+3\sqrt{2}-2\sqrt{2}-1-2\sqrt{2}$

$=11-\sqrt{2}$

2 (1) $3x=30$　$x=10$

(2) $ab^2-81a=a(b^2-81)=a(b+9)(b-9)$ より，

$\dfrac{1}{7}\times(19+9)\times(19-9)=40$

(3) 2次方程式の解(かい)の公式より，

$x=\dfrac{-(-7)\pm\sqrt{(-7)^2-4\times1\times2}}{2\times1}=\dfrac{7\pm\sqrt{41}}{2}$

(4) $4<\sqrt{n}<10$ より，$\sqrt{16}<\sqrt{n}<\sqrt{100}$

よって n の個数は，$99-17+1=83$（個）

(5) $x=1$ のとき $y=a$，$x=5$ のとき $y=25a$

$\dfrac{(y\text{の増加量})}{(x\text{の増加量})}=\dfrac{25a-a}{5-1}=\dfrac{24a}{4}=6a$

$6a=-12$ より，$a=-2$

3 (1) 牛肉 100g の定価を x 円とすると，700g 買ったときの値段は，$7x$ 円

この2割引だから，$7x\times\dfrac{10-2}{10}=5.6x$（円）

(2) 定価のときの買い物を，牛肉 100g の定価を x 円，豚肉 100g の定価を y 円とおいて式に表すと，

$5x+4y=4000$ ……①

タイムサービスになったときの買い物を，式に表すと，　$5.6x+2y+70\times2=4000$

$5.6x+2y=3860$ ……②

②×2−①を解(と)くと，$x=600$

これを①に代入して解くと，$y=250$

4 1回目にひくカードは6通り，そのそれぞれのひき方に対して，2回目にひくカードが6通りあるので，2回のカードのひき方は全部で

$6\times6=36$（通り）

(1) 2回のカードのひき方を（a, b）と表すと，
$ab=4$ となるのは，（1, 4），（2, 2），（4, 1）の3通り。 よって，その確率は，$\frac{3}{36}=\frac{1}{12}$

(2) bがaでわり切れればいいので，（1, 1），（1, 2），（1, 3），（1, 4），（1, 5），（1, 6），（2, 2），（2, 4），（2, 6），（3, 3），（3, 6），（4, 4），（5, 5），（6, 6）の14通り。

よって，その確率は，$\frac{14}{36}=\frac{7}{18}$

5 まず，∠ABCの二等分線ℓを作図し，次に，点Dからℓへの垂線mを作図する。このときℓとmの交点がPとなる。

別解 半円の弧に対する円周角が90°になることから，∠BPD＝90°を満たす点Pは，BDを直径とする円の周上にある。これより，BDを直径とする円を作図し，∠ABCの二等分線と円周との交点をPとすればよい。

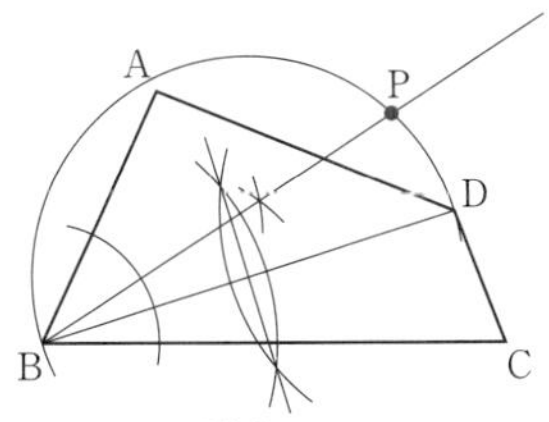

6 2つの相似（そうじ）な立体PとQで，その相似比が1：2の場合，体積の比は1^3：2^3となる。水の入っている部分の円錐（えんすい）と，円錐の容器全体は相似な立体になっていて，それぞれの高さが10cmと20cmであることから，その相似比は1：2である。容器全体の容積を$x$cm³とおくと，

$100 : x=1^3 : 2^3$　$x=800$

いま，水は100cm³入っているので，

$800-100=700$ (cm³)

7 (1) 2点A，Bはどちらも$y=x^2$のグラフ上の点であるから，$1=a^2$より，$a=\pm 1$

$a<0$だから，$a=-1$　$b=3^2$より，$b=9$

(2) 2点A（−1, 1），B（3, 9）を結ぶ直線の式を求める。

(3) ▱OBCA＝2△OABが成り立つから，

△ADB＝2×(▱OBCA)＝4△OAB

直線ABとx軸の交点をFとすると，Fの座標は，$\left(-\frac{3}{2},\ 0\right)$

点O，Dをそれぞれ通り，直線ABに平行な2本の直線をひく。ABを△OABと△ADBの底辺と考えると，高さの比はFO：FD＝1：4

FD＝4FOより，OD＝3FO

点Dの座標を（d, 0）とすると，$d=3\times\frac{3}{2}=\frac{9}{2}$

これより，Dの座標は$\left(\frac{9}{2},\ 0\right)$

8 (1) △AHBは∠AHB＝90°，AH＝BHの直角二等辺三角形だから，AH：AB＝1：$\sqrt{2}$

$\mathrm{AH}=\frac{2\times 1}{\sqrt{2}}=\sqrt{2}$ (cm)

(2) 二等辺三角形OBCの頂点Oから辺BCに垂線OIをひくと，

△OBIは∠BIO＝90°，OB＝$\sqrt{10}$ cm，BI＝1cmの直角三角形。これより，

$\mathrm{OI}=\sqrt{10-1}=3$ (cm)

よって求める面積は，

$\triangle\mathrm{OBC}=\frac{1}{2}\times 2\times 3=3$ (cm²)

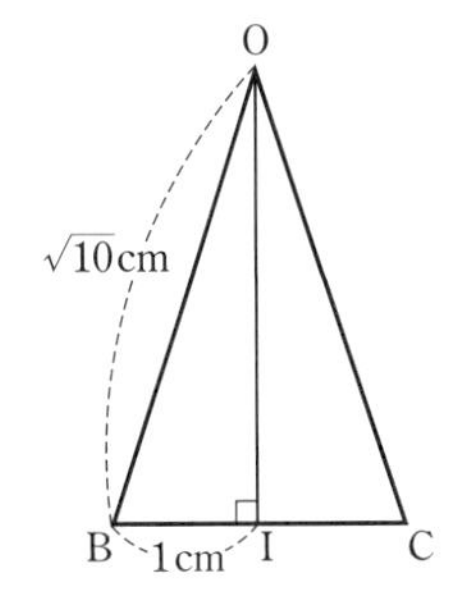

(3) 図2において，点Aと平面Pとの距離（きょり）を$d$cmとおくと，$d$cmは△OBCを底面としたときの三角錐ABCOの高さに等しい。

図2

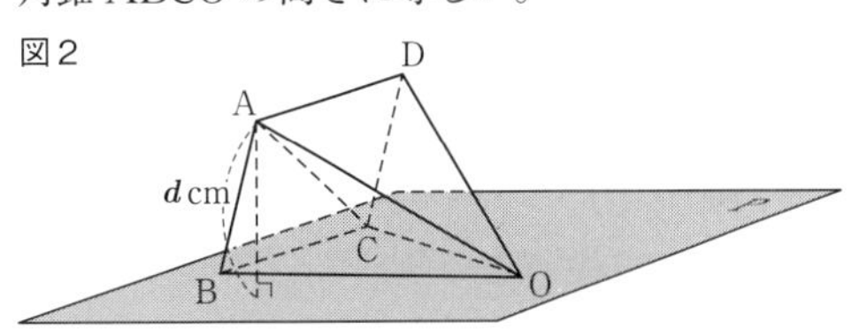

正四角錐OABCD＝三角錐ABCO＋三角錐AOCD
ここで，三角錐ABCO＝三角錐AOCDであるから，正四角錐OABCDの体積をVcm³，三角錐ABCOの体積をV'cm³とおくと，$V'=\frac{1}{2}\times V$と表せる。

V，V'を求めると，
△OAHは∠AHO＝90°の直角三角形であるから，三平方の定理より，

$\mathrm{OH}=\sqrt{10-2}=\sqrt{8}$
$=2\sqrt{2}$ (cm)

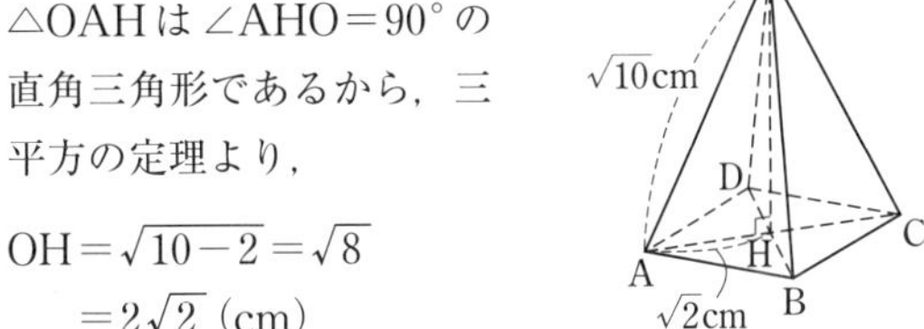

$V=\frac{1}{3}\times 2\times 2\times 2\sqrt{2}=\frac{8\sqrt{2}}{3}$ (cm³)

$V'=\frac{1}{2}\times\frac{8\sqrt{2}}{3}=\frac{4\sqrt{2}}{3}$ (cm³)

ここで，△OBC（＝3cm²）を底面としてみると，

$\frac{4\sqrt{2}}{3}=\frac{1}{3}\times 3\times d$　$d=\frac{4\sqrt{2}}{3}$

9 (1) 問題の仮定より，
$\angle BAE=\angle FAE$ となっていることと，半円の弧に対する円周角より，
$\angle AEB=\angle AEF=90°$
になっていることが，ポイント。

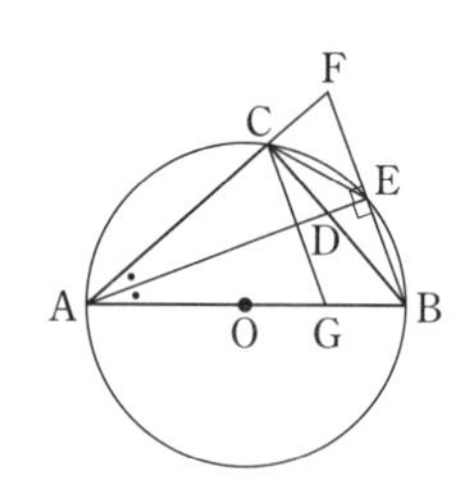

(2) 弧 AC に対する円周角が等しいことから，
$\angle CBG=\angle CED$ を導き，

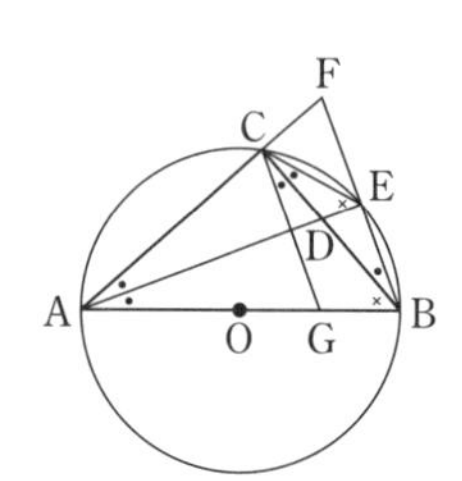

・EB∥CG による等しい錯角
・弧 CE に対する等しい円周角
・$\angle CAB$ の二等分線
・弧 BE に対する等しい円周角

これらを順に使って，$\angle BCG=\angle ECD$ を導く。

(3) ① △ABC は $\angle BCA=90°$ の直角三角形になっていることから，三平方の定理より，
$BC=\sqrt{AB^2-CA^2}=\sqrt{8^2-6^2}=\sqrt{28}$ (cm)
(1)より，△ABE≡△AFE だから，AF＝8 (cm)
CF＝AF－AC＝8－6＝2 (cm)
△BCF は $\angle BCF=90°$ の直角三角形になっていることから，三平方の定理より，
$BF=\sqrt{BC^2+CF^2}=\sqrt{28+2^2}=\sqrt{32}=4\sqrt{2}$ (cm)
② CG と AE の交点を M，HG＝x cm とする。
CG∥FB より，
△BCF＝△BMF
BE＝EF より，
$\triangle BDE=\frac{1}{2}\triangle BDF$
(四角形 CDEF)＝△BCF－△BDE
$=\triangle BMF-\frac{1}{2}\triangle BDF$ ……(※)
次に，△AGC∽△ABF より，
CG : BF＝AC : AF＝3 : 4
これより，△CGD と △BFD の相似比は，3 : 4
△BMF : △BDF＝ME : DE＝(3＋4) : 4
＝7 : 4 ……(※※)
また，△GBC : △BCF＝△GBC : △GBF
＝CG : BF
＝AC : AF＝3 : 4
これより，△BCF＝S とおくと，$\triangle GBC=\frac{3}{4}S$
また(※※)より，$\triangle BDF=\frac{4}{7}\times\triangle BMF=\frac{4}{7}S$
(※)より，
(四角形 CDEF)$=\triangle BMF-\frac{1}{2}\triangle BDF$
$=S-\frac{1}{2}\times\frac{4}{7}S=\frac{5}{7}S$
また，△CHG : △GBC＝x : 2 だから，
$\triangle CHG=\frac{x}{2}\triangle GBC=\frac{x}{2}\times\frac{3}{4}S=\frac{3x}{8}S$
よって，△CHG＝(四角形 CDEF) を満たすためには，$\frac{5}{7}S=\frac{3x}{8}S$　$x=\frac{40}{21}$

p.124〜127 第2回 模擬テストの答え

1 (1) -2　(2) $2y$　(3) $a+7b$　(4) $6-9\sqrt{6}$

2 (1) $x=-9$　(2) $(x-1)(x-3)$
(3) $x=4$，$y=-1$　(4) 7　(5) $y=\frac{1}{2}x+1$

3 およそ 500 個

4 92°

5 (1) $y=3x+3$　(2) $a=\frac{16}{9}$

6 (1) $2\sqrt{6}$ cm　(2) $48\sqrt{3}\pi$ cm³

7 (1) 3 秒後 … 6 cm，18 秒後 … 21 cm
(2) $y=-3x+75$
(3) 下の図　(4) $\frac{20}{3}$ 秒間

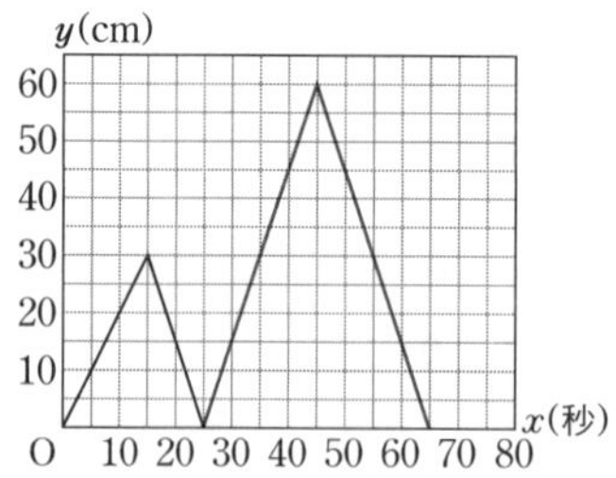

8 (1) 例 対角線 AC で折り返したものであるから，△AEC≡△ADC で，対応する角は等しいから，
$\angle EAC=\angle DAC$ ……①
平行線の錯角(さっかく)は等しいから，
$\angle FCA=\angle DAC$ ……②
①，②より，$\angle FAC=\angle FCA$

よって，三角形AFCは2つの角が等しい。したがって，三角形AFCは二等辺三角形である。

(2) $\frac{18}{5}$ cm²

9 (1) ① 右の図

② $y=-\frac{1}{2}x+5$

(2) $\frac{1}{12}$

(3) ① $(2a+b)$ cm²

② 〔3，6〕，〔4，4〕，〔5，2〕

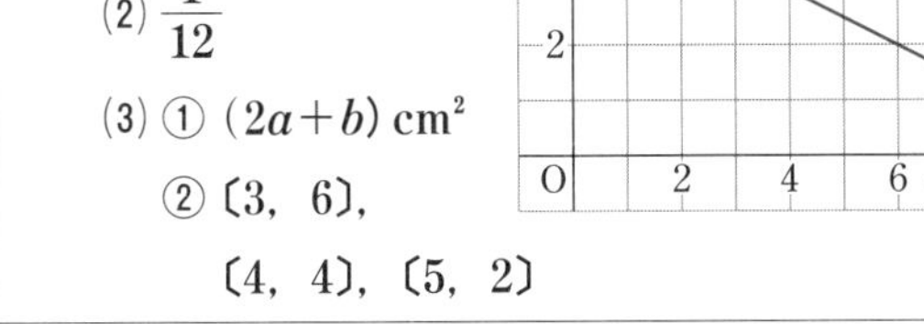

解説 **1** (1) $-7-(-5)=-7+5=-2$

(2) $(-6xy^2)\div(-3xy)=6xy^2\times\frac{1}{3xy}=2y$

(3) $3(a+2b)-(2a-b)=3a+6b-2a+b=a+7b$

(4) $\sqrt{6}(\sqrt{6}-7)-\sqrt{24}=6-7\sqrt{6}-2\sqrt{6}$
$=6-9\sqrt{6}$

2 (1) $4x+6-5x+15 \quad -x=9 \quad x=-9$

(2) x の係数が -4，定数項が3なので，
$-1\times(-3)=3$，$-1+(-3)=-4$ より，
$x^2-4x+3=(x-1)(x-3)$

(3) $3x+y=11$ ……①，$x-y=5$ ……②とする。
①+②より，$4x=16 \quad x=4$
②に $x=4$ を代入して，$4-y=5 \quad y=-1$

(4) $\sqrt{36}<\sqrt{45}<\sqrt{49}$ より，$6<\sqrt{45}<7$
また，$\frac{6+7}{2}=6.5=\sqrt{(6.5)^2}=\sqrt{42.25}<\sqrt{45}$
よって $\sqrt{45}$ に最も近い自然数は7

(5) 2点 $(4,\ 3)$，$(-2,\ 0)$ を通るので
傾きは，$\frac{3-0}{4-(-2)}=\frac{1}{2}$
よって，この1次関数の式は $y=\frac{1}{2}x+b$ と表せる。
この式に $x=-2$，$y=0$ を代入して，
$0=\frac{1}{2}\times(-2)+b \quad b=1$

3 母集団を箱の中のすべてのビー玉とし，標本を2度目に取り出した40個のビー玉とすると，印をつけたビー玉の割合は，標本と母集団でほぼ等しいと考えられる。
箱の中のすべてのビー玉の数を x 個とすると，
$8:40=100:x \quad 8x=4000 \quad x=500$

4 弧ACに対する円周角と中心角の関係から，
$\angle ABC=\frac{1}{2}\angle AOC=20°$
同じ円の半径だから，OB＝OC
△OBCは二等辺三角形なので
$\angle OBC=\angle OCB=20°$
弧CDに対する円周角と中心角の関係から，
$\angle COD=2\angle DBC=72°$
∠CEDは△COEの∠CEOの外角より
$\angle CED=20°+72°=92°$

5 (1) Aは $y=\frac{6}{x}$ のグラフ上の点。$y=\frac{6}{x}$ に $x=2$ を代入して，$y=\frac{6}{2}=3$ 　A $(2,\ 3)$
BはAと y 軸について対称なので，B $(-2,\ 3)$
Cは y 軸上の点なので，C $(0,\ 3)$
Dは $y=\frac{6}{x}$ のグラフ上の点で，x 座標が -2 だから，
$y=-\frac{6}{2}=-3$ 　D $(-2,\ -3)$
直線CDの傾きは，$\frac{3-(-3)}{0-(-2)}=3$
直線はC $(0,\ 3)$ を通るから，$y=3x+3$

(2)反比例のグラフは原点Oについて対称であることから，直線ADは原点Oを通る。これより，直線AOの傾きを $\frac{8}{3}$ とおき，点Aの x 座標を p とおくと，
$\left(\frac{6}{p}-0\right)\div(p-0)=\frac{8}{3} \quad \frac{6}{p^2}=\frac{8}{3} \quad p^2=\frac{9}{4}$
$p>0$ より，$p=\frac{3}{2}$
y 座標は $\frac{6}{p}$ より，$\frac{6}{p}=6\div\frac{3}{2}=4$ 　A $\left(\frac{3}{2},\ 4\right)$
$y=ax^2$ に代入して，$4=a\times\left(\frac{3}{2}\right)^2 \quad a=\frac{16}{9}$

6 (1) △ABGの3辺の長さをそれぞれ求めると，
$BG=6\times\sqrt{2}$
$=6\sqrt{2}$ (cm)
$AG=\sqrt{6^2+6^2+6^2}$
$=6\sqrt{3}$ (cm)
$AB=6$ (cm)
これより，
$\triangle ABG=\frac{1}{2}\times6\times6\sqrt{2}=18\sqrt{2}$ (cm²)
求める高さを h cmとおくと，△ABGは，
$\frac{1}{2}\times6\sqrt{3}\times h=18\sqrt{2} \quad h=\frac{18\sqrt{2}}{3\sqrt{3}}=2\sqrt{6}$

(2) △ABGを辺AGを軸として1回転させた立体は右の図のようになる。

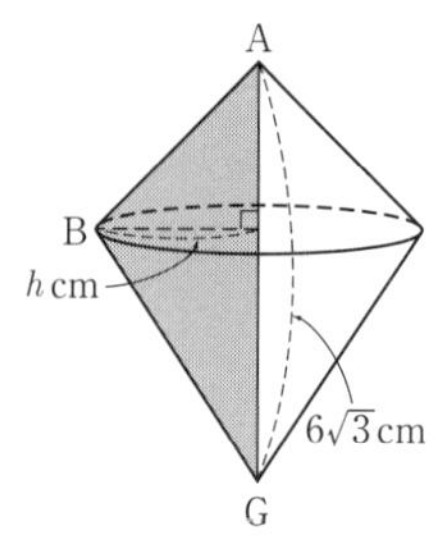

$h=2\sqrt{6}$ が上下の円錐の底面の半径だから，求める体積は，

$\frac{1}{3}\times\pi\times(2\sqrt{6})^2\times6\sqrt{3}$

$=48\sqrt{3}\pi\,(\text{cm}^3)$

7 (1) 3秒後はまだQが動いていないから，

$\overset{\frown}{PQ}=2\times3=6$ (cm)

18秒後はQが動きはじめてから3秒後で，まだ点Pに追いついていないから，

$\overset{\frown}{PQ}=\overset{\frown}{AP}-\overset{\frown}{AQ}=2\times18-5\times3=21$ (cm)

(2) グラフより，$x=15$ のとき $y=30$，$x=25$ のとき $y=0$ だから，2点(15, 30)，(25, 0)を結ぶ直線の傾きは，$\frac{0-30}{25-15}=-3$

直線の式を $y=-3x+b$ とおくと，

$0=-3\times25+b$　$b=75$　よって，$y=-3x+75$

(3) 1度目にQがPに追いついてから，QがPにふたたび追いつくまでの時間を t 秒とすると，Pは $2t$ cm進み，Qは $(2t+120)$ cm進むことになるから，Qの進む距離より，$5t=2t+120$　$t=40$

つまり，$x(=25+40)=65$ のとき $y=0$

P，Qともに一定の速さで進んでいるので，ふたたび追いつくまでの40秒の半分の20秒後に，PとQは直径の両端にくる。

よって，$x(=25+20)=45$ のとき $y=60$ となる。

(4) グラフの式は，

$25\leqq x\leqq45$ のとき，$y=3x-75$ ……①

$45\leqq x\leqq65$ のとき，$y=-3x+195$ ……②

①の式に $y=50$ を代入して，$x=\frac{125}{3}$

②の式に $y=50$ を代入して，$x=\frac{145}{3}$

よって，$\frac{145}{3}-\frac{125}{3}=\frac{20}{3}$ (秒間)

8 (2) AF＝FC＝x cmとすると，

BF＝$8-x$ (cm)

△ABFにおいて三平方の定理より，

$x^2=(8-x)^2+4^2$

$x=5$

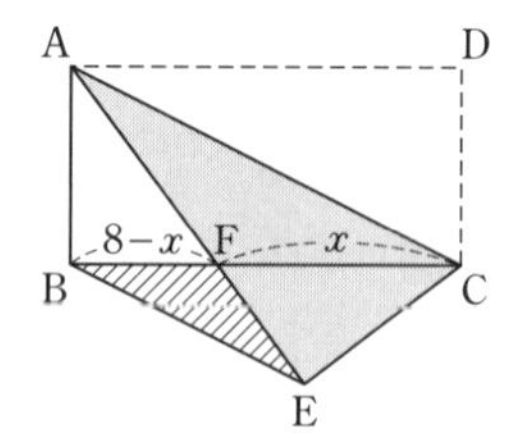

これより，

△AFC$=\frac{1}{2}\times5\times4$

$=10\,(\text{cm}^2)$

ここで，△AFCと△BFEにおいて，

AF：BF＝FC：FE＝5：3，∠AFC＝∠BFEが成り立つので，2組の辺の比とその間の角がそれぞれ等しいことから，△AFC∽△BFE

△AFCと△BFEの相似比は5：3であることから，その面積比は $5^2:3^2$

よって，求める面積を $y\,\text{cm}^2$ とすると，

$10:y=25:9$　$y=\frac{18}{5}$

9 (1) ① 2点A(2, 4)，B(4, 3)を通る直線をひく。

② 直線ABの傾きは，

$\frac{3-4}{4-2}=-\frac{1}{2}$

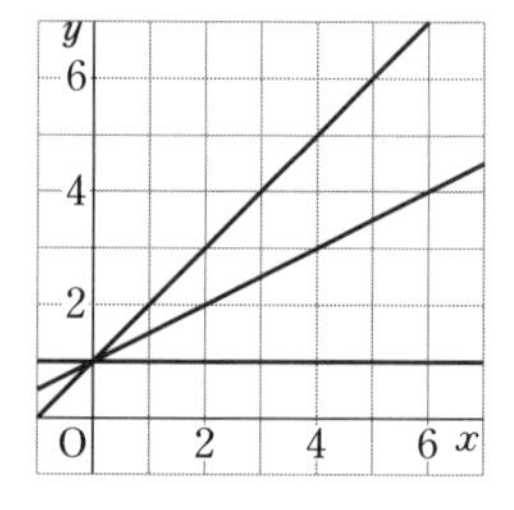

グラフより，切片は5だから，求める直線の式は，

$y=-\frac{1}{2}x+5$

(2) 大小2つのさいころの目の出方は全部で $6\times6=36$ (通り)

右の図より，直線が(0, 1)を通るような a，b の値の組は，〔1, 1〕，〔2, 3〕，〔3, 5〕の3通りだから，

求める確率は，$\frac{1}{12}$

(3) ① △AOP＋△APB

$=\frac{1}{2}\times4\times a+\frac{1}{2}\times b\times(4-2)$

$=2a+b\,(\text{cm}^2)$

② $2a+b=12$ より，$b=12-2a$　$b=2(6-a)$ と表せる。このとき，$b=2\times$(整数)の形になっているので，b は偶数であることがわかる。

これより，$b=2$ のとき $6-a=1$ より，$a=5$

$b=4$ のとき $6-a=2$ より，$a=4$

$b=6$ のとき $6-a=3$ より，$a=3$

よって，〔3, 6〕，〔4, 4〕，〔5, 2〕がすべての場合。

②